Hannah Fitsch
... dem Gehirn beim Denken zusehen?

Technik | Körper | Gesellschaft Band 5

Editorial

Moderne Gesellschaften sind nur zu begreifen, wenn **Technik** und **Körper** konzeptuell einbezogen werden. Erst in diesen Materialitäten haben Handlungen einen festen Ort, gewinnen soziale Praktiken und Interaktionen an Dauer und Ausdehnung.

Techniken und Körper hingegen ohne gesellschaftliche Praktiken zu beschreiben – seien es diejenigen des experimentellen Herstellens, des instrumentellen Handelns oder des spielerischen Umgangs –, bedeutete den Verzicht auf das sozialtheoretische Erbe von Marx bis Plessner und von Mead bis Foucault sowie den Verlust der kritischen Distanz zu Strategien der Kontrolle und Strukturen der Macht.

Die biowissenschaftliche Technisierung des Körpers und die Computer-, Nano- und Netzrevolutionen des Technischen führen diese beiden materiellen Dimensionen des Sozialen nunmehr so eng zusammen, dass Körper und Technik als »sozio-organisch-technische« Hybrid-Konstellationen analysierbar werden. Damit gewinnt aber auch die Frage nach der modernen Gesellschaft an Kompliziertheit: die Grenzen des Sozialen ziehen sich quer durch die Trias Mensch – Tier – Maschine und müssen neu vermessen werden.

Die Reihe **Technik | Körper | Gesellschaft** stellt Studien vor, die sich dieser Frage nach den neuen Grenzziehungen und Interaktionsgeflechten des Sozialen annähern. Sie machen dabei den technischen Wandel und die Wirkung hybrider Konstellationen, die Prozesse der Innovation und die Inszenierung der Beziehungen zwischen Technik und Gesellschaft und/oder Körper und Gesellschaft zum Thema und denken soziale Praktiken und die Materialitäten von Techniken und Körpern konsequent zusammen.

Die Reihe wird herausgegeben von Gesa Lindemann, Professorin für Soziologie an der Universität Oldenburg, und Werner Rammert, Professor für Soziologie und Sprecher des interdisziplinären Zentrums für Technik und Gesellschaft an der TU Berlin.

Hannah Fitsch (Dr. phil.) ist wissenschaftliche Mitarbeiterin am Zentrum für Interdisziplinäre Frauen- und Geschlechterforschung der Technischen Universität Berlin. Ihre Forschungsschwerpunkte sind Science and Technology Studies mit Schwerpunkt auf Neuroscience, Bildwissen/Bildpraktiken, Ästhetik und Feministische Theorie.

HANNAH FITSCH

... dem Gehirn beim Denken zusehen?

Sicht- und Sagbarkeiten in
der funktionellen Magnetresonanztomographie

[transcript]

Dissertation am Zentrum für Interdisziplinäre Frauen- und Geschlechterforschung an der Technischen Universität Berlin, 2012. Gedruckt mit der freundlichen Unterstützung der Hans-Böckler Stiftung und des Zentrums für Interdisziplinäre Frauen- und Geschlechterforschung (ZIFG) an der TU Berlin.

Das Bild auf dem Cover orientiert sich an statistischen Visualisierungen aus der fMRT-Datenanalyse, in denen die zeitliche Abfolge der verwendeten Stimuli während eines Experiments graphisch angezeigt werden (General Linear Model). Für das Umschlagbild wurden die im Graphen visualisierten Daten leicht abgeändert und zeigen farbig markiert (Blau, Rot, Grün, Orange, Türkis, Gelb und Violett) die für diese Arbeit interviewten Personen in Relation zu der Seitenzahl, auf der die Personen zitiert werden.

Bibliografische Information der Deutschen Nationalbibliothek
Die Deutsche Nationalbibliothek verzeichnet diese Publikation in der Deutschen Nationalbibliografie; detaillierte bibliografische Daten sind im Internet über http://dnb.d-nb.de abrufbar.

Umschlaggestaltung: Kordula Röckenhaus, Bielefeld, nach einer Idee von Hannah Fitsch
Umschlagabbildung: Hannah Fitsch, Berlin 2013
Korrektorat: Siegrid Ming Steinhauer
Satz: Hannah Fitsch
Druck: Majuskel Medienproduktion GmbH, Wetzlar
Print-ISBN 978-3-8376-2648-3
PDF-ISBN 978-3-8394-2648-7

Gedruckt auf alterungsbeständigem Papier mit chlorfrei gebleichtem Zellstoff.

Besuchen Sie uns im Internet: *http://www.transcript-verlag.de*

Bitte fordern Sie unser Gesamtverzeichnis und andere Broschüren an unter: *info@transcript-verlag.de*

INHALT

Teil I

Teil II
Die Produktionsapparaturen des Phänomens fMRT

TEIL I

1. Heranführung an das Phänomen fMRT

Now we can look inside the living brain, and see directly into another persons mind, a kind of scientifically assisted telepathy."
MARK LYTHGOE 2010, 0:02 - 0:38 MIN

„In the last thirty years, brain imaging has touched nearly every aspect of our lives, from religion to politics."
MARK LYTHGOE 2010, 11:30 - 11:45 MIN

1.1 EINLEITUNG

Die funktionelle Magnetresonanztomographie ist eine Wissenschaft, die fasziniert. Ihre Faszination entfaltet sie über die von ihr produzierten Bilder. Diese Bilder erscheinen als direkter Blick ins arbeitende Gehirn, fast so, als gäbe es all die Apparate, Computer und menschlichen Handgriffe nicht, die an ihrer Herstellung beteiligt sind. Der Faszination der Bilder erliegen Wissenschaftler_innen wie Lai_innen, Biolog_innen und Anthropolog_innen ebenso wie Theolog_innen, Philosoph_innen, Pädagogik_innen oder Soziolog_innen. Kaum eine wissenschaftliche Disziplinen die sich an den Ergebnisse neuerer Hirnforschung nicht bedienen will. Auch in populärwissenschaftlichen Medien und der Tagespresse verläuft die Auseinandersetzung mit bildgebender Hirnforschung meist euphorisch, so häufen sich Vokabeln wie ‚Staunen', ‚bunte Bilder' oder ‚revolutionäre Entdeckung', sobald von der fMRT die Rede ist. In entsprechenden Artikeln wird oft vorschnell vermeldet, der ‚Sitz Gottes im Gehirn' sei gefunden, Unterschiede zwischen Männer- und Frauengehirnen seien wissenschaftlich nachgewiesen oder Telepathie bzw. Gedanken lesen sei dank fMRT in greifbare Nähe gerückt. Wissenschaftsgläubigkeit, die Faszination an der scheinbaren Evidenz der Bilder und die Imagination, mit der Hirnforschung den Mysterien des ‚Geistes' und damit des menschlichen Lebens auf der Spur zu sein, mischen sich bei Produzent_innen wie Rezipient_innen der fMRT-Bilder zu einem oft unkritischen Diskurs.

Diesen Diskurs nur vage im Hinterkopf, verlief meine erste akademische Konfrontation mit fMRT gänzlich anders: In einem Vortrag über die Konstruktion von Geschlechterdifferenzen in den Neurowissenschaften zeigte die Biologin Sigrid Schmitz auf, wie gesellschaftliche Vorstellungen von der Struktur und Funktionsweise des Gehirns durch die apparativen fMRT-Bilder beeinflusst sind und dekonstruierte damit den Glauben an die Objektivität der Forschung. Unmittelbar stellten sich für mich drängende Fragen ein: Wie haben sich Darstellungsweisen von Geschlecht durch neuere medizinische Verfahrensweisen verändert? Wie gelangen die Hirnforscher_innen ganz praktisch zu solchen geschlechterdifferenten Forschungsresultaten? Nicht zuletzt auch die Frage, auf welche stereotypen Darstellungsformen rekurrieren die Bilder aus der Hirnforschung, um normierende Zuschreibungen in das Innere des menschlichen Körpers zu verlagern?

Der erwähnte Vortrag von Sigrid Schmitz war Initialzündung und Ausgangspunkt für meine Dissertation. Die feministische Wissenschaftskritik an der Schnittstelle von Natur- und Geisteswissenschaft stellt die Folie dar, auf der sich meine Auseinandersetzung mit der Hirnforschung vollzieht. Meine Arbeit untersucht die Produktion von Wissen in der funktionellen Magnetresonanztomographie jedoch nicht ausschließlich in Bezug auf Geschlechterkonstruktionen. In den letzten Jahren, die für mich neben einem intensiven Studium von neurowissenschaftlicher Primär- und Sekundärliteratur auch durch längere Phasen teilnehmender Beobachtung am Max-Planck-Institut für Hirnforschung in Frankfurt am Main und einem Forschungsaufenthalt an der University of Santa Cruz gekennzeichnet waren, traten den oben skizzierten Fragen nach dem Geschlecht in der Hirnforschung weitere Fragen zur Seite: Wie wird Wissen in der Hirnforschung produziert? Was wird in den Bildern genau sichtbar gemacht? Wie stellen die Bilder Evidenz her? Und wie wird das fMRT-Bild eigentlich zum Bild?

Der ursprüngliche Impetus dieser Arbeit wurde so um eine weitere Ebene ergänzt das Forschungsvorhaben entfaltet zu einer feministisch grundierten, fachlich informierten und umfassenden soziologisch-medientheoretischen Kritik der Produktion und Rezeption von fMRT-Bildern.

Diese Arbeit sieht sich selbst in der Tradition kritischer und feministischer Wissenschaftsforschung, auch wenn konkrete Fragestellungen zu Geschlecht oder Gender in meiner Empirie fehlen. Dieser Umstand ist dem Sachverhalt geschuldet, dass an dem von mir untersuchten Institut keine Geschlechter-Differenzforschungen oder andere Studien, die explizit die Unterschiede von Geschlechtern oder anderen gesellschaftlichen Gruppen im Gehirn nachweisen wollten, durchgeführt wurden.

Mir ist durchaus bewußt, dass in anderen Forschungseinrichtungen sehr wohl zu Geschlechterdifferenz im Gehirn geforscht wurde und in beträchtlichem und sehr bedenklichem Ausmaß nach wie vor wird. Eine historisch angelegte Analyse dieser Forschungen lässt sich unter anderem bei Stephen Jay Gould (vgl. 1996 [1981]), Ruth Bleier (vgl. 1984), Anne Fausto-Sterling (vgl. 2000) und Susan Leigh Star (vgl. 1989) nachlesen. Kritische Reflexionen aktueller geschlechterdifferenter Hirnforschung liefern unter anderem Isabelle Dussauge (vgl. 2008, 2012), Cordelia Fine (vgl. 2006, 2010), Anelis Kaiser (vgl. 2009, 2010, 2012) und Sigrid Schmitz (vgl. 2002, 2004, 2006) von deren Analysen meine Arbeit an zahllosen Stellen profitiert hat.

Wie aber ist der restliche – und zahlenmäßig größere – Teil der Forschung einzuschätzen, der auf den ersten Blick keine Differenzen oder Abweichungen herausfinden will, sondern wie am MPIH ‚solide' Grundlagenforschung betreibt? Susan Leigh Star betont in ihrem Buch *Regions of the mind* (1989), dass Untersuchungen über den Menschen auf Theorien und Modellen von ‚Natur' beruhen und diese Theorien immer schon höchst politisch sind:

„This has been well documented in the case of racist and sexist theories [...] where bias consists of inaccurately characterizing or excluding certain human groups. Less well documented are the political implications of theories without such direct connections. Quantifying, numbering, and localizing, for example, are activities with important consequences for the kinds of choices available to people." (Star 1989, 197)

Das Anliegen dieser Arbeit besteht darin, eben jene politischen Implikationen der statistischen Grundlagenforschung am Gehirn und ihren Theorien über den Menschen herauszuarbeiten, die häufig nicht als politisch, sondern als ‚neutral', angesehen werden.

Die funktionelle Magnetresonanztomographie (fMRT) ist eine relativ junge Methode der Hirnforschung. 1990 wurde sie erstmals in einem Artikel von Seiji

Ogawa et al. im PNAS-Journal[1] beschrieben. Zu diesem Zeitpunkt wurde sie noch an Ratten getestet. Seither hat die funktionelle Bildgebung als Forschungsinstrument eine Verbreitung erfahren, die derzeit allen anderen Methoden in der Neurophysiologie den Rang abläuft. 2008 wurden, statistisch gesehen, jeden Tag bis zu acht fMRT-Artikel in wissenschaftlichen Journals veröffentlicht. Dabei ist die funktionelle Magnetresonanztomographie nur eine neben vielen weiteren Methoden in der Hirnforschung. Die Neurophysiologie verfügt über Methoden, die sich die elektrischen Spannungen des Gehirns zu Nutze machen: die Elektroenzephalographie (EEG) und die Elektrophysiologie (das Ableiten elektrischer Spannung durch in Neuronen eingeführter Elektroden). Andere wiederum messen die neuromagnetische Aktivität des Gehirns. Darunter fallen die Magnetenzephalographie (MEG) sowie die funktionelle Magnetresonanztomographie. Keiner dieser methodischen Zugänge kann jedoch die komplexen Funktionsweisen des Gehirns vollständig einfangen – sie ermöglichen jeweils einen nur eingeschränkten und vermittelten Zugang zum Gehirn.

In der öffentlichen Rezeption um die Ergebnisse der Neurowissenschaft bleibt zumeist die Frage offen, welcher Bereich, der sich sehr vielfältig gerierenden Forschung am menschlichen Gehirn, mit dem Begriff der Hirnforschung aufgerufen wird. Das führt an vielen Punkten zum Verlust der Trennschärfe, die es bräuchte, um einzelne Bereiche der Neuroscience zu unterscheiden und sich ein ‚Bild' über die Aussagemöglichkeiten und -unmöglichkeiten der wissenschaftlichen Forschungen, die sich das Gehirn als Untersuchungsgegenstand ausgewählt haben, machen zu können. Werden die Ergebnisse der Hirnforschung nicht mehr an den Kontext ihrer Herstellung rückgebunden, können Begrenzungen der Methode nicht erkannt werden, und eine Einschätzung der Studienergebnisse wird dadurch erschwert. Dabei wäre eine nüchterne Interpretation der Ergebnisse an vielen Stellen hilfreich, will die Hirnforschung in der öffentlichen Rezeption oft nichts Geringeres als Erklärungsmuster für Funktions- und Verhaltensweisen des Menschen anbieten und damit die gesellschaftliche Aushandlung über unsere Vorstellungen von der ‚Natur' des Menschen mitbestimmen. Christine Zunke schreibt über die Bedeutung des ‚Denkorgans Gehirn' in der gesellschaftspolitischen Bestimmung des Menschen:

„Seit das Gehirn als Denkorgan identifiziert wurde, entlädt sich an ihm der ideologische Gehalt der Gesellschaft. [...] Dabei betätigt sich die Naturwissenschaft als kulturelle Praxis, wenn sie, indem sie neues Wissen hervorbringt, zugleich ethische Werte modifiziert.

---

1 Ogawa et al. (1990): Brain magnetic resonance imaging with contrast dependent on blood oxygenation; PNAS Vol. 87, No. 24, 9868-9872.

[...] Das menschliche Gehirn steht aufgrund seiner Funktion als Denkorgan repräsentativ für die gesamte Persönlichkeit des Menschen und als Gesamtheit aller Gehirne für die Gesellschaft. Es ist somit in besonderem Maße Träger einer ethischen und ideologischen Konnotation." (Zunke 2008, 9)

Ausschlaggebend für das neu gewonnene Selbstvertrauen der Hirnforschung sind dabei weniger originäre, neue theoretische Vorstellungen über Funktions- und Arbeitsweisen des Gehirns, sondern mehr die bildgebenden Techniken, die sie hervorgebracht haben. In einer von sechs Psycholog_innen vorgenommenen Standortbestimmung der Psychologie im 21. Jahrhundert in der Zeitschrift *Gehirn&Geist* aus dem Jahr 2005 schreiben die Autor_innen: „Die moderne Hirnforschung verdankt ihre jüngeren Impulse weniger großen Entwicklungssprüngen ihrer Theorienbildung als vielmehr bedeutenden technischen Entwicklungen" (Fiedler et al. 2005, 60).

Mit den „bedeutenden technischen Entwicklungen" rekurrieren die Autor_innen auf bildgebende Verfahren, die nicht-invasiv (also ohne jeglichen Eingriff oder Eindringen in den Körper) Daten aus dem Inneren des Menschen generieren und in Bildern darstellen können. Die Möglichkeit der funktionellen Magnetresonanztomographie, das generierte Wissen in Bilder transferieren und publizieren zu können, erklärt laut Dieter Sturma den Siegeszug der Hirnforschung in den letzten zwanzig Jahren (vgl. Sturma 2006). Sigrid Schmitz schreibt, dass die funktionelle Bildgebung „derzeit eine solche Popularität [genieße, hf], weil sie mit neuen Methoden den Blick ins Gehirn verspricht" (Schmitz 2002, 109). Es sind also Bilder, die gegenwärtig an der Hirnforschung faszinieren. Die Bilder sind anschaulich, scheinen leicht verständlich und erwecken den Eindruck, die Studienergebnisse auf einen Blick vermitteln zu können. Sie sagen ‚mehr als tausend Worte' und verraten dafür wenig über die kontextuellen Zusammenhänge. Ausgangspunkt meiner Arbeit ist die These, dass die fMRT-Bilder nicht nur der Darstellung und Popularisierung des im Kernspintomographen generierten Wissens dienen, sondern dass die Visualität, die sich in letzter Konsequenz bildlich ausdrückt, dem gesamten Produktionsprozess bereits immanent ist.

Diese Arbeit versteht die Bilder der funktionellen Magnetresonanztomographie als ein kleinteiliges Puzzle, deren Einzelteile nicht als feststehende Entitäten zu verstehen sind; erst ihr Zusammenspiel lässt das Gesamtbild entstehen. Bilder werden in dieser Arbeit nicht als Repräsentation von Etwas verstanden, sondern, wie Heintz/Huber hervorheben, als „Sichtbar-Machung", um „damit deutlich [zu, hf] machen, dass eine Rhetorik der Abbildung auf falsche Wege führt"

(Heintz/Huber 2001, 12). Den Fokus nicht allein auf die Visualisierungen, sondern ebenfalls auf die Visualität der Methode zu legen, ermöglicht eine Verortung der bildgebenden Verfahren, die ihre Normativität und Standardisierung, aber auch ihre Faszination erklärbar macht. Mit diesem Vorgehen lässt sich der Status des Bildes im Prozess der Herstellung medialer Körperdaten nachzeichnen und die Frage, wie ein fMRT-Bild zum Bild wird, beantworten.

Die Bilder vom Gehirn haben ihren Weg in die Öffentlichkeit gefunden und sind zu dem geworden was Birgit Richard und Jutta Zaremba als *Schlüsselbilder* (2007) bezeichnen. Unter *Schlüsselbildern* verstehen Richard/Zaremba Einzelbilder, die über eine starke „ästhetische Ausstrahlung" (2007, 18) verfügen und andere Bilder mit ihrem Erscheinungsbild anstecken. *Schlüsselbilder* ordnen das Sichtbare neu, denn „[j]edes sichtbare und unsichtbare Bild, das in der Nachbarschaft der *Schlüsselbilder* liegt, muss sich in der Struktur neu positionieren" (ebd., 18). Das fMRT-Bild schafft somit neue Sichtbarkeiten, deren Ordnungen sich durch eine *politische Ästhetik* bestimmen – einen Begriff, den ich in Anlehnung an Jaques Rancières Aufsatz *Die Ästhetik als Politik* (2007) verwende. Darin beschreibt Rancière die ästhetische Dimension als ein Feld von Sag- und Sichtbarkeiten in einer gesellschaftlichen Ordnung. *Politische Ästhetik* wird bei Rancière als strukturierende Logik verstanden. Sichtbarkeit ist für ihn alles, was abgebildet werden kann, und alles, was abgebildet werden kann, ist einer spezifischen Ästhetik verpflichtet. So ist die Frage nach Sichtbarkeiten eine politische, da sie eingebunden ist in gesellschaftliche Deutungsangebote und Darstellungstechniken. Ästhetik ist die politische Voraussetzung, die unsere sinnlichen Erfahrungen definiert und die bedeutsame Erscheinungsformen ermöglicht. Das Politische der Rancièreschen Ästhetik besteht darin, dass sie das Ergebnis von Aushandlungsprozessen über gesellschaftliche Räume und den daraus sich ergebenden Sichtbarkeiten darstellt:

> „Die Politik ist nämlich nicht die Ausübung der Macht und der Kampf um die Macht. Sie ist die Gestaltung eines spezifischen Raumes, die Abtrennung einer besonderen Sphäre der Erfahrung, von Objekten, die als gemeinsam und einer gemeinsamen Entscheidung bedürfend angesehen werden, von Subjekten, die für fähig anerkannt werden, diese Objekte zu bestimmen und darüber zu argumentieren." (Rancière 2007, 34)

Damit schafft Rancière ein Verständnis von Ästhetik, die das Sichtbare – in diesem Falle das fMRT-Bild – radikal kontextualisiert und damit neue Fragen an das Bild eröffnet, denen in dieser Arbeit nachgegangen werden soll.

In diesem Buch wird es konkret um das *Schlüsselbild* der statistischen Karte des denkenden Gehirns (fMRT-Bild) gehen. Das fMRT-Bild ist dann nicht mehr als statische Repräsentation von Etwas zu verstehen, sondern als Produkt einer spezifischen *politischen Ästhetik*, das eine aktive Rolle im Wissensgenerierungsprozess über den Menschen im Labor inne hat. Sabine Hark definiert Bilder als „im Latour'schen Sinne ‚Akteure', nicht passive Objekte der Betrachtung, aber auch nicht souveräner Ursprung von Handlung" (Hark 2011, 53). Bilder sind Akteure in dem Sinne, dass sie nicht einfach etwas abbilden,

> „was jenseits von ihnen ist, sie schaffen erst das, was sie uns zu sehen geben. Bilder intervenieren, sie vereindeutigen, sie stellen her, was sie zeigen, sie sind beteiligt am Umschlag von (anzweifelbarem) Wissen in (unhintergehbare) Faktizität, an der Transformation von subjektiven in objektiven Sinn, an der Produktion und Stabilisierung wissenschaftlichen Wissens." (Hark 2011, 54)

Bilder mit William J.T. Mitchell (2008b, 22) und Hark als Akteur_innen, ‚die etwas wollen', zu verstehen, öffnet den Blick für die unterschiedlichen Bedingungen, dem das Bild in der Herstellung und der Rezeption unterliegt. Übertragen auf die Frage nach Untersuchungsmöglichkeiten funktioneller Magnetresonanztomographie-Bilder bringt der Akteur_innen-Status der Bilder, Aspekte aus der Bildtheorie und der wissenschaftskritischen Technikforschung zusammen. Denn auch in den feministischen Science and Technology-Studies Untersuchungen technischer (Labor-)Objekte, wie sie etwa von Donna Haraway (2004) und Karen Barad (2007) vorgenommen werden, erhalten Laborobjekte einen Akteur_innen-Status. Ebenso wie bei der *politischen Ästhetik* bestimmt sich der Akteur_innen-Status von (Labor-)Objekten durch eine konsequente Rückbindung an die sie hervorbringenden Apparaturen. Mit Karen Barad können die funktionellen MRT-Bilder als temporär, instrumentell und intra-aktiv hergestellte Phänomene einer Laborrealität verstanden und gleichzeitig mit dem Fokus der Visualität und ihren *visuellen Logiken*[2] (Burri 2008) analysierbar gemacht werden. Das Verständnis der Bilder als Phänomene erlaubt es, sie als temporäre Erschei-

2 Den Begriff der *visuellen Logik* in Bezug auf die spezifischen epistemischen Argumentationsweisen apparativer Bilder habe ich zuerst bei Regula Burri (2008) kennengelernt. Entsprechende Begriffe, die Visualisierungen als eine spezifische, eigenen Logiken unterworfene Praxis der Sinnerzeugung verstehen, finden sich bei Heßler/Mersch (2009), die von einer *Logik des Bildlichen* sprechen, oder bei Schnettler/Pötzsch (2007), die den Begriff des *Visuellen Wissens* verwenden.

nungen zu verstehen und somit ihre unterschiedliche Kontextualisierung im Prozess ihrer Herstellung nachzuzeichnen.

Mit dem Verständnis des fMRT-Bildes als apparativ hergestelltes Phänomen lassen sich folgende Fragen formulieren: Woran sind Herstellungsprozesse gekoppelt, die in bestimmten Zeiten spezifische Sichtbarkeiten hervorbringen? Welchen epistemischen Wert nehmen sie in der Laborarbeit für die Wissenschaftler_innen ein? Wie kann die Art von Wissen gefasst werden, die mit und durch die Bilder in den Laboren über das Gehirn produziert werden? Basiert die funktionelle Magnetresonanztomographie auf einer *visuellen Logik*, die sich anhand der verschiedenen Apparaturen der Technik nachweisen lassen? Und welche Bedeutung hat das für die Art des Wissens, das mit der funktionellen MRT generiert werden kann? Diesen Fragen werde ich mit Hilfe der Resultate aus meiner teilnehmenden Beobachtung und der von mir geführten Interviews am Max-Planck-Institut für Hirnforschung in Frankfurt am Main nachgehen.

1.2 Das fMRT-Bild

> „A new visual culture redefines both what it is to see, and what there is to see."
> BRUNO LATOUR 1990, 30

Funktionelle Magnetresonanztomographie ist ein bildgebendes Verfahren. Bildgebende Verfahren zeichnen sich dadurch aus, dass sie kein originäres Relatum in ein Bild übersetzen – abbilden –, sondern dass die Methode einen Vorgang visualisiert, den sie gleichzeitig als Phänomen erst herstellt. Die aufwendig generierten Bilder sind Ergebnisse eines indirekten Verfahrens und nicht, wie etwa die Fotographie, die Abbildung von etwas Bestehendem. Damit soll hier nicht der konstruierende Charakter anderer Medien – wie Fotographie, Film etc. – negiert werden, es soll aber der Unterschied von digitalen apparativen Bildern hervorgehoben werden, deren Konstruktionsprozess sich von abbildenden Techniken unterscheidet. Alexander Grau hat diesen Umstand für die Leser_innenschaft der *Frankfurter Allgemeinen Zeitung* etwas provokant anhand einer Analogie formuliert:

„Wenn ich eine Mohrrübe fotografiere, reflektiert sie dabei die elektromagnetischen Wellen eines gewissen Spektrums, die durch den Linsenapparat auf den Film fallen und dort ein Abbild erzeugen. Bei der Entwicklung des Films entsteht dann ein Foto, das einen Gegenstand zeigt, der die Konturen einer Mohrrübe hat und Licht in einem ähnlichen Spektralbereich reflektiert. Abstrakt ausgedrückt ist das Foto der Mohrrübe also ein Zeichen, das kausal verursacht wurde, für etwas steht (nämlich eine Mohrrübe) und dem Abgebildeten ähnlich sieht. Bilder bildgebender Verfahren sind dagegen keine Fotos. Zwar sind auch sie kausal verursacht, doch werden sie mittels einer Unmenge an Vorwissen erzeugt. [...] Zeichentheoretisch haben sie mit einem Gemälde mehr zu tun als mit einer Fotografie. Zeichentheoretiker würden sagen: Gemälde oder Tomographenbilder sind Symbole. Als solche zeichnen sie sich dadurch aus, dass ihnen ihre Bedeutung nicht aufgrund ihrer Referenz, sondern durch soziale Festlegung zukommt. Da symbolische Bilder also im Wesentlichen durch ihren Bilderkontext und die sie umgebende Kultur bestimmt sind, eröffnen sie unglücklicherweise einen weiten Interpretationsraum." (Grau 2003b, 71)

Das ‚fertige' fMRT-Bild hat einen aufwendigen Herstellungsprozess hinter sich, dem viele Vorannahmen, mathematische Algorithmen, spezifische Techniken und subjektive Entscheidungen vorangehen. Die farblichen Markierungen, die in die anatomischen Strukturen eingeschrieben werden, sind Zahlenwerte, die Produkte statistischer Rechenformeln sind. Die Wissenschaftler_innen, die mit fMRT arbeiten, beschreiben die Bilder deshalb auch als statistische Karten. Im folgenden Abschnitt werde ich kurz ein fMRT-Bild, Untersuchungsgegenstand dieser Arbeit, beschreiben. Wie sehen die Bilder aus, die ich mit fMRT-Bild, statistischer Karte, Visualisierung oder einfach nur dem Bild der funktionellen Magnetresonanztomographie bezeichne?

Das typische Bild einer statistischen Karte der fMRT zeigt einen schwarzen Hintergrund, in dessen Mitte die Anatomie eines Gehirns in Grauwerten angezeigt wird. Die Hirnanatomie stellt zumeist nur eine Schicht des Gehirns dar, in der die Hirnaktivität lokalisiert wurde. Es gibt drei verschiedene Perspektiven, aus der eine Schicht der Hirnanatomie angezeigt werden kann: die axialen Schichten zerteilen das Gehirn von oben nach unten, die koronalen Schichten von vorne nach hinten und die sagittalen Schichten zergliedern das Gehirn scheibchenweise von links nach rechts. Im Bereich der abgebildeten anatomischen Schicht sind, abhängig vom Untersuchungsergebnis, einzelne Teile farbig markiert. Sie geben die Regionen im Gehirn an, in denen eine mögliche Denkaktivität gemessen wurde. Die für die Markierung verwendeten Farben decken in den meisten Fällen eine Farbskala von Dunkelblau über Grün bis Gelb, Orange und einem tiefen Rot ab. Dabei bedeutet Rot ‚viel Denkaktivität' und Blau ‚wenig' oder sogar so genannte ‚negative' Aktivität. Im Labor werden diese Visualisierungen zunächst nur für die einzelnen gescannten Proband_innen auf dem Bildschirm angezeigt; erst im weiteren Auswertungsprozess werden die Daten der verschiedenen Proband_innen als gemittelte Werte in die statistischen Karten eingezeichnet.[3]

Ausgangspunkt dieser Arbeit sind die Bilder des Labors, die Visualisierungen, die die großen Datenmengen in Bildpunkte umsetzen, um den Wissenschaftler_innen zunächst ein erstes sowie ein weiterführendes Verständnis der Daten zu vermitteln. Die Visualisierungen ordnen die generierten Daten und strukturieren das über sie erlangte Wissen.

Über den Umgang mit Bildern in meiner Arbeit möchte ich einführend folgendes festhalten: Zu Beginn dieser Arbeit war ich überzeugt davon, dass keine Bilder im schriftlichen Teil der Arbeit vorkommen sollen. Immerhin liegt eines der gesteckten Ziele dieses Textes im kritischen Umgang mit Bildern, vor allem mit jenen, die im Kontext der Wissensgenerierung aufgerufen werden. Der unbedarfte Rückgriff auf Bilder zu Illustrationszwecken eines Phänomens aus den Naturwissenschaften ist oft der einfachere, schnellere und manchmal – wie ich gelernt habe – sogar der einzige Weg. Meine Abkehr vor der völligen Negierung von Bildern im Schriftteil bedingt sich durch die hohe Verbreitung von visuellen Modellen in der Naturwissenschaft. Die verwendeten Bilder in dieser Arbeit sollen das Geschriebene veranschaulichen, nicht unbedingt erklären, denn die Erklärung liegt im Text selbst. Die Bilder dokumentieren eine Welt, die für viele unbekannt und somit auch kaum vorstellbar ist. Ich bin mir darüber bewusst, dass die Verwendung von Abbildungen eine verobjektivierende und professiona-

3 In Publikationen lassen sich seit der Entwicklung von Auswertungsprogrammen, die sich auf die Visualisierung der Studienergebnisse spezialisiert haben, auch abweichende Darstellungen finden. Eine Modifizierung in der Darstellung von Hirnkarten ist etwa, die Hirnanatomie aufzufächern und die Furchen und Wölbungen (Sulci und Gyri) hellgrau und dunkelgrau einzufärben, um die Strukturen des Gehirns abstrahiert anzeigen zu können. Eine weitere ist das digitale Aufziehen der Hirnstruktur auf die Form eines Balls. Der Vorteil dieser Darstellungen liegt in der Möglichkeit, über das flächige Aufziehen der Hirnrinde, größere, sich über mehrere Schichten ausdehnende Bereiche, anzuzeigen. Ästhetisch zeichnen sich diese Variationsformen der statistischen Hirnkarten meist dadurch aus, dass die Hirnanatomie auf weißem Hintergrund angezeigt wird und dass die Hirnkarten konstruierter aussehen und damit als weniger individualisiert wahrgenommen werden. Die beiden letztgenannten Darstellungen beinhalten zusätzliche, auf die Darstellung der anatomischen Hirnschichten auf schwarzem Hintergrund aufbauende, Arbeits- und Abstraktionsschritte.

lisierende Tendenz in sich birgt, deren Inanspruchnahme jedoch leider an manchen Stellen unvermeidbar ist.

1.3 AUFBAU DER ARBEIT

...Dem Gehirn beim Denken zusehen? Sicht- und Sagbarkeiten in der funktionellen Magnetresonanztomographie folgt dem klassischen Aufbau einer wissenschaftlichen Arbeit: Theorie, Methodologie und Methode, Empirie und Schlussbemerkung. Im ersten Teil des Buches, im Kapitel *Zur Kontextualisierung des Phänomens fMRT,* werden anhand einer ideengeschichtlichen Auseinandersetzung die historisch und technischen Bedingungen beschrieben, die in letzter Konsequenz zum bildgebenden Verfahren geführt haben. Dieser geschichtliche Einstieg zeigt die epistemischen Verschiebungen, konzeptionellen und diskursiven Entwicklungen, die der funktionellen Magnetresonanztomographie vorausgingen. Damit wird es möglich, die historischen Voraussetzungen der *politischen Ästhetik* und die Sichtbarkeitsräume der funktionellen Magnetresonanztomographie zu bestimmen. Im Abschluss des zweiten Kapitels wird das Verständnis auf Laborphänomene und der theoretische Werkzeugkasten des *Agential Realism* vorgestellt. Das dritte Kapitel widmet sich den in dieser Arbeit verwendeten Erhebungs- und Auswertungsmethoden, die es *zur Untersuchung des Phänomens fMRT* braucht. Für die Auswertung wurde zum einen der *Agential Realism* von Karen Barad als übergeordneter theoretischer Rahmen angewendet; dieser findet in der Fokussierung auf Visualität des Untersuchungsgegenstands eine Spezifizierung. Im zweiten Teil des Buches werden *die Produktionsapparaturen des Phänomens fMRT* unter Berücksichtigung der Auswertung meines empirischen Materials beschrieben. Zu Beginn des zweiten Teils wird mittels eines historischen Abriss in die Produktionsbedingungen der funktionellen Magnetresonanztomographie eingeführt. Im weiteren Verlauf unterteile ich den Visualisierungsprozess in fünf Schritte, um einen übersichtlichen Zugang zum Material zu schaffen. Wie Barad in Anlehnung an Niels Bohr formuliert, kann es keine Interpretation des Phänomens unabhängig von seinen Herstellungsapparaten geben. Mit diesem methodischen Werkzeug im Gepäck mache ich mich auf die Suche nach *visuellen Logiken* der funktionellen Magnetresonanztomographie in ihren Konzepten und Laborinstrumentarien.

2. Kontextualisierung des Phänomens fMRT

Wie weiter oben bereits ausgeführt, verstehe ich das fMRT-Bild als Produkt einer spezifischen *politischen Ästhetik*, die den Sichtbarkeitsraum der von mir untersuchten apparativen Visualisierungen bestimmt. In diesem Kapitel soll es um die Bestimmung dieser *politischen Ästhetik* und Sichtbarkeitsräume der Bilder der funktionellen Magnetresonanztomographie gehen. Dafür braucht es zunächst einen Rückblick auf konzeptionelle und diskursive Entwicklungen, die grundlegend für die Herausbildung der funktionellen Bildgebung waren. Denn jene historischen Vorstellungen vom Gehirn und seiner Arbeitsweise bestimmen die Entwicklung technischer Möglichkeiten, die als ein ineinandergreifender Prozess von Denkbarem und Machbarem begriffen werden muss. In seiner *Geschichte der Hirnforschung im 19. und 20. Jahrhundert* resümiert Olaf Breidbach: „Was hier aufgezeigt werden konnte, war allerdings, dass die Entwicklung auch der Methodologien dieser Wissenschaft nicht losgelöst von den konzeptionellen Vorgaben dieser Wissenschaftsdisziplin zu zeichnen ist" (Breidbach 1997, 411). Gleichfalls bestimmen Technologien gesellschaftliche Vorstellungen vom Gehirn und von den Sinnen. Friedrich Kittler beschreibt das Verhältnis zwischen Körper und Technikgeschichte folgendermaßen: dass „man nichts über seine Sinne weiß, bevor nicht unsere Medien Modelle und Metaphern dafür bereitstellen" (Kittler 2002, 28). Über die historische Verknüpfung von Technologien und Sinnesvorstellungen schreibt Walter Benjamin 1935: „Die Art und Weise, in der die menschliche Sinneswahrnehmung sich organisiert – das Medium in dem sie erfolgt – ist nicht nur natürlich, sondern auch geschichtlich bedingt" (Benjamin 1966, 14). Was sind die von Benjamin angesprochenen geschichtlichen Bedingungen, die die Vorstellung der Sinneswahrnehmung im Medium des funktionellen Magnetresonanztomographiebildes formen? Welche in der Geschichte liegenden, epistemischen Verschiebungen haben zu der heute verwendeten fMRT-Technik geführt? Wo liegen die konzeptuellen, technischen sowie epistemologischen Interferenzen funktioneller Bildgebung aus einer historischen Sicht?

Um diesen Fragen nachzugehen, werde ich vom Allgemeinen zum Besonderen vorgehen: von der Linear-Perspektive als Darstellungsinstrument über Foucaults ärztlichen Blick, der „nicht mehr reduziert, sondern das Individuum begründet" (vgl. Foucault 1973, 9) und zumindest im Zusammenhang mit der Klinik neue Dimensionen des Wahrnehmbaren einleitet, zu Michael Hagner, der diese „Neuverteilung der diskreten Elemente des körperlichen Raums" (ebd., 9) anhand der historischen Entwicklung zum Gehirn als ‚Organ des Denkens' veranschaulicht und damit eine wichtige Grundlage für die Analyse heutiger Hirnforschung schafft. Dieser Wandel vom Seelenorgan zum ‚Organ des Denkens' ist auf das Engste verknüpft mit der Lokalisation geistiger Funktionen im Gehirn, die einen Grundpfeiler der modernen Hirnforschung darstellt. Hieran lässt sich mit Georges Canguilhem die Frage anknüpfen: Wie stellen wir uns den Denkprozess vor und was hat das mit den heutigen Visualisierungstechniken beziehungsweise mit den Visualisierungen selbst zu tun?

Die technischen Entwicklungen des 19. Jahrhunderts führen zu neuen, apparativ hergestellten, Bildern. Diese apparativen Bilder aus dem Labor schaffen einen „bildlichen Objektivismus" (Daston/Galiston 2002, 65), der dazu führt, dass Bilder als epistemisches Instrument immer stärker in der Laborarbeit verwendet werden. Die technische Objektivierung führt zu einer „Erzeugungslogik" (Knorr-Cetina 1988, 87), die auf der Produktion visueller Episteme beruht, also dass das zu untersuchende Substrat immer häufiger mit einer Visualisierung und somit einem Modell ersetzt wird. Mit den transportablen Visualisierungen aus dem Labor konnten sich Laborpraktiken in die Arztpraxen und andere Bereiche des Alltags ausdehnen. Die Ausbreitung medizinischer wie naturwissenschaftlicher Darstellungen vom Körper führt gleichzeitig zum Verlust des Körpers – an dessen Stelle das Bild tritt. Die Hirnforschung ist von der Körpervergessenheit in ihren Forschungspraktiken und -theorien auf besondere Weise betroffen und muss daraufhin gesondert befragt werden (vgl. Lettow 2011, 228). Denn in der Hirnforschung wird der Körper nicht nur durch ein Bild ersetzt, auch ihr Gegenstand der Visualisierung – das Gehirn – ist bereits körperlos gedacht.

Um sich dem Phänomen fMRT-Bild und der Frage, was denn da genau materialisiert wird, zu nähern, wird am Ende dieses Kapitels der dekonstruktivistische Ansatz des *Agential Realism* von Karen Barad als methodologisches Analyseinstrument von Laborphänomenen vorgestellt. Die Bilder können mit Barad als Agent_in eines langen technischen wie diskursiven Herstellungsprozesses verstanden werden, deren Materialität als zeitlich begrenzte und apparativ hergestellte Phänomene zu denken sind. Mit dem Begriff *Agential Realism* können ontologische Bestimmungen eines vordiskursiven Körpers, der seine ‚wahre Natur' in den Bildern ausdrückt, kritisch untersucht werden.

2.1 ZUR ERKENNTNISTHEORETISCHEN BEDEUTSAMKEIT DER PERSPEKTIVE

> „Und nicht das Sehen, sondern das Denken hat uns zur Perspektive gebracht."
> ERNST GOMBRICH 1995

Medizinisch-naturwissenschaftliche Visualisierungen unterliegen einem Geflecht aus Darstellungstraditionen. Eine dieser Traditionen geht zurück bis in die Renaissance, auf die mathematische Verobjektivierungsweise des Sehens durch die Zentral-Perspektive (auch bekannt als Linear-Perspektive). Die Zentral-Perspektive ist zwar eine Errungenschaft der Malerei; aber wie Lisa Cartwright und Marita Sturken explizit hervorheben, ist sie das Ergebnis der „Verbindung von Kunst und Wissenschaft" (Cartwright/Sturken 2001, 111, Übersetzung hf), die sich durch die Suche nach Techniken der naturgetreuen Abbildung erklären lässt und vor ihrer Durchsetzung in der Renaissance durch Filippo Brunelleschi und Leon Battista Alberti entwickelt wurde.

Das Zusammenbringen von Geometrie – der ‚Kunst der Vermessung' – und Malerei führte zu einer Mathematisierung des Darzustellenden. In seinen ersten Versuchen der linear-perspektivischen Malerei stellte Alberti eine Box mit einem Loch auf jeder Seite vor das abzuzeichnende Objekt auf. In der Box war ein Schachbrett angebracht, das die Anordnung der Objekte im Raum ordnete. Die bis dato verbreitete Weltauffassung, die auf Aristoteles zurückging, stattete alle Gegenstände in der Natur mit einer unteilbaren einzigartigen Wesenhaftigkeit aus. Der erkenntnistheoretische Ausgangspunkt der Zentral-Perspektive ordnet nun den Raum und die in ihm liegenden Gegenstände neu an und bestimmt nicht mehr ihr Wesen, sondern allein ihre Lage „in welcher sie sich zueinander befinden" (Panofsky 1998 [1927], 101). So macht Erwin Panofsky in seinem Text aus dem Jahr 1927 über die *Perspektive als symbolische Form* das Charakteristikum der Linear-Perspektive als einen rationalisierenden Moment aus, in dem nicht mehr die dargestellten Gegenstände von Bedeutung sind, sondern die Relationen in denen sie zueinander angeordnet werden:

„Ihr [Raumpunkte, hf] Sein geht in ihrem wechselseitigen Verhältnis auf: es ist ein rein funktionales, kein substantielles Sein. Weil diese Punkte im Grunde von allem Inhalt leer, weil sie zu bloßen Ausdrücken ideeller Beziehungen geworden sind. [...] Der homogene Raum ist daher niemals der gegebene, sondern der konstruktiv-erzeugte Raum." (Panofsky 1998 [1927], 101)

James Burke beurteilt in seinem Werk *The Day the Universe Changed* (1985) die Linear-Perspektive als eine grundlegende Veränderung der (eigenen) Positionierung des Menschen im Kosmos. Die neue Vermessungstechnik erlaubte es den Menschen, die Welt in Proportionen einzuteilen und miteinander zu vergleichen. Für Burke wurde mit der Linear-Perspektive auch die Zeit der Standardisierung eingeleitet: „The world was now available to standardisation. Everything could be related to the same scale and described in terms of mathematical function instead of merely its philosophical quality" (Burke 1985, 76ff.).

Die Möglichkeit, Körper in Flächen umzurechnen, um sie im Bild räumlich zu verorten, setzte auch eine neue Sicht auf den Menschen voraus. Mitchell schreibt über den Effekt der – wie er sie nennt – „artificial perspective" (1986, 37), dass durch sie eine unfehlbare Methode der Repräsentation eingeführt wurde, die grundlegend werden sollte für ein System der mechanischen Produktion von Wahrheiten über die materielle und mentale Welt. Ihre Vormachtstellung erhält die „artificial perspective" durch die Unsichtbarmachung der Künstlichkeit ihrer Darstellungs- und Wirkweisen:

„The best index to the hegemony of artificial perspective is the way it denies its own artificiality lays claim to being a ‚natural' representation of ‚the way things look', ‚the way we see' or [...] ‚the way things really are.' Aided by the political and economic ascendance of Western Europe, artificial perspective conquered the world of representation under the banner of reason, science, and objectivity." (Mitchell 1986, 37)

Die Zentral-Perspektive stellt keineswegs die einzige Darstellungsmöglichkeit dar, auf die in der Malerei oder in anderen Darstellungsweisen zurückgegriffen wird, und dennoch ist mit ihr – wie mit keiner anderen Perspektive – der besondere Schein des objektiven Repräsentierens verbunden. Und so resümiert Mitchell:

„No amount of counterdemonstrations from artist that there are other ways of picturing what „we really see" has been able to shake the conviction that these pictures have a kind of identity with natural human vision and objective external space. And the invention of a machine (the camera) built to produce this sort of image has, ironically, only reinforced the conviction that this is the natural mode of representation. What is natural is, evidently, what we can build a machine to do for us." (Ebd., 37)

Die Linear-Perspektive eröffnete durch die Neuanordnung des Räumlichen eine Ästhetik der Vermessung. Ihre Einführung brachte die beschriebenen Veränderungen nicht von heute auf morgen mit sich, sondern stellte einen Weg bereit, auf deren Basis weitere Veränderungen stattfinden konnten. Panofsky hält fest, welche Auswirkungen die erkenntnistheoretischen Grundlagen der Linear-Perspektive auf das Verhältnis des psychosomatischen Raums des Menschen hatten:

„Nicht nur war damit die Kunst zur Wissenschaft erhoben: der subjektive Seheindruck war so weit rationalisiert, dass gerade er die Grundlage für den Aufbau einer fest gegründeten und doch in einem ganz modernen Sinne ‚unendlichen' Erfahrungswelt bilden konnte - es war eine Überführung des psychophysiologischen Raumes in den mathematischen erreicht, mit anderen Worten: eine Objektivierung des Subjektiven." (Panofsky 1998 [1927], 123)

Die Linear-Perspektive und ihre neue Form der Darstellung veränderte sukzessiv auch Laborpraktiken. In seinem Text *Drawing things together* (1990) legt Bruno Latour dar, welchen Einfluss die Linear-Perspektive auf (natur-) wissenschaftliches Arbeiten hatte. Durch die Möglichkeit der Linear-Perspektive werden die im Labor vorgenommenen Visualisierungen – die bei Latour als *Inskriptionen* (1990) beschrieben werden – zu „immutable mobiles" (Latour 1990, 27), deren größter Vorteil ihre kongruente Transportierbarkeit ist.

So sind *Inskriptionen* nicht nur mobil, sondern auch unveränderlich in ihrer Form. Sie sind zweidimensional, können ihren Maßstab aber nach Belieben verändern. Diese Eigenheit ermöglicht es, dass sich ihr Einsatz im Labor äußerst praktikabel gestaltet: „That makes it possible that [...] scientist can deal with phenomenons that can be dominated with the eyes and held by hands; no matter when and where they come from or their original size" (Latour 1990, 46). *Inskriptionen* sind ohne großen Aufwand reproduzierbar und leicht zu verbreiten. Sie können in Texten zur Anschauung verwendet werden und sind untereinander kombinierbar. Den größten Vorteil, und da folge ich der Einschätzung Latours, den *Inskriptionen* für die messende und vermessende Laborarbeit haben, ist ihre Affinität mit geometrischen Skalen zu fusionieren. Damit werden sie zu Stellvertretern des Objekts im Labor. Sie können im Labor auf dem Papier mit Lineal und Nummern bearbeitet werden und gleichzeitig das dreidimensionale ‚Original' außerhalb beeinflussen (vgl. ebd., 46ff.).

Das im Labor generierte Wissen konnte mit Hilfe der angefertigten *Inskriptionen* leichter verbreitet und weiterverarbeitet werden. Hinzu kommt, dass sich durch die Möglichkeit des permanenten Zugriffs auf die angefertigten Visualisierungen neue Argumentationsweisen durchsetzten. So betont Latour, dass den Bildern, Zeichnungen, Kalkulationen und Diagrammen ein argumentatorischer Mehrwert innewohnt, auf den in Diskussionen zurückgegriffen werden kann: „You doubt what I say? I'll show you" (ebd., 36).

Die Beziehung zwischen *Inskription* und Relatum bzw. ‚Original' verschwimmt mit der Linear-Perspektive sukzessive: „Since the picture moves without distortion it is possible to establish, in the linear perspective framework, [...] a ‚two-way' relationship between object and figure" (ebd., 27). Diese in beiden Richtungen mögliche Übertragbarkeit von Objekt und seiner Repräsentation via Bilder führt zu einem neuen Status der Bilder im Labor. Die visuellen *Inskriptionen* aus dem Labor werden durch die epistemische und technische Veränderungen der Linear-Perspektive selbst zum Signifikat.

2.2 ERKENNTNISTHEORETISCHE GRUNDLAGEN IN DER MEDIZIN

Die Mathematisierung der Wahrnehmung ist eine – wichtige – Stufe für die in den folgenden Jahren und später vor allem durch die Industrialisierung vorangetriebene Entwicklung der Vermessung und Rationalisierung von Natur und Mensch. Die für die Darstellung auf Papier notwendige Abstraktion und Verräumlichung des menschlichen Körpers findet sich auch im medizinischen Diskurs des 18. und 19. Jahrhunderts wieder. Dabei geht es zunächst allerdings weniger um die numerische Vermessung von Körperteilen (die folgte dann Ende des 19., Anfang des 20. Jahrhunderts[1]), als mehr um die Verortung des menschlichen Lebens im Endlichen; die Implementierung des Todes in das Lebendige. Der medizinische Diskurs des 18. Jahrhunderts verlagert die Krankheit ins Individuum, gibt der Krankheit einen Ort. Zwei Punkte, die Foucault in seinem Buch *Die Geburt der Klinik* (1973) herausarbeitet, sind für meine Arbeit besonders wichtig. Das ist zum einen die Verräumlichung des Korpus zur Implementierung von Krankheiten im menschlichen Körper: „Das Individuum wird dem Wissen erst am Ende eines langen Verräumlichungsprozesses zugänglich" (Foucault 1973, 184); und zum anderen die Herausbildung einer neuen Sichtbarkeit, die

1 Gemeint ist hier vor allem die Kraniometrie (Schädelvermessung).

den Blick als Erkenntnisgrundlage etabliert und damit das ärztliche Sehen objektiviert.

2.2.1 Die Verräumlichung des Körpers und der ärztliche Blick als Reorganisation des Sichtbaren

> „Das Auge wird zum Hüter und zur Quelle der Wahrheit."
> MICHEL FOUCAULT 1973, 11

Die Beschreibung der jeweiligen Krankheit beruht auf ihrer Verortung sowie auf dem Vergleich und der Abgrenzung zu anderen Krankheiten. Will ein Arzt eine Krankheit beschreiben, so muss er auf Darstellungsweisen zurückgreifen, die durch die Linear-Perspektive eine erkenntnistheoretische Allgemeingültigkeit bekommen haben: die Abstraktion auf Flächen und die proportionale Gewichtung im Gesamtbild. „Derjenige", so zitiert Foucault Thomas Sydenham,

> „der die Geschichte der Krankheiten schreibt [...], muss hierin die Maler nachahmen, die, wenn sie ein Portrait machen, darauf bedacht sind, bis zu den kleinsten natürlichen Dingen und Spuren auf dem Gesicht der zu portraitierenden Person alles wiederzugeben." (Sydenham, zitiert nach Foucault, ebd., 22)

Eine Geschichte der Krankheiten zu schreiben, bedeutet nicht nur die spezifischen Charakteristika der Krankheit einzufangen, wie die Spuren auf dem Gesicht einer Person, es bedeutet gleichfalls die Krankheit zu einer Fläche im Körperraum umzuwandeln:

> „Die Krankheit wird grundsätzlich in einem Projektionsraum ohne Tiefe wahrgenommen, in einem Raum der Koinzidenzen ohne zeitlichen Ablauf: es gibt nur eine Ebene und einen Augenblick. Die Form, in der sich die Wahrheit ursprünglich zeigt, ist die Oberfläche, auf der das Relief hervortritt und zugleich verschwindet." (Ebd., 22)

Die Portraitierung von Krankheiten erschafft den Körperraum, „in dem die Wesenheiten durch Analogien definiert werden" (ebd). Den epistemischen Wandel, der sich im 18. und 19. Jahrhundert vollzog, verdeutlicht Foucault anhand eines traditionell geführten Dialogs zwischen Ärzt_innen und Patient_innen am Anfang einer Behandlung, zuerst vor dem 18. Jahrhundert und danach in der neu geschaffenen Klinik. Die erste der Erkenntnis dienenden Frage des Arztes wechselte von „Was haben Sie?“ zu der Frage „Wo tut es Ihnen weh?“ (Foucault 1973, 16). Die Krankheit bekommt einen Ort, verlagert sich in den Körper. Merkmale der Krankheit werden zu Anhaltspunkten, um welche Krankheit es sich handelt, es gilt sie zu erkennen, sie in den richtigen Zusammenhang zu stellen und sie zu verorten. Die Vermessung des Körpers führt zu Körperflächen, zu abgrenzbaren Organen und lässt damit Krankheitskoordinaten des Körpers bestimmen: „Hat die Krankheit ihre wesentlichen Koordinaten auf dem Tableau, so findet sie ihre sinnliche Erscheinung im Körper“ (ebd., 26).

Der ärztliche Blick stellt das Instrument zur Öffnung des Körpers und der Verortung der Krankheit im Korpus. Die Durchsetzung des ärztlichen Blicks hängt mit der Verräumlichung und der Aufteilung des Körpers in Koordinaten zusammen. Die Linear-Perspektive schaffte einen Möglichkeitsraum, in dem Vermessung und Lokalisierung als epistemischer Zugang zum kranken Körper begründet wurde[2]. Allerdings, und das macht die neue Dimension des ärztlichen Blicks aus, geht die Krankheit nie gänzlich im Körper auf, denn „was die Wesensgestalt der Krankheit mit dem Körper des Kranken verbindet, sind also nicht die Lokalisierungspunkte [...], es ist vielmehr die Qualität“ (ebd., 29).

Die Herausbildung des ärztlichen Blicks erforderte vor allem eine Reorganisation des Sichtbaren und Unsichtbaren. Dieser Reorganisation ging eine Modifikation der ärztlichen Praxis voraus, die sich nun in der Beobachtung des kranken Körpers, der Krankheit im Körper, erschöpft. Um die ‚Qualität‘ der Krankheit zu bemessen, verschreibt sich der Arzt voll und ganz der Beobachtung, er „hütet sich vor dem Eingreifen. [...] Die Beobachtung lässt alles an seinem Platz“ (ebd., 121). Die Praxis der Beobachtung – der aufmerksame Blick – ordnet den „Raum der Erfahrung“ (ebd., 11) neu und wird mit ihr identisch. „Dann“, so Foucault, „gibt es für die Beobachtung nichts Unsichtbares mehr, es gibt nur das unmittelbar Sichtbare. [...] Der Blick vollendet sich in seiner eigenen Wahrheit und hat zur Wahrheit der Dinge Zugang“ (ebd., 121). Wenn vorher das

---

2 Für die spätere Entwicklung der bildgebenden Verfahren und der Lokalisierung von Funktionsweisen in der Anatomie des Hirns spielte das cartesianische Koordinatensystem eine bedeutendere Rolle. Mit Hilfe des cartesianischen Koordinatensystems, und das werde ich in dieser Arbeit an verschiedenen Stellen zeigen, konnte der Körperraum gänzlich durchleuchtet werden. Das Koordinatensystem mit seinen drei Achsen ermöglicht es, den Körperraum in kleine Einheiten einzuteilen und diese im Koordinatensystem Punkt für Punkt zu bestimmen.

menschliche Gehirn vermessen, gewogen und in seine Einzelteile zerlegt wurde, veränderte sich im Laufe der Zeit die wissenschaftliche Herangehensweise an das kranke Gehirn. Nicht mehr die Kraniometrie (Schädelvermessung) mit ihrer an der Oberfläche hantierenden Messungen und dem Abwiegen des Gehirns ist für die moderne Medizin ausschlaggebend geblieben, sondern die handwerkliche Gewandtheit des Schädelbrechers, der den Schädel öffnet und das Gehirn dem Auge offenbart.

„Die präzise Geste, die ohne Messung dem Blick die Fülle der konkreten Dinge mit ihren mannigfachen Qualitäten eröffnet, begründet eine Objektivität, die für uns wissenschaftlicher ist als die instrumentellen Vermittlungen der Quantität." (Ebd., 11)

Der ärztliche Blick wird zum ordnenden Instrument auf den Körper. Der durch den objektivierten und objektivierenden ärztlichen Blick zugänglich gemachte Körperraum ist ausschließlich dem Sichtbaren zugänglich und kann nicht durch Worte wiedergegeben werden. „Das Sichtbare", betont Foucault auch in Bezug auf die Klinik, ist „nicht sagbar und nicht lehrbar" (ebd., 67). Der Zugang zur Welt, das klinische Wahrnehmen des Körpers organisiert sich über den Blick. Dieser bestimmt sich durch zwei Privilegien:

„Es sind einerseits die Privilegien eines reinen Blicks, der jedem Eingreifen vorhergeht und ganz getreulich das Unmittelbare aufnimmt, ohne es zu verändern, und andererseits die Privilegien eines Blicks, der mit einer ganzen Logik ausgerüstet ist und die Naivität eines schlichten Empirismus von vorneherein abweist." (Ebd., 121)

Die Öffnung des menschlichen Schädels für das Auge und den objektivierenden Blick erlaubt den Wissenschaftler_innen die Vermessung sowie die Lokalisierung von Krankheiten im Hirnraum. Dieser epistemische Wandel vom Seelenorgan zum Gehirn soll im folgenden Abschnitt beschrieben werden.

2.2.2 Vom Seelenorgan zum ‚Organ des Denkens'

Ende des 18. Jahrhunderts wird nicht nur die Klinik und der ärztliche Blick geboren, eine weitere Entwicklung nimmt in diesem Zeitraum ihren Anfang: die Entstehung des modernen Gehirns. Dieser Entstehung, die vor allem als erkenntnistheoretischer Umbruch vom Seelenorgan als ordnendes System hin zum denkenden Gehirnorgan, das seither als Modell dient, werde ich im Folgenden anhand einiger Fragen nachgehen: Worauf begründet sich der neue Blick auf das Gehirn? Welche grundlegenden diskursiven Veränderungen schlugen sich Anfang des 19. Jahrhunderts in der Hirnforschung nieder? Wie wurde das Gehirn zum Ort des Denkens? Welche Bedeutung hatte die Herausbildung der Lokalisation von Funktionsweisen im menschlichen Gehirn in diesem Prozess?

Mit Michael Hagner lässt sich die Entwicklung der Hirnforschung im 19. Jahrhundert als eine Geschichte der Projizierung menschlicher Qualitäten in das Gehirn verstehen. Hagners Erzählung vom *Wandel des Seelenorgans zum Gehirn* (1997) beschreibt den Vorgang der Einschreibung einer dem Körper vormals übergeordneten Seelenfunktion in ein dem Körper immanentes Organ. Dabei zeigt er die einzelnen Schritte auf, die über einen Zeitraum von hundertfünfzig Jahren dazu führten aus der Seele ein materielles Netz aus Funktionen zu machen, das vermessen, begutachtet und bewertet werden kann. Im Folgenden gilt es zu zeigen, dass dieser Wandel vom Seelenorgan zum Organ des Denkens auf das Engste verknüpft ist mit der Lokalisation geistiger Funktionen im Gehirn und somit der Verortung von Denkprozessen im ‚Koordinatensystem' der Neuronenverbände.

Ein wichtiger Ausgangspunkt für den „Anfang vom Ende des Seelenorgans" (Hagner 1997, 86) sind Samuel Thomas von Soemmerings (1755-1830) Arbeiten, die das Gehirn in den Mittelpunkt der Wissenschaften vom Menschen rückte und eine Neustrukturierung des Seelenorgans veranlasste. Dadurch entstand eine Lücke in der traditionellen und seit Descartes mit nur geringen Verschiebungen bestehenden Annahme vom Seelenorgan des Menschen, die eine neue Theorie vom menschlichen Hirn notwendig werden ließ. Fast zeitgleich mit Soemmering arbeitete der Anatom Franz-Joseph Gall (1758-1828) an verwandten Fragen, veröffentlichte schon 1798 die für die moderne Hirnforschung wegweisende Annahme, „dass die Hirnrinde verschiedene, unabhängig voneinander existierende, aber funktionell zusammenhängende Organe bzw. Fakultäten enthalte" (Hagner 1997, 89). Galls Forschungen knüpften vor allem an die Medizin der Spätantike an, weniger an das theoretische Erbe Soemmerings, jedoch findet sich eine grundlegende Gemeinsamkeit: beide wollten die Natur des Menschen über quantitative Daten erschließen, und für beide stand fest, dass die Anatomie das notwendige Scharnier zur Einbettung ihrer Thesen darstellte. Die Gemeinsamkeiten enden hier, denn Gall wollte „Gesetzmäßigkeiten der Organisation des Gehirns" (ebd., 91) erforschen. Gesetzmäßigkeiten, die tiefer liegen und über die Vermessung von Gewicht und Größe des Hirns hinausgehen. Gall distanzierte sich von Soemmerings quantitativen Messungen und den von ihm abgeleiteten Gesetzmäßigkeiten, da

„jenes grobe quantitative Raster nicht mehr für seine Argumentationsführung taugte, denn Gall war weniger an Kriterien für eine art- oder rassenspezifische Klassifikation im Sinne der Stufenleiter des Lebens interessiert als an der individuellen Ausprägung von Eigenschaften, Neigungen und Talenten.“ (Hagner 1997, 91)

Der individuellen Ausprägung von Eigenschaften, Neigungen und Talenten nachzugehen, hatte seine Anleihen in der damals praktizierten empirischen Psychologie, nur dass Gall nicht rein „psychologisch argumentiert, sondern seine Thesen am Gehirn festmacht und damit das Wissensgebiet beansprucht, auf dem bereits die Anatomen und Physiologie [...] ihre Autorität festigten“ (ebd., 92). Neben den medizinischen Bezugspunkten geht Gall auch geisteswissenschaftlichen Spuren nach, die er in seine Wissenschaft vom Menschen einbaut; namentlich Charles Bonnets Sensualismus und Johann Gottfried Herders Philosophie. In der Theorie Bonnets über den Sensualismus findet Gall Anleihen zur Lokalisierung von Sinneseindrücken, die bei Bonnet Spuren auf separaten Hirnfasern zurücklassen (vgl. Hagner 1997, 93). Diese Annahme führt bei Bonnet zu einer sehr unspezifischen und unbeständigen Vorstellung von Lokalisation, die reine Theorie blieb und keinen Einfluss auf Anwendungen in anatomischen, psychischen oder physischen Experimenten hatte. Erst die Reduktion von Sinnesqualitäten, die im Gehirn lokalisiert werden sollten, machte Platz für eine Lokalisationstheorie, die die Struktur im Gehirn ordnen konnte. Gall ging davon aus, dass es wenige grundlegende Funktionen im Gehirn gibt, die in ihrer Addition das breite Spektrum menschlicher Verhaltensweisen erklären lassen. Der vom Sitz der Seele befreite Blick aufs Gehirn machte einer Zerebralisierung Platz. Das hatte ebenfalls Einfluss auf die „Einheit des Denkens“ (ebd., 93), da die Lokalisierung zu einer Fragmentierung der Wahrnehmungs- und Denkprozesse führte. Hagner fasst die Konsequenzen, die Galls Lokalisierung für die weitere Hirnforschung bedeutete, folgendermaßen zusammen:

„Um 1800 hörte das Seelenorgan auf, organisierend tätig zu sein. Die einschlägigen Formeln verschwanden aus der medizinischen und physiologischen Literatur, die Konstruktion des Seelenorgans wurde aufgegeben, es kam zu einer strukturellen Aufwertung des ganzen Gehirns und einer Neubestimmung des Verhältnisses von Seele und Körper. Das konkretisiert sich in der Hirn- und Schädellehre Franz Joseph Galls und findet dort auch seine materielle Basis.“ (Ebd., 11ff.)

Das Gehirn wird dadurch zu einem untersuch- und beschreibbaren Organ unter vielen im menschlichen Körper. Zugleich nimmt es seither eine besondere Stellung in der Körperhierarchie des Menschen ein. Vor der epistemischen Verschiebung war das Gehirn Ort des Seelenorgans, das sich durch eine „Einheit des Ichs" (ebd., 12) bestimmte. Das Seelenorgan war keiner Zeitlichkeit unterworfen und organisierte sich von den Sinnen und der Wahrnehmung aus. In der modernen Hirnforschung konzipiert sich das Konzept des Gehirns anders. Darin ist das Gehirn Sitz geistiger Eigenschaften, von Qualitäten und Funktionen, die anhand zerebraler Lokalisierung festgelegt sind. In der Vorstellung vom modernen Gehirn handelt es sich um ein System, das durch gleichwertige Differenzierung organisiert ist und durch das komplexe Interagieren erregbarer und aktiver, in ihm verankerter Funktionen, arbeitet. Das Gehirn unterliegt von nun an einer zeitlichen Entwicklung, die sich durch die Ausbildung ihrer organischen Merkmale auszeichnet.

Mit der Herausbildung des modernen Gehirns geht eine weitere wichtige Verschiebung einher: die Verlagerung des Denkens ins Gehirn. Das bedeutete vor allem, dass Denkprozesse durch die Lokalisierung ans Gehirn rückgebunden und damit materialisiert wurden. Georges Canguilhem geht diesem Prozess der Verknüpfung von *Gehirn und Denken* in seinem gleichnamigen Text aus dem Jahr 1980 nach. Gehirn und Denken sind nach Canghuilhem derart epistemologisch miteinander verknüpft, dass wir das eine nicht mehr ohne das andere ‚denken' können. Canguilhem bestimmt die erkenntnistheoretischen Spuren der modernen Wissenschaft vom denkenden Gehirn nicht in der cartesianischen Trennung von Körper und Seele, sondern in Franz Joseph Galls Organologie, die nach Galls Tod unter dem Begriff Phrenologie[3] bekannt wurde. René Descartes entwickelte zwar in seiner Theorie zwei erkenntnistheoretisch voneinander getrennte Begrifflichkeiten, die immaterielle Seele (*res cogitans*) und den materiellen Körper (*res extensa*), allerdings geht er nach wie vor von einer direkten Verbindung zwischen den beiden aus. Bei Descartes gibt es noch die unteilbare Seele, die mit dem Körper als Ganzem verbunden ist, wenn auch nur noch an einer einzigen Stelle, die er im Gehirn – in der Zirbeldrüse – vermutet. Durch diesen ‚Interaktionsort' wird die Idee der Einheit der Seele auf die Materie ausgedehnt. Für Descartes kam mitnichten das ganze Gehirn als Organ der Seele in Frage; auch spricht er nicht von einem Sitz der Seele. Die Seele ist für ihn über den gesamten Körper verteilt, und die Zirbeldrüse ist lediglich der Umschlagpunkt, der Ort, wo der *sensus communis* seine hauptsächliche Wirksamkeit entfalte (vgl. Canguilhem 1989, 9). Gall hingegen, so Canguilhem, verklärte „das Gehirn (und insbesondere dessen Hemisphären) zum alleinigen ‚Sitz' aller geistigen und seelischen Vermögen" (ebd., 9), er ging auch davon aus, dass seelische Eigenschaften angeboren sind und verortete sie damit erstmals in das „anatomische Substrat

---

3 Wie im Übrigen auch Michael Hagner 1997.

eines Organs“ (ebd., 9) und nicht mehr in eine „ontologische Substantialität einer Seele“ (ebd., 9).

Anhand der theoretischen Annahmen Descartes und den dazu differenten Galls kann hier auf eine wichtige Veränderung hingewiesen werden, die eine Folge der sich neu etablierten Ordnung des Gehirnorgans und der dort verorteten Tätigkeiten darstellt: die Vorstellung dessen, was als Subjekt galt. Zwischen den beiden Wissenschaftlern liegt die Verschiebung vom einheitlichen Descart'schen „Ich denke“ (Canguilhem 1989, 15) zum Gall'schen „Es denkt in mir“ (ebd., 15). Bei Descartes gibt es noch das Ich, das denkt. In Canguilhems Erzählung über das Denken bekommt Descartes' „ich denke – also bin ich“ durch den Bruch zwischen dem Subjekt und seinem Gehirn, der mit Gall und seiner Phrenologie eintritt, eine zusätzliche Lesart: Das Gehirn wurde durch die Trennung zum Objekt und konnte weiteren ‚objektiven‘ Untersuchungen unterzogen werden.

Diesen Umstand erläutert Canguilhem mit dem Beispiel einer Abbildung Descartes in dem Buch *Le petit Docteur Gall; ou, L'art de connaître les hommes par la phrenologie d'après les systems de Gall et de Spurzheim* (1869) von Alexandre David. Hierin wird ein Portrait Descartes von Franz Hals mit phrenologischen Zuschreibungen versehen, die „alle wahrnehmenden geistigen Fakultäten“ (Canguilhem 1989, 15) nachweisen.

„Individualität, Gestalt, Ausdehnung, Schwerkraft, Farbe, Ort, Zahlenrechnung, Ordnung, Möglichkeit, Zeit, Töne, Sprache. Dies dient dann als Erklärung dafür, dass Descartes ein äußerst geregeltes Innenleben hatte oder dass er die Algebra auf die Geometrie und die Mathematik auf die Optik angewandt hat. [...] Kurz: vor Entstehung der Phrenologie hielt man Descartes für einen Denker, einen für sein philosophisches System verantwortlichen Autor. Nach Darstellung der Phrenologie aber ist Descartes der Träger eines Gehirns, das unter dem Namen René Descartes denkt.“ (Ebd., 15)

Descartes' „ich denke – also bin ich“ bekommt nach Etablierung der Phrenologie eine andere Konnotation. Es scheint, als wollte der Philosoph Descartes feststellen, dass das Denken ein einheitliches Ich benötige. Diese Auffassung setzte sich allerdings nicht durch. Nach Gall ist „das ganze 19. Jahrhundert hindurch das *Ich denke* immer wieder im Namen eines Denkens ohne verantwortliches personales Subjekt zurückgewiesen und widerlegt worden“ (ebd., 16).

Die Hirnforschung am Anfang des 19. Jahrhunderts brachte mit der Lokalisation das Konzept des denkenden Gehirns hervor. Damit legte Gall und die von ihm entwickelte Organologie nicht nur das erkenntnistheoretische Konzept für die

Hirnforschung des 20. Jahrhunderts fest, auch erste Visualisierungstechniken basieren auf der von ihm gegründeten Hirnlehre. Galls Fokus auf die „somatische Disposition" (Hagner 1997, 95) von menschlichen Gefühlen und Sinneseindrücken brachte die ersten Hirnatlanten hervor, in denen durch das Aufzeichnen der kartographierten Eigenschaften auf Totenschädel, Funktionsweisen und Anatomie miteinander verknüpft wurden. Diese Visualisierungstechniken unterlagen ästhetischen Beschreibungen wie sie Gall aus der Theorie Herders entnehmen konnte. Diese führten zu einer ästhetisierten Sicht auf das menschliche Gehirn, denn

> „[u]m den Bau des Gehirns zu verstehen, betrachtet Herder es nicht mehr mit den Augen des Anatomen, sondern beschreibt es so, als ob er es mit einer antiken Plastik zu tun hätte. Die Vollkommenheit der Gestalt und die proportionale Gliederung halten Einzug in die Anatomie des Gehirns." (Hagner 1997, 54)

Die ästhetisierenden Visualisierungstechniken kommen damit auch folgerichtig in der „(Kriminal-)Anthropologie und in der anatomisch-physiologischen Fundierung der Geschlechterunterschiede in der zweiten Hälfte des 19. Jahrhunderts zum Tragen" (ebd., 95). Damit war die Verknüpfung von Form (Gestalt) und Norm, die sich in den visuellen Darstellungen und Atlanten ausdrückte, in die Hirnforschung eingeführt. Die Auswirkungen, die mit dem Zusammengehen von Gestalt und Normierung einhergingen, möchte ich im Folgenden als eine Idealisierung und Ästhetisierung der Wissenschaft beschreiben.

2.3 ÄSTHETISIERUNG DER WISSENSCHAFT

> „Nichts ist schön, nur der Mensch ist schön: auf dieser Naivität ruht alle Ästhetik, sie ist deren e r s t e Wahrheit.
> Fügen wir sofort noch deren zweite hinzu: Nichts ist hässlich als der e n t a r t e t e Mensch, - damit ist das Reich des ästhetischen Urteils umgrenzt."
> FRIEDRICH NIETZSCHE 1995 [1889], BD. 4, 319; HERVORHEBUNG IM ORIGINAL

Die Herausbildung des ärztlichen Blicks führte im Zusammenhang mit sich verändernden Techniken und erkenntnistheoretischen Zugängen zu einer neuen Ordnung des Sehens und der Verräumlichung des Körpers. Der Blick, der das kranke Subjekt begründet und dem Körperraum eine Krankheit zuschreibt, brauchte ein neues Wertesystem, entlang derer er seine Diagnosen und Wertungen vornehmen konnte. So konnte sich der ärztliche Blick und seine analytischen Fähigkeiten insbesondere „auf der Ebene einer Ästhetik" (Foucault 1973, 135) entfalten. Diese Ebene der Ästhetik beschreibt normative Regeln und definiert damit „nicht nur die ursprünglichste Form jeder Wahrheit" (ebd., 135). Sie selbst wird zu einer „sinnlichen Wahrheit" (ebd., 135) erhoben, der es erlaubt ist, „schöne Sinnlichkeit" (ebd., 135) im Blick und somit in die Diagnose der Krankheit zu tragen. In den Lebenswissenschaften des 18. und 19. Jahrhunderts wird die „sinnliche Wahrheit" zu einer erkenntnistheoretischen Praxis und führt damit zu dem, was ich im Folgenden als *Ästhetisierung der Wissenschaft* beschreibe. Über die Ästhetisierung der wissenschaftlichen Praxis fand eine Idealisierung und Klassifizierung vom Wissen über den Menschen statt.

Das 18. Jahrhundert brachte mit der Aufklärung gleichfalls den europäischen Rassismus hervor. Hier lassen sich die Wurzeln ausfindig machen für die Klassifizierung von Menschen aufgrund der unheilvollen Verbindung geistiger und physischer Merkmale nach *Race*, *Gender* und *Class*. Durch die Verknüpfung von Schönheit und Gesundheit – geistiger wie körperlicher –, im Verbund mit dem Mythos der *scala naturae*[4], setzte sich eine menschenverachtende Hierarchisierung von Menschen durch, die den europäischen, weißen Mann zur Norm setzte.

Die Geschichte der Ausbreitung des Rassismus und Sexismus in Europa ist auch die Geschichte einer mit der Aufklärung beginnenden Ästhetisierung der Lebenswissenschaften. Epistemologische Voraussetzung für eine *Ästhetisierung der Wissenschaft* war die sukzessive Abkehr einer rein auf der göttlichen Weltordnung beruhenden Vorstellung von der Welt. Nicht mehr allein göttliche Gesetze wurden als befriedigende Antwort für die Gestalt und den Lauf der Dinge anerkannt, die Wissenschaft verdrängte die Allgemeingültigkeit eines Schöpfers und machte sich auf die Suche nach anderen Ordnungen, etwa nach denen der

---

4 Die *scala naturae* beschreibt die metaphorische Vorstellung, die sich die Evolution als Leiter imaginiert. Alle Lebewesen sind auf dieser linear und zeitlich fortschreitenden Leiter angeordnet, beginnend mit den primitiven Exemplaren am Fuße der Leiter und am evolutionären Ende der Leiter finden sich die entwickelten Lebewesen, endend mit dem weißen, europäischen Mann, der sich an die Spitze der Evolution setzt.

Natur. Die reine Schöpfungsgeschichte als allgemeingültige Erzählung wurde durch ein neues Ordnungsprinzip ersetzt, dem nach wie vor ein „Glaube an Autoritäten zugrunde [lag, hf] – nicht die Autorität des Christentums oder der Tradition, sondern die der Antike und der Naturgesetze“ (Mosse 2000, 9). Die Ideale der Aufklärung bestimmten die Stellung und Gestalt des Menschen im göttlichen Universum neu und verorteten diese nun in der Natur:

„Für das neue Verständnis der Stellung der Menschen in Gottes Universum hielt man die Natur und die Klassiker für wesentlich und man verstand sie als die neuen Maßstäbe für Tugend und Schönheit. Bei der weit reichenden Frage nach der Natur des Menschen verbanden sich die Naturwissenschaft und die moralischen und ästhetischen Ideale der Antike also von Anfang an.“ (Ebd., 28)

Die im 18. Jahrhundert entstehenden Wissenschaften – wie Anthropologie und Physiognomie – und die ästhetischen Vorstellungen nach dem Vorbild der Antike beeinflussten sich gegenseitig. Sie „klassifizierten die Menschen und begründeten ein Klischee der menschlichen Schönheit, das sich nach klassischen Vorbildern als dem Maßstab aller menschlichen Werte richtete. [...] Die moralische Ordnung spiegelte sich in den ästhetischen Werten“ (ebd., 9) wider. Die Verknüpfung von „ästhetischer Definition“ mit der „moralischen Ordnung“ wurde über visuelle Zuschreibungen – wie zum Beispiel der Einfluss von Form oder Größe des Schädels auf die Intelligenz – vorgenommen. Georges Mosse beschreibt den Rassismus deshalb als eine „visuelle Ideologie“ (ebd.). Der klassische Schönheitsbegriff des 18. Jahrhunderts idealisierte und bewertete alle Menschen nach demselben Muster, aber durch ihre Ontologisierung implementierte sich die moralische Ordnung als Teil einer natürlichen Ordnung in der Entwicklung des Menschen. „Was auch immer die naturwissenschaftlichen Messungen oder Vergleiche ergaben – der Wert des Menschen wurde letztlich von der Ähnlichkeit mit der klassischen Schönheit und den klassischen Proportionen bestimmt“ (ebd., 29). Die Stigmatisierung der ‚Anderen‘ funktionierte vor allem über die Zuweisung krankhafter ‚abnormaler‘ Merkmale. Hier wurde der Körper zum Austragungsort gesellschaftlicher Normierung, die einen gesunden Geist mit einem gesunden Körper gleichsetzte.

„Unermüdlich proklamierten die Rassisten, nur gesunde, normale Menschen könnten auch schön sein und im Einklang mit der Natur leben. Ein kraftvoller, energetischer Homosexueller war undenkbar und ein ‚schöner Jude‘ galt als *contradictio in adiecto*.“ (Mosse 2000, 14)

Ende des 18., Anfang des 19. Jahrhunderts wurde erstmal die Vermessung von Schädeln (Kraniometrie) betrieben, die durch Beobachten, Messen und Vergleichen zuerst vor allem den Unterschied zwischen Mensch und Tier beschreiben sollte. Die Kraniometrie wurde im 19. Jahrhundert bis ins 20. Jahrhundert hinein eine weit verbreitete ‚Lehre', die vor allem rassistischen und sexistischen Argumentationen, etwa über die Intelligenz von Personengruppen, Vorschub leistete. Die Entwicklung der Kraniometrie ist vor allem dem niederländischen Anatom und Maler Peter Camper zuzuschreiben, dessen Hauptwerk von Samuel Thomas von Soemmering im Jahr 1792 übersetzt und in deutscher Sprache unter dem Titel *Über den natürlichen Unterschied der Gesichtszüge in Menschen verschiedener Gegenden und verschied. Alters* (1786 im Original erschienen) veröffentlicht wurde. George Mosse konstatiert, dass sich für Camper, geschult in der Anatomie ebenso wie in der Malerei, mit der Kraniometrie die Möglichkeit bot, beide Vorlieben miteinander zu vereinen. So hält Mosse fest:

> „Man kann die Bedeutung gar nicht überschätzen, die die Akzentuierung des Visuellen für das rassische Denken hatte. Die eigentliche Sprache der Physiognomik ist die Malerei, weil sie sich in Bildern ausdrückt und das Auge ebenso anspricht wie den Geist." (Mosse 2000, 49)

Etwa zur gleichen Zeit – um 1800 – kamen die gallsche Phrenologie und die Physiognomik (Gesichtsdeutung) auf. Zum einen förderten die „Pseudo-Wissenschaften der Physiognomik und der Phrenologie [...] den Übergang von der Wissenschaft zur Ästhetik" (ebd., 31). Zum anderen waren, ebenso wie in der Kraniometrie, die in diesen Wissenschaften vorgenommenen Beobachtungen, Messungen und Vergleiche „mit Werturteilen verbunden, die ästhetischen, aus dem antiken Griechenland hergeleiteten Kriterien folgten" (ebd., 29). Die Vermessung des Menschen – oder nach Stephen Jay Gould *The mismeasurement of man* (1996) – führte zur Standardisierung von Stereotypen, die in ihrer zugespitzten Form allein auf dem Papier festgehalten werden konnte. Die visuellen Repräsentationen dieser Stereotypen entwickelten eine solche Macht, sie wurden zur Alltagssprache, zur „Redensart" (Pörksen 1997, 58), sie wurden zu „fleischgewordenen Metaphern" (ebd., 117).

2.4 BILDLICHER OBJEKTIVISMUS – OBJEKTIVIERUNG DURCH BILDER

In der Wissenschaft über den menschlichen Schädel – wie Phrenologie und Physiognomie – wird das generierte Wissen in Bildern dargestellt und in Atlanten zusammengeführt, die den Blick ordnen und das Erkennen von normalen Gehirnen und deren Abweichungen ermöglichen sollen. Atlanten werden von Lorraine Daston und Peter Galison als „Auswahlsammlungen der Bilder, die die signifikantesten Forschungsgegenstände eines Faches bestimmen" (Daston/Galison 2007, 17) beschrieben. An anderer Stelle betonen sie, dass die Bilder in den Atlanten die Wissenschaft ausmachen, da diese „für die auf Beobachtung angewiesenen empirischen Wissenschaften die Speicher der maßgeblichen Bilder" (ebd., 23) seien. Das in Atlanten versammelte Wissen ist kein gleich bleibendes; die Art der Atlanten sowie der Anspruch an die in die Atlanten aufgenommenen Bilder, haben sich in den letzten dreihundert Jahren immer wieder enorm geändert, was nicht zuletzt an den technischen Erneuerungen, die die Naturwissenschaft hervorgebracht hat, liegt. Anhand der Bilder und ihren Herstellungstechniken kann deutlich gemacht werden wie Atlanten unterschiedliche Ausprägungen von Objektivität und somit evidentes Wissen hervorbringen.

> „Die früheren Naturforscher hatten aktiv versucht, ihre Objekte und ihre Illustratoren auszusuchen und zu formen, während spätere Naturwissenschaftler sich bemühten, passiv zu bleiben und die Finger von ihren Objekten zu lassen. Dementsprechend änderte sich die Bedeutung der Bilder. Statt die Idee in der Beobachtung zu porträtieren, luden Atlasmacher die Natur ein, ein Selbstbild zu malen – die ‚objektive Ansicht'." (ebd., 119)

Die aufkommenden bildgebenden Techniken Ende des 19. Jahrhunderts – wie etwa die Fotographie – führen erneut zu einer maßgeblichen Neubestimmung von wissenschaftlicher Objektivität. Mit der Etablierung der Fotographie, und im Anschluss daran aller technischen bildgebenden Verfahren, wird Objektivität vor allem als technisch vermittelte, uninterpretierte Wahrheit verstanden. Vorbild für die objektive Abbildung einer ‚Naturwahrheit' wird die Maschine. Diese erweist sich laut Daston und Galison insbesondere in drei Punkten für die (natur-) wissenschaftliche Praxis als vorteilhaft. Erstens sind Maschinen die idealen Beobachter_innen. Menschliche Unzulänglichkeiten wie Müdigkeit, Ungeduld, Aufmerksamkeitsverlust sind ihr fremd. Mit der Entwicklung bildgebender Verfahren – wie etwa Röntgen – übertreffen sie noch das menschliche Auge, da sie in Bereiche jenseits der menschlichen Sinne vorstoßen können. Die Maschine ist zweitens in der Lage, eine Vielzahl identischer Kopien des beobachteten Objektes anzufertigen und somit das Richtmaß für Standardeinheiten festzusetzen:

„Vor allem die Fähigkeit einer Maschine, Tausende von identischen Objekten zu produzieren, verband sie mit der standardisierenden Aufgabe des Atlas, der schließlich die Phänomene sowohl standardisieren als auch reproduzieren sollte. Die Maschine gab ebenso ein Modell ab für das Maß und die Perfektion, um die sich die Standardisierung bemühen sollte." (Daston/Galiston 2002, 91)

Die beiden erst genannten Einflüsse mechanischer Objektivierungslogiken auf Laborpraxen führen zum dritten und wichtigsten: Die Maschine bot „jetzt in Form von Techniken mechanischer Reproduktion, die Aussicht auf Bilder, die nicht von Interpretationen verdorben waren" (ebd, 92ff.). Der Wunsch der urteilsfreien und naturgetreuen Abbildungen von ‚Natur' unterstreicht die Sehnsucht der Wissenschaftler_innen nach guten Bildern. Was ein ‚gutes' Bild jeweils bestimmt ist dabei abhängig von den technischen Möglichkeiten und ästhetischen Urteilen. In der Herausbildung des bildlichen Objektivismus „stand die Maschine für Authentizität: Sie war Beobachterin und Künstlerin in einem und wunderbarerweise frei von den inneren Versuchungen, die Natur zu theoretisieren, zu anthropomorphisieren, zu verschönern oder anderweitig zu interpretieren" (ebd., 93). Die maschinell hergestellten technischen Bilder wurden als „unmittelbare Selbstporträts der Natur" (ebd., 94) gelesen.

Der technisch produzierte, bildliche Objektivismus in der Medizin und der Naturwissenschaft, wie Fotographien und Röntgenaufnahmen, braucht nicht mehr die Klassifikation über ein charakteristisches Bild dessen, was normal oder abnormal ist; ihnen ist das Normale und das Pathologische bereits immanent. Mit dem bildlichen Objektivismus gingen die Atlanten dazu über, eine Bandbreite von Einzelphänomenen, die für einen Typ charakteristisch sind, zu präsentieren,

„die die Skala des Normalen umfassen, und es dem Leser (sic!) überlassen, intuitiv das zu schaffen, was die Atlasautoren nicht länger ausdrücklich zu tun wagten: sich die Fähigkeit anzueignen, auf einen Blick das Normale vom Pathologischen, das Typische vom Anomalen und das Neuartige vom Bekannten zu unterscheiden." (Daston/Galiston 2002, 88)

Da die maschinell hergestellten Bilder Aufzeichnungen individueller Objekte sind, gilt nicht mehr das charakteristische, idealtypische Bild, das als eine Illustration aller typischen Merkmale eines Objekts verstanden werden kann, als objektiv. Bilder sollten zu diesem Zeitpunkt als Wegweiser dienen und nicht ideal, typisch oder charakteristisch sein. Das heißt, sie sollten anzeigen, ob sich jene individuellen Konfigurationen im Bereich des Normalen bewegten. Beim Sehen sollten ‚Muster' hervorgerufen werden, die die Interpretation leiten: „Die Bürde der Repräsentation/Klassifikation wird somit nicht mehr dem Bild angelastet, sondern dem interpretierenden Auge des Lesers (sic!)" (ebd., 74).

Das Abgeben der Verantwortung an die Leser_innen hat zur Folge, dass das Beurteilen pathologischer und ‚normaler' Charakteristika auf die Ebene der „sinnlichen Wahrheit" verschoben ist. Damit wird das ästhetische Empfinden, das es für die ‚richtige' Rezeption der Bilder braucht, zu einem Vorgang, der auf ‚natürlichem' Empfinden und scheinbar subjektivem, weil intuitiv veranlagtem, Sehen beruht: „Die menschliche Fähigkeit zu urteilen ist, wie Kardiologen unumwunden zugaben, ‚äußerst hilfreich'" (ebd., 75).

Die weiter oben beschriebene *Ästhetisierung der Wissenschaft* führt gemeinsam mit dem bildlichen Objektivismus dazu, das über den menschlichen Körper gesammelte Wissen zu visualisieren, in Atlanten zu sammeln und damit dem Vergleich und der Proportionenlehre zugänglich zu machen. Das wissenschaftliche Urteil vermittelt sich über die Bilder anhand ästhetisierter Regelwerke, die, so scheint es, direkt aus der ‚Natur' und seiner natürlichen Ordnung stammen und nur auf den Menschen übertragen werden müssen. Mit Hilfe des apparativ hergestellten bildlichen Objektivismus und der mechanischen Reproduktion von Laborobjekten konnte sich die Visualisierungen produzierende Wissenschaft des Anscheins subjektiver Einflussnahme auf die Bilder erneut entledigen.

2.5 LABORATISIERUNG UND DER VERLUST DES KÖRPERS

> „Der moderne Mensch wird in der Klinik geboren und stirbt in der Klinik. Also soll er auch wie in einer Klinik wohnen."
> ROBERT MUSIL, 1994 [1930], 7

Die provokante Schlussfolgerung, die Musil in seinem Werk über den Menschen im 20. Jahrhundert, den *Mann ohne Eigenschaften* Ulrich vornehmen lässt, findet ihre Parallele in dem Begriff der *Laboratisierung* von Karin Knorr-Cetina (1988). Sind die beiden Begriffe Beobachtung und Experiment in Foucaults Genealogie der Klinik noch einer klaren Trennung unterworfen, können sie in Knorr-Cetinas Untersuchung der Laborpraktiken des 20. und 21. Jahrhunderts nicht mehr so deutlich voneinander unterschieden werden. Die Trennung von Beobachtung und Experiment spielte bei der Herausbildung und Strukturierung der Kliniken eine nicht unwichtige Rolle, lassen sich doch für beide Bereiche unterschiedliche Arten des ‚Sehens' feststellen: „Der Beobachter liest die Natur, der Experimentator befragt sie" (Foucault 1973, 122). Foucault verortet – für die von ihm untersuchte Zeit des 19. Jahrhunderts – die Beobachtung in die Klinik, das Experiment ins Labor.

Knorr-Cetina (1988) erweitert nun das Verständnis vom Labor, indem sie mit dem Begriff der *Laboratisierung* die Diffundierung von Beobachtung und Experiment konstatiert. Das Labor zeichnet sich dadurch aus, dass die untersuchten Objekte ihrem Kontext entzogen werden und dass für den Laborkontext andere, beziehungsweise nur Teilbereiche des Untersuchungsobjekts, interessant sein können, als im alltäglichen Umgang mit ihnen. Latour beschreibt diesen Vorgang anhand der Sonne. Die Sonne interessiert im (zumindest westlich, europäisch geprägten) Alltag zumeist deshalb, weil sie Tag und Nacht bestimmt, für gutes Wetter sorgt, uns bräunt etc. Um im Labor untersucht werden zu können, muss die Sonne aus diesem Kontext herausgenommen und messbar gemacht werden. Die Messbarkeit orientiert sich dabei zumeist anhand physikalischer Größen:

„[T]he two-dimensional character of inscriptions allow them to *merge with geometry*. [...] The result is that we can work on paper with rulers and numbers, but still manipulate three-dimensional objects ‚out there'. [...] You can not measure the sun, but you can measure the photograph of the sun with the ruler. Then the number of centimeters can easily migrate through different scales, and provide solar masses for completely different objects." (Latour 1990, 46; Hervorhebung im Original)

Das Zitat von Latour macht deutlich, welche Bedeutung *Inskriptionen* als visuelle Modelle eines Untersuchungsobjekts für die wissenschaftliche Praxis hatten und haben. Mit Hilfe von *Inskriptionen* sind wissenschaftliche Untersuchungen nicht mehr nur an einem Ort gebunden. Die zu untersuchenden Objekte werden durch ihre Visualisierung (oder einer anderen Form der Einschreibepraktiken) konserviert und überall verfügbar gemacht. Die Möglichkeit, *Inskriptionen* mit Geometrie zu kombinieren, ermöglicht es auch, Objekte, die sich zunächst außerhalb eines Labors befinden, zu vermessen und zu bestimmen. Damit wird der

Laborbegriff auf der einen Seite ausgedehnt, da auch Objekte außerhalb des Labors mit den Instrumentarien des Labors bemessen werden können, auf der anderen Seite erfährt das Laborexperiment eine Begrenzung auf die bereits modellierten und standardisierten *Inskriptionen.*

Damit können die vormals aufs Labor bezogenen Praktiken wandern und sich in andere Bereiche der Gesellschaft ausweiten. Ein Labor bestimmt sich bei Knorr-Cetina nicht allein durch eine Ansammlung genau festgelegter Instrumentarien, die zur Untersuchung eines Laborobjekts benötigt werden, sondern vor allem durch ihre „Rekonfiguration natürlicher und sozialer Ordnungen und ihrer Relation zueinander“ (Knorr-Cetina 2002, 45). Das Herauslösen des Untersuchungsobjekts aus seiner Umgebung und die Repräsentation des Objekts durch ein Modell oder eine auf Modellen basierenden Visualisierung gehören somit zur Laborsituation dazu. „Für eine medizinische Untersuchung des Körpers mit bildgebenden Verfahren“, so Regula Burri,

> „gilt ähnliches. An die Stelle des ‚natürlichen‘ Körpers tritt ein im Spital oder in der Klinik konstruiertes epistemisches Objekt, das zum Ausgangspunkt der Wissenserzeugung wird. Dieses Bild kann verändert und anderen zugänglich gemacht werden; es kann unabhängig von der Anwesenheit des Patienten im Nachhinein und an einem anderen Ort genauer untersucht werden. Die instrumentelle Herstellung einer visuellen Repräsentation des Körpers macht deshalb den Ort, an dem dies geschieht zu einem ‚Labor‘.“ (Burri 2008, 290ff.)

Musils Worte über die Klinik als Anfangs-, End- und Orientierungspunkt für den modernen Menschen, spitzt sich mit der Laboratisierung und dem sukzsessiven Ausdehnen des Experiments auf das gesellschaftliche Leben, weiter zu. Denn die Möglichkeit, den Menschen durch von ihm angefertigte Abbildungen zu ersetzen, führt die *Laboratorisierung* zum Verlust des Körpers im Visualisierungsprozess, dessen darin erzeugtes Bild zum „Ausgangspunkt der Wissenserzeugung wird“ (ebd., 290).

2.5.1 Körpervergessenheit des Labors

Sigrid Schmitz spricht, basierend auf der Analyse aktueller naturwissenschaftlicher Forschung, von einer Renaissance des Körpers und der Bilder (vgl. Schmitz 2004, 118). Die neuen Visualisierungsmöglichkeiten in Medizin und Naturwissenschaft, so Schmitz, „führen dabei unseren Blick tief hinein in den Körper“ (ebd., 118) und transportieren das in den Laboren generierte und stark reduzierte Wissen vom Körper in gesellschaftliche Diskurse. Damit wird klar, dass die beiden Renaissancen zusammen gedacht werden müssen, und es stellt sich die Frage, welche Vorstellung von Körper und Bildern in dieser Renaissance aufgerufen werden. Schmitz weist daraufhin, dass sich „[i]m Bereich der biomedizinischen Körpervisualisierungen [...] die beiden Phänomene der ‚neuen Bildlichkeit' und der ‚neuen Körperlichkeit' zu einer ‚neuen Welt' der digitalen Körperbilder" (ebd., 119) verbinden.

Der Verlust des Körpers im Labor geht mit der *Laboratisierung* und dem vermehrten Rekurs auf „visuelle Repräsentationen" (Burri 2008, 15) einher, deren Wirkmacht mit Schmitz als eine „doppelte Objekt-Subjekt-Trennung" (Schmitz 2004, 119) beschrieben werden kann. Die erste Trennung zwischen Subjekt und Objekt stellt die Verobjektivierung subjektiver Körper dar: „Einerseits wird der digitalen Visualisierung von Körperlichkeit durch ihre Rückbindung in die technisch-naturwissenschaftliche Verfahrenslogik unhinterfragt Objektivität, Neu-tralität und Referentialität zugeschrieben" (ebd., 119). Die apparativen Bilder konnten sich der Subjektivität ihrer Herstellung durch den Menschen entledigen und sich dadurch ein Image der Objektivität aneignen. Die zweite Trennung

> „erfolgt auf der Ebene des Körpers selber, indem das Objekt Körper als ahistorische und vordiskursive Entität, gewissermaßen als Essenz des Subjektes Mensch gesetzt wird. Die Botschaft lautet: Verstehen wir das Objekt Körper, indem wir mit modernen Verfahren nun sogar in den lebenden Körper hineinschauen und ihn abbilden können, dann verstehen wir auch das Subjekt Mensch." (Ebd., 119)

Susanne Lettow weist in ihrem Buch *Biophilosophien* (2011) darauf hin, dass die Hirnforschung durch ihre Fokussierung auf physiologische Prozesse einer weiteren Körpervergessenheit anheim fällt. Da in den Neurowissenschaften von einem cartesianischen Dualismus ausgegangen wird, bestimmt sich darüber auch das Verhältnis von Körper und Geist. Die Trennung von Körperlichem und Geistigem ist immer schon bedingt durch eine reduzierte Auffassung des Physischen:

> „Die Abstraktionen ‚Körper' und ‚Geist' erscheinen so als Resultat einer Ausblendung von Tätigkeit beziehungsweise Handlungsfähigkeit. In den philosophischen Debatten um die Neurowissenschaften kommt hinzu, dass Körperlichkeit auf das Gehirn reduziert wird. Dies bedeutet, dass der Zusammenhang von Gehirn und Körper beziehungsweise der gelebte Körper überhaupt grundsätzlich ausgeblendet werden." (Lettow 2011, 228)

Susanne Lettow rekurriert dabei auf die Psychologin Elizabeth Wilson, der sie den Verdienst zuschreibt, die „Leerstelle einer Theorie des Körpers, der Materialität und der Natur, die die psychologischen und philosophischen Debatten kennzeichnet, markiert zu haben“ (Lettow 2011, 228ff.). Wilson beschreibt die theoretischen Vorannahmen der Hirnforschung als cartesianisch geprägt, die in ihrer Definition eine scharfe Trennung zwischen dem denkenden, wahrnehmenden, rationalen Gehirn und dem extra-neurologischen Körper vornehmen, der als Gegenmodell zum Gehirn entworfen wird:

> „The problem here is not that there may be two or more kinds of bodily material [...], but rather that the divisions between these kinds of material are Cartesian in character. That is, the extra-neurological body is not simply nonneurological; more pointedly, it is noncognitive, nonconscious, non-intellectual, nonrational.“ (Wilson 1998, 124)

Der extra-neurologische Körper spielt in den Modellen der Hirnforscher_innen eine nur mehr untergeordnete Rolle in den Wahrnehmungs- und Kognitionsprozessen.

2.6 Das fMRT-Bild als Phänomen

> „In what way can a science lead to a sense of the natural?“
> DONNA HARAWAY 2004, 2

Um ein mögliches Verständnis von Materialisierungen – sei es in den Bildern vom Körper oder des Körpers selbst – wieder in den Blick nehmen zu können, greife ich den *Agential Realism* (Barad 2007) als theoretisch/methodologischen Zugang auf. Er erlaubt es, fMRT-Bilder als temporär agierende Phänomene zu verstehen, die durch ganz spezielle Laborbedingungen hervorgebracht werden. Um die im Labor hervorgebrachten Bilder untersuchen zu können, müssen insbesondere die an ihrer Herstellung beteiligten Bedingungen analysiert werden.

2.6.1 Agential Realism als Zugang zur Welt

Der von Karen Barad entwickelte Begriff des *Agential Realism* hat seine Anleihen in der Physik, genauer genommen in der quantenphysikalischen Auslegung Niels Bohrs. Barad, selbst promovierte Physikerin, hat ihre Doktorarbeit über theoretische Teilchenphysik geschrieben und ist über ihre Auseinandersetzung mit Bohrs Physik-Philosophie zu einer Neudefinition „physikalischer Realität" (*physical reality*; Barad 2007, 126, Übersetzung hf) gelangt. Ein kurzer Ausflug in die theoretische Physik ist daher zum Verständnis der Barad'schen Herangehensweise und der Betrachtung ihres Theoriekorpus notwendig.

Agential Realism kann als Erweiterung von Niels Bohrs *Komplementaritätsprinzip* gesehen werden. Das *Komplementaritätssprinzip* meint die physikalische Bestimmung einander ausschließender, aber dennoch zusammengehörender, weil sich ergänzender, Eigenschaften von Objekten.

Bohr wollte seine philosophischen Beschreibungen aus den Einsichten der Quantenphysik als allgemeine, erkenntnistheoretische Zugänge zur Naturbeobachtung verstanden wissen, so dass „der Komplemtentaritätsgesichtspunkt [als, hf] eine rationelle Verallgemeinerung des Kausalitätsideals anzusehen ist" (ebd., 41). Im Gegensatz zu dem Newton'schen Kausalitätsprinzip, in dessen Verständnis der klassischen Mechanik alle Teilchen genau bestimmbar und ihre Verhaltensweisen exakt voraussagbar sind, liegt Bohrs Zugang von Laborobjekten in ihrer Unschärfe; besser noch Unbestimmtheit. Wie im Folgenden zu sehen sein wird, begründet Bohr damit eine neue Ontologie von Laborobjekten, d.h. einen erkenntnistheoretischen Zugang, der auch für Barads *Agential Realism* von großer Bedeutung ist.

2.6.2 Niels Bohr: Vom Laborobjekt zum Phänomen

Nachdem Albert Einstein die newtonsche Annahme widerlegte, dass Licht nicht ausschließlich Wellencharakter besitzt, sondern aus sogenannten Lichtquanten (Photonen[5]) bestehe, folgten verschiedene Experimente – u.a. das Doppelspalt-Experiment –, aus denen das Postulat des Wellen-Teilchen-Dualismus[6] hervorging. Die wenigen Experimente, die es gab, um den unsichtbaren Quanten in Form von Elektronen und Photonen auf die Spur zu kommen, zeigten paradoxe Ergebnisse, die die Elektronen einmal als Wellen, einmal als Teilchen hervor-

---

5 Für deren Entdeckung Albert Einstein 1921 den Nobelpreis erhielt.

6 Interessanterweise meint in der Physik der Begriff des Dualismus ‚zwei enthalten' und beschreibt dabei nicht die Gegensätzlichkeit von Welle und Teilchen, sondern den Zustand das Etwas (zum Beispiel Elektronen) beides sein kann, nämlich Welle und/oder Teilchen. Hier zeigt sich der Gegensatz zu dem Begriff des Dualismus, wie er in den Geisteswissenschaften verwendet wird: Dualismus als Gegensatzpaar, das sich zwar gegenseitig bedingt, dabei aber ausschließt, dass etwas beides gleichzeitig sein kann.

brachten. 1927 veröffentlichten Niels Bohr und sein Schüler Werner Heisenberg die Kopenhagener Interpretation des Doppelspalt-Experiments, eine von verschiedenen Auslegungen des Phänomens, die bis heute Bestand hat. Aufbauend auf der Erkenntnis aus den Doppelspalt-Experimenten, dass Elektronen sich in manchen Experimenten wie Teilchen, in anderen wie Wellen verhalten, geht Bohr mit seiner Hypothese noch über Heisenbergs Unschärferelativität[7] von Messvorgängen hinaus und spricht von der Unbestimmtheit von (Labor-) Phänomenen. So weigert sich Bohr, die heisenbergsche Interpretation der Unschärferelation anzuerkennen, die besagt, dass zwei Eigenschaften eines Teilchens nicht gleichzeitig beliebig genau bestimmbar sind. Denn damit, so Bohr, setzt Heisenberg eine vorphysikalische Welt voraus, die zwar unabhängig vom Menschen existiert, zu der der Mensch aber keinen Zugang hat, da er durch den Versuch des Verstehens/Messens diese vorgängige Welt stört. Dieser Einschätzung Heisenbergs, dass die Realität nie gänzlich abgebildet werden kann, stellt Bohr sein Verständnis von physikalischen Phänomenen gegenüber, die deskriptiv mit dem Komplementaritätsprinzip untersucht werden können.

Bohrs Leistung in der Quantenphysik besteht schließlich darin, die uneindeutigen Resultate des Doppelspalt-Experiments zur Grundlage seiner Theorie zu machen. Denn um diese Unbestimmtheit physikalisch beschreiben zu können, entwickelt Bohr ein neues Verständnis von Ontologie und Epistemologie in der Entstehung von Laborphänomenen.

2.6.3 Bohrs Interpretation des Doppelspalt-Experiments

Die quantenphysikalische Interpretation des Doppelspalt-Experiments[8] führen bei Bohr zur analytischen Untrennbarkeit von Objekt/Phänomen und Messgerät

7 Die Heisenberg'sche Unschärferelation wurde 1927 in der Physik durch Heisenberg beschrieben: versucht man bei Elektronen den Drehmoment zu bestimmen, kann man nur sehr ungenaue (unscharfe) Angaben über die Position des Elektrons geben, bestimmt man die Position, kann man den Drehmoment nicht bestimmen. Es können demnach nie zwei Messgrößen gleichzeitig genauer besimmt werden.

8 Bohrs physik-philosophische Annahmen waren und sind in ihrer Auslegung damals wie heute umstritten (am prominentesten und bekanntesten ist der Streit mit Albert Einstein über die Deutung der Quantenmechanik) und im Bereich der Physik und der allgemeinen Lehre der Physik wenig verbreitet. Seine physikalischen Überlegungen mögen zwar umstritten sein, seine Experimente, von denen die meisten von Bohr zwischen 1920 und 1940 nur als Gedankenexperimente hergeleitet und ‚bewiesen' wer-

und lassen eine selbständige Zuschreibung eines physikalischen Zustands nicht zu. Die Wechselwirkungen zwischen Objekt und Messgerät sind nach Bohr, ein integrierender Bestandteil von Phänomenen. Die Messapparate im Labor sind die materiellen Bedingungen unseres ‚objektiven' Wissens. Da sich der Untersuchungsgegenstand der Quantenphysik nicht mit dem bloßen Auge beobachten lässt, wird die Frage nach der erkenntnisgebenden Rolle der Messinstrumente also zu einer grundlegenden (vgl. Bohr 1985).

Aber nicht nur das zu untersuchende Objekt und dessen Herstellungsapparaturen sind miteinander konzeptuell verbunden, auch die materiellen und theoretischen Bedingungen, die sich in den Denkstilen und in den technischen Möglichkeiten zeigen, sind voneinander abhängig. Es ist also eine generelle Kontextualisierung der Messapparate nötig, um die Verbindungen zwischen den theoretischen Konzepten, den materiellen (Labor-)Instrumentarien und den im Labor auftretenden Phänomenen ergründen zu können.

Diese erkenntnistheoretischen Grundlagen sind wichtig, um das Laborphänomen – um das es bei Bohr letztendlich geht – verstehen zu können. Der Begriff des Phänomens ist dabei ganz restriktiv zu gebrauchen:

„Für die objektive Beschreibung ist es angebrachter, das Wort Phänomen nur in Bezug auf Beobachtungen anzuwenden, die unter genau beschriebenen Umständen gewonnen wurden und die die Beschreibung der ganzen Versuchsanordnung umfassen. Mit einer solchen Terminologie ist das Beobachtungsproblem von jeglicher Mehrdeutigkeit befreit; denn in den Experimenten handelt es sich ja immer um durch unzweideutige Feststellungen ausgedrückte Beobachtungen, wie z. B. die Registrierung des Punktes, an dem ein Elektron auf die photographische Platte auftrifft." (Bohr 1985, 82)

Nur die genaue Beschreibung einer Messapparatur lässt die Bestimmung eines Phänomens zu. Dieses Phänomen ist ein Ganzes und unterliegt jener oder dieser Ganzheitlichkeit, denn es ist Ergebnis einer ganz bestimmten Versuchsanordnung. Bohrs Phänomen ist nicht (zer-)teilbar, denn ein anderes Phänomen setzt eine andere Versuchsanordnung voraus.

Ein weiterer wichtiger Punkt, vor allem für Bohrs Physik-Philosophie, lässt sich aus der Frage des Beobachtens – als performativer Akt gedacht – ableiten. Bohr verweist auf die Untrennbarkeit von Beobachtern und Beobachtungsobjekten,

den konnten, werden bis heute unter Zuhilfenahme neuerer Technologien in Physiklaboren nachgebaut und verifiziert.

die sich immer – über ihre Praktiken – gegenseitig bedingen. Das ‚zu beobachtende Objekt' und das ‚beobachtende Subjekt' stehen immer in Relation zueinander. Beobachtungsobjekt und Beobachter_in treten durch bestimmte Co-Konstitutionen bestimmter materiell (Beobachtungs- oder Aufzeichnungsapparaturen im Labor) und konzeptuell bedingter, erkenntnistheoretischer Praktiken hervor. Aus dem Wissen um diese Untrennbarkeit formuliert Bohr die Aufforderung an die Wissenschaft, dass das Konzept des Messapparates in die Theoriebildung miteinbezogen werden muss. Diese grundlegenden Überlegungen lassen den Prozess der ‚Naturentdeckung' im Labor als einen interaktiven, gemachten Vorgang verstehen. Somit stellt sich die Frage nach den Bedingungen von Laborobjekten, die im Zentrum von Barads Ausführungen steht.

2.6.4 Agential Realism – Annäherung an einen Begriff

> „What is needed is a new starting place."
> KAREN BARAD 2007, 137

Der von Barad entwickelte Ansatz des *Agential Realism* basiert auf Begriffen aus der – feministischen – Wissenschafts- und Technikforschung sowie aus der Physik, wie etwa dem des Phänomens, der Performativität und der (Labor-) Akteur_innen. Heike Wiesner beschreibt Barads Theoriekonzept folgendermaßen:

> „Ihre Ontologie ist keine universelle, indem das ‚Dazwischen alles erklärt'. ‚Agential realism' ermöglicht vielmehr ein situiertes Denken aus der Mitte heraus, d.h. wissenschaftliche Theorien, Konzepte und Phänomene konstituieren situierte hybride Wissensformen und Phänomene. Realismus beinhaltet somit nicht die Repräsentation einer unabhängigen Wirklichkeit, die lediglich (neu) zusammengefügt werden muss, sondern konzentriert sich auf die realen Konsequenzen und Möglichkeiten, welche Intra-Aktionen innerhalb der Welt mit sich bringen." (Wiesner 2002, 211)

Barads Neuverortung der Begrifflichkeiten in ihrem theoretischen Verständnis von Laborphänomenen erlaubt es mir, das fMRT-Bild im Labor mit dem Fokus auf seine Visualität zu untersuchen. Die Begriffe, die hier im Weiteren definiert und für die Auswertung nutzbar gemacht werden sollen, sind vor allem durch den Ort des Labors, den sie untersuchen und beschreiben sollen, bestimmt. Der

Agential Realism ist plausibel für den Ort des Labors, dem dort generierten Wissen und seinen Praxen.[9] *Meeting the Universe Halfway* (2007), das Buch von Barad, in dem sie ihr Konzept des *Agential Realism* ausarbeitet, hat zum Ziel, die im Labor hervorgebrachten Phänomene als Produkt von dynamischen, gleichzeitig natürlichen wie auch kulturellen Praktiken zu verstehen.

> „In this chapter [about *agential realism*, hf], I propose a *posthumanist performative* approach to understanding technoscientific and other naturalcultural practices that specifically acknowledges and takes account of matter's dynamism.“ (Barad 2007, 135)

2.6.5 Agential Realism als Methodologie und Werkzeugkasten

Barads *Agential Realism* rekurriert zunächst nicht direkt auf die bohrsche Terminologie. So hält sie fest, dass sich Bohr nie selbst als Realist bezeichnet hat, Barad ihn aber, nach einer Rekonzeptualisierung des Begriffs Realismus, als solchen versteht: „I will argue that there is an important sense in which Bohr is indeed a realist and that it is worthwhile to retain the term as reconceptualized“ (Barad 2007, 123). Bohr spricht sich, laut Barad, durch seine Abgrenzung zum Repräsentationalismus für eine realistische Interpretation der Quantentheorie aus. So konstatiert Bohr: *„[Q]uantum theory exposes an essential failure of representationalism“* (zitiert nach Barad 2007, 124; Hervorhebung im Original).

Einen weiteren Hinweis des bohrschen Realismus findet Barad in seinem Verständnis von Laborphänomenen. Diese sind nach Bohr Ergebnis einer ganz bestimmten Anordnung von *apparatuses*[10]. *Apparatus* meint dabei nicht allein Laborinstrumentarien, sondern die Gesamtheit an Bedingungen, die ein Phänomen entstehen lassen. Phänomene konstituieren sich erst durch bestimmte apparative Anordnungen und sind diesen nicht vorgängig.

---

9 Dieser Fokus ist deshalb von Bedeutung, da der *Agential Realism* als universeller Ansatz einige essentialistische Gefahren birgt, die an anderer Stelle angerissen werden.

10 Der Begriff des *apparatus* vereint bei Barad zwei Bedeutungen. Zum einen beschreibt er die zu Materie gewordenen Laborinstrumente, zum anderen folgt *apparatus* mehr der Definition des foucaultschen *Dispositivs*. Diese Mehrdeutigkeit des Begriffs *apparatus* ist bei ihr kein Zufall, sondern will auf die Verwobenheit und Gleichzeitigkeit von Materialisierung und Bedeutungszuschreibung hinweisen. Ich verwende in meinem Text immer dann den englischen und von Barad übernommenen Begriff des *apparatus*, wenn ich beide Bedeutungen des Begriffs aufrufen möchte. Der deutsche Begriff ‚Apparat' hingegen wird von mir in der Bedeutung von (Labor-)Instrumentarien verwendet.

Barad grenzt sich zunächst von dem Phänomenbegriff, der in der Phänomenologie – insbesondere der von Edmund Husserl geprägten – verwendet wird, ab:

„Crucially, the agential realist notion of phenomenon is not that of philosophical phenomenologists. In particular, phenomena should not be understood as the way things-in-themselves *appear*: that is, what is at issue is not Kant's notion of phenomena as distinguished from noumena." (Barad 2007, 412; Hervorhebung im Original)

Stattdessen ist der Phänomenbegriff, der im *Agential Realism* verwendet wird, an den bohrschen Begriff angelehnt. Phänomene sind die intra-aktiven Ergebnisse, die durch *apparatuses* – die mit Foucault auch als *Dispositive* bezeichnet werden können – hervorgebracht werden. Dabei sind Phänomene bei Barad nicht auf Materie gewordene Laborergebnisse zu reduzieren; auch diskursive *apparatuses* und Dispositive können Phänomene sein und als solche untersucht werden:

„Phenomena are ontologically primitive relations – relations without preexisting relata. On the basis of the notion of intra-action, which represents a profound conceptual shift in our traditional understanding of causality, I argue that it is through specific agential intra-actions that the boundaries and properties of the ‚components' of phenomena become determinate and that particular material articulations of the world become meaningful." (Barad 2007, 333)

Barad folgt der von Bohr theoretisch eingeforderten Bestimmtheit von Phänomenen, die diese erst durch die genaue Anordnung der jeweiligen Apparaturen erlangen. In diesem Zusammenhang muss man auch ihre Vorstellung von Realismus[11] verstehen. Realismus beschreibt dann den Status von apparativ herge-

11 So findet sich Kritik an Barads Realismus-Definition, beispielsweise bei Joseph Rouse (2004), der ihr ein naturalistisches Materialitäts- (und damit Natur-) Verständnis nachsagt: „She has, however, given up on a traditional metaphysics of nature so as to retain other core naturalistic commitments that she takes to be more fundamental, but in conflict with claims of nature's anormativity. In particular, she gives priority to comprehending human agency and understanding as (components of) natural, material phenomena" (Rouse 2004, 156). Dieser Vorwurf rührt vor allem aus der Verknüpfung von Realismus als direktem Zugriff auf die Welt, deren nicht-statische Momentaufnahmen durch Apparaturen herbeigeführt werden, die über eine *agency* verfügen. Diese *agency* beschreibt auf der einen Seite, dass sie Teil des Herstellungsprozesses sind; auf der anderen Seite (und damit wird es problematisch) wird *agency* bei Barad auch als Verantwortung (accountability) definiert. Diese Verantwortlichkeit bleibt bei ihr

stellten Materialisierungen oder Phänomenen, die keine Repräsentationen von etwas darstellen, sondern in ihrer Bedingtheit Bedeutung produzieren. Konsequenterweise erweitert sie für ihre Herangehensweise den von Ian Hacking aufgestellten Schluss, dass es „Realismus in Bezug auf Dinge geben kann, aber nicht auf Theorien" (Hacking, vgl. Barad 2007, 56) um die Einschätzung, dass es Realismus von Phänomenen geben kann. Mit dieser Unterscheidung, so Barad, schaffe Hacking eine Asymmetrie zwischen Experiment und Theoretisieren. Sie plädiert dafür, die Phänomene des Labors als reale, aber nicht determinierte Zustände zu verstehen, deren ganz spezifische Materialisierungen und Bedeutungen (Theorien) als Realität angesehen werden müssen. Denn *apparatuses* bringen Phänomene in zweierlei Hinsicht hervor: als Materialität und als Bedeutung. Der intra-aktive Akt der Hervorbringung des Phänomens durch die *apparatuses* wird durch *Agential Cuts* vorgenommen. Der *Agential Cut* schafft die epistemologischen Voraussetzungen, die ein Untersuchungsobjekt entstehen lassen. *Agential Cuts* gehen nicht von vorherbestimmten Objekten im Labor aus, die von außen stehenden Beobachter_innen untersucht werden, sondern sie bringen als vorgenommene Abstraktions- und Verwerfungsmomente Phänomene hervor. Sie sind die durch theoretische Vorannahmen, apparative Strukturen und letztendliche Entscheidungen der Wissenschaftler_innen vorgenommenen (Ein-)Schnitte, die es braucht, um ein (Labor-)Objekt hervorzubringen.

Für das Phänomen ‚fMRT Bild' bedeutet dies, dass diese weder als ‚richtige' noch als ‚falsche' Abbildungen unseres Gehirns verstanden werden dürfen. Vielmehr sind sie ganz bestimmte, im Labor kreierte Darstellungen, deren epistemische Bestimmung schon in ihrer Ontologie angelegt sind und als Ganzes untersucht werden müssen, um sie, immer im Kontext, nachvollziehbar werden zu lassen. Funktionelle Magnetresonanzbilder sind also Laborphänomene, die in einem bestimmten Setting real werden und darüber hinaus Spuren hinterlassen. Dabei geht Barad nicht von einer vordiskursiven Natur oder Natürlichkeit aus, die sich dem/der Betrachter_in auf direktem Wege vermittelt, ihre Kritik wendet

---

aber völlig undefiniert, und vor allem findet sich keine Abgrenzung zu dem, was sie unter menschlicher Verantwortlichkeit (ein Begriff, der dazu noch extrem moralisch aufgeladen ist) versteht. Mit diesem Dreh der Verantwortlichkeit bekommt alles, was nicht menschlich ist, sich also nicht bewusst sein kann, den Beigeschmack, auf die eine oder andere Art determiniert oder metaphysisch, zumindest aber vordiskursiv schon existent zu sein und sich folglich der Frage nach Machtverhältnissen zu entziehen.

sich gegen einen Zugang zur Welt über vermeintliche Repräsentationen derselbigen.

Der Begriff des Phänomens impliziert in der baradschen Definition eine Kritik an wissenschaftlichen Repräsentationen. Die über Repräsentationen hergestellte Sichtbarkeit ist in gesellschaftspolitischen Debatten mit Anerkennung verknüpft. In den Naturwissenschaften spitzt sich das Verständnis von Repräsentationen noch zu, verkörpern die sichtbar gemachten Phänomene (oder Sichtbarmachungen) doch zumeist den alleinigen Zugang zum Untersuchungsobjekt. Repräsentanten des Labors vertreten somit keine ,vornatürlichen Objekte', sondern bestimmen sich aus dem Experimentalsystem und den diskursiven Aushandlungen, die das zu Repräsentierende erst hervorbringen. An diesem Punkt setzt Barads Kritik an Repräsentationen an. Denn wenn das im Labor hervorgebrachte Phänomen den einzigen Zugang zur Realität darstellt, dann kann dieser nicht als Repräsentation verstanden werden, sondern eben als reales Phänomen. Die von Barad geäußerte Kritik ist für meine Arbeit grundlegend, setzt sie doch voraus, dass die Bilder vom Hirn keine eins-zu-eins Abbildungen desselbigen sind, sondern Produkte eines langen Konstruktionsprozesses und visueller Darstellungstraditionen. In ihrem Verständnis einer kritischen Wissenschaft gilt es eben jene Traditionen zu beleuchten und ihre Wirkmächtigkeit auf derzeitige Laborphänomene zu analysieren:

„[...] we don't trust our eyes to give us reliable access to the material world; as inheritors of the Cartesian legacy we would rather put our faith in representations rather than matter, believing that we have a kind of direct access to the content of our representations that we lack towards that which is represented. To embrace representationalism and its geometry/geometrical optics of externality is not merely to make a justifiable approximation that can be fixed by adding on further factors/perturbations at some later stage, but rather it is to start with the wrong optics, the wrong ground state, the wrong set of epistemological and ontological assumptions.“ (Barad 2007, 332)

Barads Verwendung des Realismusbegriffs muss mit dem Zusatz *agential* erklärt werden. In harawayscher Manier treffen im *Agential Realism* zwei Begriffe aufeinander, die in einer Auflistung dualistischer Gegenüberstellungen vermutlich nicht auf der gleichen Seite Platz fänden. Im allgemeinen Verständnis stehen sich die beiden Begriffe konträr gegenüber, *agential* als fluider, aktiver Begriff und ,Realismus' als statischer, positivistischer. Dennoch gehen die beiden Begriffe in Barads Werkzeugkasten einen produktiven Bund ein, mit dessen Hilfe sich die kontextabhängigen und komplementären Laborprozesse einfangen lassen.

Die Erweiterung des ‚Realismus' um das Agentielle hilft dabei, die Gemachtheit der Welt als eine durch viele ineinander verwickelte, materiell-diskursive Faktoren/Agent_innen zu verstehen. Barad wehrt sich mit der Einführung des Begriffs gegen das, was sie „metaphysical individualism" (ebd., 333) nennt, einen theoretischen Zugang, der sich die Welt als Ort mit fertigen Entitäten denkt. Für sie gibt es diesen Zustand der Welt nicht, jedes Phänomen setzt sich ständig neu zusammen, bleibt nie völlig gleich. Phänomene werden durch verschiedene *apparatuses*, denen jeweils eine eigene *agency*/Handlungsfähigkeit zugeschrieben wird, intra-aktiv – als Erweiterung zu interaktiv, ein Begriff, der zu sehr von Entitäten ausgeht, die sich miteinander in Beziehung setzen – hergestellt. *Agency* erweitert sie über die Handlungsfähigkeit hinaus:

„Agency cannot be designated as an attribute of subjects or objects (as they do not preexist as such). Agency is a matter of making iterative changes to particular practices through the dynamics of intra-activity. [...] What about the possibility of nonhuman forms of agency? From a humanist perspective, the question of nonhuman agency may seem a bit queer, since agency is generally associated with issues of subjectivity and intentionality. However, if agency is understood as an enactment and not something someone has, than it seems not only appropriate but important to consider agency as distributed over nonhuman as well as human forms." (Barad 2007, 214)

Bohr selbst hat seine physikalischen Überlegungen ebenfalls in die Nähe der Philosophie gerückt, die das Eine (die Physik) nicht ohne das Andere (die Philosophie) verstanden wissen wollte. Barad rekurriert auf Bohrs ‚Physik-Philosophie', um deutlich zu machen, dass Beide untrennbar miteinander verknüpft sind, da wir immer schon Teil der Natur sind, die wir zu verstehen suchen (vgl. Barad 2007, 67). Bohrs Texte stellen die Interpretationen quantenphysikalischer Überlegungen unter die Prämisse der Unzertrennbarkeit von Beobachter_in, Beobachtungsapparaturen und dem beobachteten Ergebnis. Damit setzt er sich gezielt mit epistemologischen Fragen auseinander, die auf der einen Seite in physikalischen Experimenten und deren Analysen zum Tragen kommen, auf der anderen Seite aber ein generelles Problem von ‚Naturbeobachtungen' und unseren Vorstellungen von ‚Natur' darstellen. In Anlehnung an diese Auseinandersetzung mit Naturproduktion in naturwissenschaftlichen Experimenten erweitert Barad Bohrs Ansätze einer neuen Epistemologie mit posthumanistischen sowie feministischen und poststrukturalistischen Ansätzen. Der posthumanistische Ansatz zeichnet sich dadurch aus, die künstlichen Grenzziehungen zwischen Menschen, Tieren und anderen ‚Materialitäten' in ihren geschichtlichen sowie machtpolitischen Hintergründen zu kontextualisieren und zu hinterfragen. So beschreibt Donna Haraway die Primatologie als eine Forschung, deren Erkenntnisse mehr über die Menschen aussagt, die die Primaten beforschen, als über die beforschten Primaten. Für Haraway steht fest: „Primatologie ist Politik mit anderen Mitteln" (Haraway 1995, 163). Denn erst diese strikten Abgrenzungen, die Natur und Kultur (hier Mensch und Primat) voneinander trennen, legen nahe, dass Natur außerhalb von Kultur ist und somit auch die Epistemologie von der Ontologie trennt. Mit posthumanistisch im baradschen Sinne ist hier vor allem, in aller Kürze, der Gedanke gemeint, dass Barad nicht nur Menschen eine *agency* zuschreibt, die aktiv in das Geschehen eines Laborexperiments eingreifen kann. Barad problematisiert mit der Theorie des Posthumanismus die im Humanismus und dem damit einhergehenden Fokus auf den Menschen vorgenommenen Trennungen zwischen dem Subjekt der Beobachter_innen und dem Objekt der Beobachtung. Für Barad sind vielmehr auch die im Labor verwendeten Instrumentarien, ebenso wie die zufällig entstehenden Artefakte, die von den Apparaturen produziert werden, Agent_innen im Prozess der Evidenzbildung. Mit poststrukturalistisch ist hier vor allem die Frage nach Performativität, Macht und Ethik der Wissensproduktion zu nennen, die Barad den Laborexperimenten zugrunde legt. Barad bezieht sich auf Foucaults Arbeiten, um aufzuzeigen, wie stark Körper und Körperpraxen schon immer mit Macht und Wissen verflochten sind. Foucaults und Judith Butlers Verständnis von Körpern, die sich im Spannungsfeld diskursiver Praxen konstituieren, erweitert Barad auf nicht-menschliche Körper, also Materialität im Allgemeinen, deren materiell-diskursive Erscheinungen sich performativ bestimmen lassen.

Ich verstehe den baradschen Ansatz des *Agential Realism* als Weiterentwicklung einer kritisch feministischen Wissenschaft[12], deren anfänglichen Ziele Sabine Hark folgendermaßen beschreibt:

---

12 Allerdings mit Einschränkungen: Ihr Versuch, den methodischen Zugang des *Agential Realism* auf gesellschaftspolitische Fragen zu übertragen (wie es Barad unter anderem in ihrem Text *Re(con)figuring Space, Time, and Matter* (2001) vornimmt), wurde immer wieder kritisiert. Neben der Kritik von Joseph Rouse erhebt auch der *Arbeitskreis Alternative Naturwissenschaften, Naturwissenschaftliche Alternativen* (AK-ANNA) Einwände gegen den unkritischen Einsatz des *agency*-Begriffs bei Barad. Der von ihr eingenommene, posthumanistische Standpunkt ermöglicht es auf der einen Seite, den alleinigen Fokus der Untersuchung vom Menschen abzuziehen, was – meiner Einschätzung nach – allerdings nur für den Laborraum produktiv ist. Die Kehrseite des posthumanistischen Standpunkts ist die Verlagerung der Bedeutungsproduktion

„Feministinnen zielten auch auf die Generierung eigener, neuer Forschungsfragen, eine eigene Empirie, die Suche nach dem reflektierten Einsatz von wissenschaftlichen Methoden, die den Lebensverhältnissen von Frauen Rechnung tragen, sowie die Reflexion des eigenen Standorts als analysierende Wissenschaftlerinnen. [...] Denn die feministische Kritik wollte nicht nur ein neues, anderes Wissen über Frauen und Männer gewinnen, auch die dominanten Vorstellungen z.B. von Universalität, Objektivität und Neutralität des wissenschaftlichen Wissens wurden im Kontext des Geschlechterverhältnisses dekodiert und neu interpretiert." (Hark 2001, 230ff.)

Barad steht mit ihrem Versuch, eine neue Ontologie von Laborphänomenen zu etablieren, in der feministischen wissenschaftskritischen Tradition, gewohnte und eingefahrene Praktiken der Wissensproduktion zu hinterfragen. Der von vielen bedeutenden Wissenschaftler_innen vorangetriebenen Dekonstruktion männlicher Erzählungen über die (ihre) Welt, fügt Barad eine weitere kritische Untersuchungsmethode hinzu.

In einer konstruktivistischen Vorstellung schrieben sich aktuelle Technologien also nach wie vor in einem ‚passiven' Körper ein und der Körper sei den technologischen Entwicklungen gegenüber in einem Unterwerfungsverhältnis gefangen. Darüber hinaus könne der Konstruktivismus keine Brüche oder neuen Theorien erklären. Einen grundlegenden Unterschied zum Konstruktivismus sieht Ba-

weg vom Menschen hin zu einer Leerstelle. Damit werden nicht nur Begriffe wie ‚Realism' zur Untersuchung von Gesellschaft extrem ungenau und unpassend; besonders betroffen ist dabei die Frage nach der Handlungsfähigkeit und wie diese definiert werden soll, wenn allen und allem Handlungsfähigkeit zugeschrieben wird. Der gesellschaftspolitische Wert intentionaler, menschlicher Handlungsfähigkeit geht darüber vollends verloren. „Durch die Ausblendung der Existenz von Metaebenen des Denkens und Begreifens negiert Karen Barad auch die intentionale Handlungsfreiheit" (vgl. www.ak-anna.org; letzter Zugriff: 27.01.2012). In ihrer Kritik an Barad enden die Autor_innen auf der Homepage der AK-ANNA-Seite mit den Worten: „Ausgehend von einem extrem simplifizierenden Blick auf die unterschiedlichen philosophischen, erkenntnistheoretischen Ansätze, die sie unter dem Begriff Representationalism alle in eins setzt (Wittgenstein und Kant scheinen ihr z.B. nur als Namen bekannt zu sein), wendet sie Foucault, Butler und Haraway anti-emanzipativ. In seinem Text *Die fröhliche Wissenschaft des Judo* (1976) führt Foucault aus, dass Diskurse politisch die Seiten wechseln können, Karen Barad ist ein Beispiel dafür wie poststrukturalistische und feministische Diskurse für eine Politik der Entmächtigung benutzt werden können" (vgl. www.ak-anna.org; letzter Zugriff: 27.01.2012).

rad darin, dass sie mit ihrer Methode eine Aussage über die Ontologie von Laborphänomenen vornehmen kann. Diese wurden ihrer Meinung nach im Konstruktivismus stark vernachlässigt:

> „Importantly, agential realism rejects the notion of a correspondence relation between words and things and offers in its stead a causal explanation of how discurcsive practices are related to material phenomena. It does so by shifting the focus from the nature of representations (scientific and other) to the nature of discursive practices (including techno-scientific ones), leaving in its wake the entire irrelevant debate between traditional forms of realism and social constructivism. Crucial to this theoretical frame-work is a strong commitment to accounting for the material nature of practices and how they come to matter." (Barad 2007, 44ff.)

Nicht nur der Mensch soll, nein, alle Agent_innen im Labor, die an den jeweiligen Materialisierungsprozessen teilhaben, sollen untersucht werden können. Dabei liegt Barads Fokus nicht wie bei den Konstruktivist_innen auf den diskursiven, sondern auf den materiellen Bedingungen. Zugegeben: Barads iteratives Insistieren gegen den Repräsentationalismus, Humanismus, Konstruktivismus und die Vorherrschaft linguistisch vermittelter Diskurse in *Meeting the Universe Halfway* (2007) ist kein originär neuer Ansatz in der feministischen Wissenschaftskritik. Mit ihrer Kritik schließt sie an feministische Arbeiten aus den Science and Technology-Studies, zum Beispiel von Theresa de Lauretis (1987), Anne Fausto-Sterling (2000) und Donna Haraway (2004), an.

Folge dieser radikalen Kontextualisierung von Phänomenen ist eine Abkehr vom Determinismus Newton'scher Gesetze in der Physik – bei der Zukunft, Gegenwart und Vergangenheit durch festgelegte Naturgesetze exakt berechenbar sind – durch eine neue Bestimmung von Kausalität. Hier setzt Barad mit ihrem *Agential Realism* an: Laborphänomene werden demnach nicht mehr als statisch und unveränderbar, der mechanischen Logik folgend, verstanden, sondern als temporär, komplementär, durch Intra-Aktionen performativ zusammengesetzte Materialisierungen. Materialität wird als performativ (vgl. Butler 1995, 32) begriffen, als nicht statisches Produkt materiell-diskursiver Praktiken. Folgt man diesem Verständnis von Materialität als Phänomen, dann hat das Auswirkungen auf ein allgemeines Verständnis der epistemologischen und ontologischen Einordnung von Laborereignissen. Die *apparatuses* im Labor der funktionellen Magnetresonanztomographie stellen die strukturellen Voraussetzungen, innerhalb deren sich das Phänomen ‚fMRT-Bild' erst generieren kann. Um das Phänomen zu verstehen, müssen die einzelnen Apparaturen wie der Scanner, die mathematischen Berechnungen und physikalischen Bedingungen ebenso wie die theoretischen Konzepte und Interaktionsformen, die der Forschung unterliegen, nachgezeichnet werden.

Denkt man Materialität als fortdauerndes Im-Entstehen-Sein von Phänomenen, die zwar bedingt sind durch, aber nicht determiniert werden von ihren *apparatuses*, verschiebt sich die Frage nach dem ontologischen Ursprung von Materialität. Der *Agential Realism* will für eben jene Momenthaftigkeit von Phänomenen – dieser Gedanke stellt die ontologische Vorbedingung, was aber nicht heißt, dass Laborphänomene nicht auch einer ständigen Stabilisierung unterliegen – eine Untersuchungsmethode sein.

Agential Realism ist der Versuch, sich der Frage, wie sich Materialität eigentlich materialisiert und gleichzeitig bedeutsam wird, aus einer physikalischen Perspektive heraus zu nähern. Barad stellt zur Disposition, ob man überhaupt nach materiellen Gegebenheiten fragen kann, wenn Materialität selbst immer schon der linguistischen Sphäre zugerechnet wird und sich dessen Möglichkeiten allein in dieser Bedingung erschöpft. Wie können Materie und ihre Bedeutungszuschreibungen – „how matter comes to matter“ (Barad 2007, 205) – begriffen werden, ohne darin essentialistisch oder deterministisch zu argumentieren? Wie können die im Labor produzierten Objekte – die statistischen Karten vom Gehirn – ernst genommen werden, ohne sie gleichzeitig als unüberwindbare Realität anzunehmen?

Materialität ist in diesem Verständnis posthumanistischer Performativität kein Sein, sondern ein Tun. Materie ist demnach nicht als passiv zu denken, sondern als Interaktion (als Intra-Aktion). Die für die Laborarbeit isolierten, materiellen Bedingungen sind, nach Bohr, als Abstraktionen zu verstehen, deren Eigenschaften nicht als einzelnes zu definieren sind und erst durch ihre Interaktion mit anderen Systemen beobachtet und beschrieben werden können. Unter Zuhilfenahme des *Agential Realism* können eben diese Möglichkeitsfelder der Materialisierung und gleichzeitigen Bedeutungszuschreibungen ausgelotet werden. Der *Agential Realism* erlaubt es, das Ineinandergreifen von Bedeutungen und Materialisierungen im Labor zu verstehen, indem er die Bedeutungsebenen von Materie neu befragen kann.

„Crucially, matter plays an agentive role in its iterative materialization. [...] Another crucial factor is that the agential realist notion of causality does not take sides in the traditional debates between determinism and free will but rather poses an altogether different way of thinking about temporality, spatiality, and possibility.“ (Barad 2007, 177)

Für meine Untersuchung von Laborbildern, die mit Mitchell gesprochen „Schauspieler auf der Bühne der Geschichte" (Mitchell 2008b, 19) sind, bietet sich der Zugang des *Agential Realism* an. Mit ihm können die Bilder als Phänomene eines langen Herstellungsprozesses verstanden werden, an dem sie zur gleichen Zeit auch als Akteure beteiligt sind. Die Bilder sind Phänomen und *apparatus* zugleich, ein Wechselspiel, das es für die Stabilisierung des produzierten Wissens durch die Laborinstrumentarien braucht.

> „Bilder sind zudem produzierende und reproduzierenden Medien des kulturellen Gedächtnisses; sie konditionieren Sehweisen, prägen Wahrnehmungsmuster, transportieren historische Deutungsweisen und organisieren die ästhetische, aber auch und vielleicht vor allem die ethische Beziehung historischer Subjekte zu ihrer sozialen und politischen Wirklichkeit." (Hark 2011, 54)

Im fMRT-Labor wird Unsichtbares sichtbar gemacht und materialisiert, es wird zugleich stabilisiert und ist dennoch im Übergang begriffen. Die Bilder, und dabei insbesondere die visuellen Strukturlogiken, die den Bildern immanent sind, werden im Prozess der Visualisierung immer wieder selbst zum *apparatus*.

2.7 VON EPISTEMISCHEN PERSPEKTIVEN ZUM BILD ALS PHÄNOMEN

Wenn man das 19. Jahrhundert – in Anlehnung an Foucault – als das Jahrhundert des Todes ausmacht, das der Implementierung der Sterblichkeit in das Individuum diente, kann man für das 20. und 21. Jahrhundert eine Fokussierung auf das Gehirn als Ort des Individuums und des Subjekts beobachten. Die Verortung des Subjekts im Gehirn eines Individuums hatte mit der Lokalisierungsforschung zur „Segmentierung des Geistes" (Hagner 1997, 292) und der „cerebralen Inskription von Rasse, Geschlecht oder Geisteskrankheit" (ebd., 292) geführt.

Der Wandel vom Seelenorgan zum Gehirn (Hagner 1997) war zeitlich gesehen eine recht kurze Phase. Dabei ist die Veränderung des Untersuchungsgegenstands vom Gehirn als Sitz einer Seele und dem Gehirn als ‚Ort des Denkens', das in Teilen des Gehirns lokalisiert werden kann, ein tiefer, epistemischer Einschnitt, dessen Folgen bis in die heutige Hirnforschung virulent sind. Denn auch wenn Galls Phrenologie keine lange Anerkennung als ‚echte Wissenschaft' beschieden war, gibt es seither kein Zurück mehr hinter die von ihm initiierte Verortung geistiger Qualitäten im Gehirn. Nicht lange nach Gall, etwa zwischen

1870 und 1900, lag der Problemhorizont der Hirnforschung darin, mit Hilfe klinisch-experimentell definierter Krankheitsbilder nachzuweisen, dass die Funktionsweisen „Sprechen, Schreiben, Lesen, Erkennen (von Gegenständen) und sinnvolles Handeln nicht Ausdruck eines einheitlichen menschlichen Vermögens sind, sondern Ausdruck der Intaktheit einer umschriebenen Hirnregion“ (ebd., 123).

Die Techniken des 20. und 21. Jahrhunderts generieren ihr Wissen über das Lebendige nicht mehr durch die Untersuchung an Toten. Die medialen Praxen des naturwissenschaftlichen Experiments verfügen über neue Techniken zur Sichtbarmachung des lebenden, menschlichen Körpers. Die Instrumente scheinen einen immer tieferen Einblick in das Innere des menschlichen Körpers zu ermöglichen, was zu neuen Ordnungen und neuen biopolitischen Praxen führt.

Auch wenn Abbildungsweisen heute auf verschiedene Formen der Darstellung zurückgreifen, bleiben bestimmte Vorstellungen bestehen. So repräsentiert die Linear-Perspektive nach wie vor, seit ihrer Entstehung und durch ihre lange Geschichte hindurch, unsere Vorstellung von Objektivität und setzt sich damit vor allem von Darstellungen der Subjektivität ab (vgl. Cartwright/Sturken 2008, 164).

Die funktionelle Magnetresonanztomographie vereint in einer komplexen Weise apparativ vermittelte Vorstellungen vom Sehen, Wahrnehmen und Denken, vom Körper und von der Ästhetik, ohne sich mit der Geschichte der verwendeten Begrifflichkeiten auseinanderzusetzen und ohne sie zu reflektieren. Damit werden einige der historisch vorgenommenen Aussagen unreflektiert übernommen und dadurch reproduziert. So lässt sich mit Hagner festhalten, „dass sich Verbindungen herstellen lassen zwischen älteren und gegenwärtigen Ansichten über das Verhältnis von Gehirn und Geist“ (Hagner 2006, 8). Demnach stehen aktuelle Techniken des Neuroimaging, wie eben die fMRT, der Physiognomik und den Ideen einer Phrenologie wieder näher als andere Methoden zur Untersuchung des Gehirns, wie zum Beispiel das EEG. Dieser These liegen Äquivalenzen zugrunde, die Hagner in der Herangehensweise bezüglich der theoretischen Begründung von Lokalisierungen funktioneller Eigenschaften im Gehirn sieht. Beide Methoden, die Phrenologie sowie die funktionelle Magnetresonanztomographie arbeiten mit der Herstellung von Hirnkarten und visualisiertem Wissen.

Die „Ordnungen des Zeigens“ (2009, 10), wie sie von Martina Heßler und Dieter Mersch beschrieben werden, stellen sich für die funktionelle Magnetresonanztomographie ebenfalls anhand von Abgrenzungen dar. Denn „[f]unktionale Hirnbilder haben unabhängig von morphologischen Hirnbildern eine eigene Geschichte, was insbesondere am Beispiel der cerebralen Lokalisierung geistiger Fähigkeiten deutlich wird" (Hagner 2006, 173). Die Bilder vom ‚denkenden' Gehirn müssen auf ihre ganz spezifischen Hintergründe und Darstellungsweisen befragt werden, um die Verbindung von anatomischer Lokalisation und der physiologischen Frage nach dem Zusammenhang von Blutfluss und Denkaktivität mit dem Wunsch psychologischer Interessen nach den Seinsweisen des Menschen zu verstehen.

3. Untersuchung des Phänomens fMRT

// ... mich fröstelt. Es ist laut und dunkel, und ich weiß gar nicht mehr so genau, warum ich das hier eigentlich mache. Aber so ist das in der Forschung, die eine Hand wäscht die andere. Ich beobachte euch; ihr beobachtet mich. Aber Redlichkeit ist nicht der einzige Grund, warum ich hier liege. Das Verfahren von Innen betrachten zu können ist ja auch einer der Gründe, weshalb es mich in die teilnehmende Beobachtung, ins Labor verschlagen hat.

Das gegenseitige Beobachten hat System bei dieser Art der Forschung, denn nicht jede_r X-Beliebige_r wird sich freiwillig diesen Studien zur Verfügung stellen. Gut, die Forschung, die in dieser Institution betrieben wird, ist mit genügend Geld ausgestattet, um den Proband_innen Geld zu zahlen. Und dennoch: Die meisten, die sich hier in die Röhre legen, sind andere Psychologiestudent_innen, die aufgrund der Studienordnung dazu verpflichtet sind, einige ihrer kostbaren Stunden für Forschungszwecke zu investieren. Davon werden sie spätestens bei ihrer Abschlussarbeit selbst profitieren. Andere, die sich bemüßigt sehen, hier mitzumachen, sind Freunde, Studierende oder eben: offiziell Kranke.

Ich befinde mich also in einem Magnetfeld. Auch wenn das Verfahren als völlig risikofrei beschrieben wird, fühlt es sich nicht so an. Zwei Stunden werde ich in dieser Position ausharren. Bitte völlig bewegungslos! Wie genau das gehen soll, kann mir keiner verraten. Wer sich bewegt, verhält sich unrechtsmäßig. Es führt zu Verfälschungen der Daten und das ist sträflich, denn dann war der ganze Aufwand ja umsonst. Ich verstehe, denn auch ich möchte nicht ineffizient erscheinen. Also schaue ich mir Bilder an: erst Gesichter, dann Bilder von Obst und zum Schluss von Häusern. Dass einmal Fotos von Gesichtern und Häusern verwendet werden und beim Obst auf gemalte Objekte zurückgegriffen wird, soll hier nicht weiter stören. Ich schaue also auf die Gesichter: drei werden mir angeboten, beim vierten muss ich entscheiden, ob es unter den ersten drei gezeigten mit dabei war. Wenn ja, bitte den rechten Knopf drücken, wenn nein, den linken.

Bei diesem Prozedere lerne ich viel über den kurzlebigen Vorteil von Kategorisierungen: Wie kann man sich Gesichter merken? Indem man ihnen Eigenschaften zuschreibt: Mann – Frau; Jung – Alt; Weiß – Schwarz. Ich hasse mich für diese Art der Einteilung und versuche, mich an andere Eigenschaften zu halten: die Größe der Augen, des Mundes.

Aber ohne eine Erscheinung, ohne dass die Menschen als handelnde Wesen auftreten, einen Eindruck hinterlassen, fällt das nicht so leicht. Und auch hier wieder der Wunsch, mich erstmal an die Vorgaben zu halten und ein gutes Ergebnis zu schaffen, das hier vor allem bedeutet: viele Übereinstimmungen vorweisen zu können. Das Obst ist leicht, man kann ihm Namen geben: Kirsche, Apfel, Trauben, Pfirsich – oder doch eher Nektarine? Egal, das Schema des Obstes ist einfach genug gehalten, denn in einem Durchlauf werden nicht zu ähnliche Formen präsentiert, so dass man nicht durcheinander kommen kann. Und dann die Häuser. Schwierig. Ich denke daran, dass dieser Durchgang für Architekten vermutlich leichter zu bewerkstelligen wäre. Gut, ich gebe mir Mühe. Die Terrassenform, die Größe des Daches, die Art der Fenster. Aber ich liege oft falsch. Das weiß ich, da der Computer mir eine direkte Antwort auf meine Entscheidung gibt: richtig – grün; falsch – rot.

Dann eine Pause. Pause meint hier aber nicht vom Scanner, sondern allein von den Aufgaben. Man kann sich entspannen, ja sogar schlafen. Das wird einem zwar angeboten und den meisten passiert es sowieso, aber eigentlich wissen alle, dass die Leute beim Einschlafen sich auch eher bewegen. Das ist aber nach wie vor verboten, *remember*! Die Pause dauert 10 Minuten und ist eigentlich der Anatomie-Scan. Der dauert so lang, weil er die höchste Auflösung haben wird. Später dann auf dem Bildschirm. 160 Schichten des Gehirns in einer Dicke von 0,2 mm. Auf ihn werden bei der Auswertung alle Daten rückgebunden, deshalb, bitte wirklich still halten.

Ich kann mich tatsächlich etwas entspannen, zum ersten Mal seitdem ich in dieser Röhre liege. Um dieses Stadium zu erreichen, musste ich mich zuvor mit meinen Ängsten auseinandersetzen. Das Hineinfahren in den Scanner auf der Liege passiert lautlos, aber sehr bestimmt. Dieser Vorgang löst bei mir Erinnerungen aus an Edgar Allen Poes Geschichten, in dem Menschen lebendig begraben werden. Am Anfang überlege ich, ob ich nicht sofort den Notfall-Ball, den ich in meiner linken Hand halte, drücken soll. Rechts die Box mit den zwei möglichen Antwortbuttons. Dann würde ich hier wieder raus kommen. Das hieße aber auch: Scheitern an meinen eigenen Anforderungen, und ich hätte diesen klitzekleinen Gefallen, um den ich gebeten worden war, als Gegenleistung für mein Daseindürfen, nicht erfüllt. Mir fällt das Atmen schwer, ich kann mich gar nicht ruhig verhalten, ich muss doch irgendwie atmen. Die Blickrichtung ist vorgeschrieben: nach oben. Dort sollte eigentlich ein Spiegel sein, auf dem der Bildschirm, der wegen seiner magnetischen Anziehungskraft nicht in diesem Raum sein darf, gespiegelt wird, und mir sagt, was ich sehen soll. Der Spiegel aber ist im ersten Durchgang nicht richtig angebracht worden. Ich sehe also nichts außer einem Schatten von dem, was ich später als Gesichter, Obst und Häuser gezeigt bekomme. Müßig, hier Platon anzubringen. Denn dieser Zufall birgt keinerlei philosophischen Überschuss, den man aus ihm ziehen könnte.

Aus der Röhre raus. Spiegel nach unten geklappt und wieder rein. Lautlos. Dann wieder von vorne: der *Localizer*, keine Minute braucht dieser Scan, um der Person hinter der Glasscheibe mein Gehirn auf den Bildschirm zu übertragen. Auf dieser ersten Skizze meines Gehirns kann eingestellt werden, welcher Teil meines Hirns im Folgenden gescannt werden soll. Denn die zu messenden Gehirne sind ja nicht alle gleich groß, da braucht man schon etwas Spielraum. Ab und zu vergisst die Person, die mich misst, mir zu sagen, wann nach einer Pause ein neuer Scan gestartet wird. Ich erschrecke jedes Mal und muss erneut meine Atmung anpassen und mich beruhigen. Dann wieder langweilt mich ein Durchgang so sehr, dass ich über völlig andere Sachen nachdenke, zum Beispiel darüber, worüber die Menschen in diesem Scanner wohl so nachdenken. Ich wünschte, ich könnte andere Leute nach dem Scannen fragen, woran sie so gedacht haben und denke, dass es gut in meine Dissertationsarbeit passen würde.

Danach bin ich schlagkaputt. Beim Aufstehen von der Liege fühlen sich meine Knie butterweich an. Der Tag ist für mich gelaufen. Ich muss nach Hause und meinen im Magnetfeld tanzenden Positronen eine Pause gönnen. //

3.0.1 Die Organisationsstruktur des untersuchten Instituts

Das Max-Planck-Institut für Hirnforschung[1] liegt neben dem Hauptgebäude der Universitätsklinik in der Deutschordenstraße in der Mitte zwischen Main und den verschiedenen Zentren der Universitätsklinik wie Psychiatrie, medizinische Psychologie, Neurologie und Neurochirurgie. Das Brain Imaging Center (BIC) liegt in einer Grünanlage hinter dem psychiatrischen Institut und ist ein Neuanbau an das neurologische Institut der Universitätsklinik, über das man ebenfalls in das Gebäude gelangt. Die Räume, in denen die zwei 3-Tesla-Kernspintomographen untergebracht sind, befinden sich im Parterre des Gebäudes. Darüber befinden sich Seminarräume und Büros. Das Brain Imaging Center

1 Die hier von mir beschriebene Organisationsstruktur gilt seit der Umstrukturierung des MPIH als Teil der Stiftungsuniversität Johann-Wolfgang Goethe in Frankfurt am Main 2010 nicht mehr.

ist ein „interdisziplinärer Nutzungsverband" (Selbstbezeichnung auf der Homepage[2]; letzter Zugriff 05.09.2011) und umfasst im Einzelnen das Institut für Neuroradiologie, die Klinik für Neurologie, die Klinik für Psychiatrie, Psychosomatik & Psychotherapie und das Max-Planck-Institut für Hirnforschung (MPIH) – Abteilung für Neurophysiologie. Jede dieser Einrichtungen hat fest zugewiesene Scanzeiten, an denen sie die Scanner verwenden können. Neben den externen Einrichtungen, die im BIC zusammen kommen, gibt es vier Kernmitarbeiter_innen. Die Mitarbeiter_innen der Kernstruktur, die aus drei NMR (Nuclear Magnetic Resonance)-Physiker_innen sowie einer MTRA (Medizinisch-technische Radiologieassistenten) besteht, kümmern sich um einen möglichst reibungslosen Ablauf im BIC zwischen den einzelnen Forschungsgruppen sowie den Techniker_innen.

Die beiden im BIC untergebrachten Scanner wurden für Forschungszwecke angeschafft. Das ist bemerkenswert, da dieser Umstand zum Zeitpunkt meines Aufenthaltes relativ neu war. Das BIC wurde erst im Mai 2004 eröffnet. Vor der Einrichtung des Brain Imaging Centers mussten die Forscher_innen sich die Scanner mit den Mitarbeitern des Krankenhauses teilen, das die Scanner zu Diagnosezwecken im Krankenhausalltag nutzte. Für die Forscher_innen hieß das, sie konnten die Scanner erst ab 17 Uhr Abends benutzen und bei Notfällen musste das Experiment abgebrochen werden, was zur Folge hatte, dass die gesammelten Daten aufgrund der veränderten Experimentsituation unbrauchbar wurden. Die unmittelbare Nachbarschaft von MPIH, Psychiatrie, kognitive Psychologie, Neurologie und den verschiedenen Laboren wie EEG, MEG, TMS und fMRT ist dabei kein Zufall. So bieten die Psychiatrie und Neurologie Einrichtungen, aus denen Probanden agitiert werden können. Die Gebäude des MPIHs (und ebenso des BIC) sind nicht für alle frei zugänglich.

Grundlegend für den architektonischen Aufbau eines fMRT-Labors ist die Aufteilung in zwei nebeneinander liegende Räume, die durch ein großes Glasfenster miteinander verbunden sind. Im größeren der beiden Räume steht der Scanner, der selbst schon ein ziemliches Ausmaß annimmt – zur Erhaltung des Magnetfeldes, das nicht gestört werden darf, vergrößert sich der benötigte Raum um ein Dreifaches. Im Scannerraum selbst befindet sich jeweils ein 3-Tesla-Scanner plus Zubehör. Dazu gehört eine Liege, auf der man in den Scanner hineingefahren wird, die Kopfspule, der Spiegel an der Kopfstütze, über den die visuellen Stimuli projiziert werden, der Panikball, die Antwortbox, ein Eyetracker, mit dem Augenbewegungen gemessen werden, eine optische Brille, mit der die visuellen Stimuli direkt in die Brille übertragen werden können, und einige Din-

2 Vgl. www.bic.uni-frankfurt.de; letzter Zugriff: 05.09.2011.

ge, die man für die Probanden benötigt wie Ohrstöpsel, Ersatzkleider, Kopfstützen, um den Kopf des/der Proband_in zu stabilisieren etc. Alles, was entweder das Magnetfeld des Scanners stören könnte oder was vom Magneten angezogen wird, ist strengstens untersagt im Scanraum.

Der Raum, in dem der Scanner steht, kann vom zweiten Raum durch eine große Glasscheibe eingesehen werden. Hier befinden sich das Kontrollzentrum des Scanners und die Schaltstelle der Wissenschaftler_innen. Vor der Glasscheibe ist ein langer Tisch aufgestellt, auf dem die computertechnische Austattung aufgebaut ist, das für die Datengenerierung via Scanner gebraucht wird. Dazu gehören ein Rechner plus Bildschirm, auf dem die Stimulusanzeige gesteuert wird, einen Rechner plus Bildschirm, der den Scanner steuert, ein Rechner, auf dem die generierten Daten gespeichert werden, eine Lautsprechanlage, die mit dem Scanner verbunden ist, ein kleiner Monitor, der Bilder aus dem Hohlraum (der Liegefläche) des Scanners überträgt, und ein Alarmknopf, der bei Notfällen das Magnetfeld des Kernspintomographen mit flüssigem Helium deaktiviert.

Die Anschaffung eines 3-Tesla-Siemens-Magnetresonanztomographen kostet um die 2,2 Millionen Euro. Ist der Scanner einmal angeschafft, kostet er minütlich Geld, da er nicht einfach abgeschaltet werden kann (auch wenn die im Scanner hergestellten Magnetfelder elektronisch verursacht sind und nicht durch ferromagnetische Bestandteile des Materials). Das liegt zum Beispiel daran, dass die Einstellung der Magnetfeldgradienten einen langen Zeitraum beansprucht und diese Feinjustierung nicht bei jedem Anstellen einfach vorgenommen werden kann. Um die Sicherheit vor einem derart hohen Magnetfeld zu gewährleisten und der Überhitzungsgefahr vorzubeugen, muss der Magnet ständig mit Helium gekühlt werden.

3.1 METHODEN

Im Folgenden werde ich die in dieser Arbeit verwendeten methodologischen sowie methodischen Herangehensweisen vorstellen. Die Arbeit ist Produkt einer qualitativen Laborstudie; in der Sozialforschung auch als Feldforschung bezeichnet. Meine Arbeit verortet sich in den Science and Technology-Studies und verwendet in diesem Feld gängige methodologische und methodische Erhebungs- und Auswertungstechniken. Um die Laborstudien durchzuführen, wurde auf eine in der Science and Technology-Studies entwickelte Methodologie zurückgegriffen: die Technografie. Technografie wird den Ansprüchen einer interdisziplinär arbeitenden Wissenschafts- und Technikforschung gerecht, die die Naturwissenschaften auf ihre Rolle bei der Entwicklung von Wissen untersucht, ohne allein menschliche Akteure dabei im Blick zu haben. Die via Technografie gesammelten empirischen Materialien der teilnehmenden Beobachtung, der Experteninterviews sowie die gesammelten Dokumente und Bilder, sollen mit Hilfe des *Agential Realism* auf ihren Stellenwert als Apparaturen im Herstellungsprozess des Phänomens eingeordnet werden. Die Analyse von *Technoobjects* (Barad 2007) – in diesem Fall die Bilder der funktionellen Magnetresonanztomographie – geht auf das im Theorieteil hergeleitete Verständnis einer ineinandergreifenden Ontologie und Epistemologie zurück, die die Bilder im Labor als Agenten versteht, die immer als Produkt ihrer *apparatuses* zu untersuchen sind.

3.1.1 Laborstudien – eine technografische Annäherung ans Feld

Der Begriff der Technografie leitet sich aus der ethnographischen Forschung ab. Die Technografie kann als ethnographische Methodologie mit dem Schwerpunkt auf Technik beschrieben werden. Die technografische Methode ermöglicht somit eine Hinwendung weg von menschlichen Handlungen, hin auf materielle Artefakte im Labor. Unter der Technografie lassen sich verschiedene Erhebungsmethoden subsumieren, wie die teilnehmende Beobachtung oder das Experteninterview, Protokollierung, Dokumentensammlung, informelle Gesprächsführung etc. Dieser „Methodenpluralismus" (Burri 2008, 79) der Technografie umfasst vor allem qualitative Erhebungen, schließt aber quantitativ-empirische Methoden nicht aus. Im deutschsprachigen Raum existiert einzig eine Publikation von Werner Rammert und Cornelius Schubert, *Technografie. Zur Mikrosoziologie der Technik*, die sich den theoretischen Anschlüssen der Methodologie sowie der Anwendung der Technografie widmet. In der Einleitung kritisieren Rammert und Schubert, dass Techniken kaum in soziologischen Theorien thematisiert werden, was ihrer Meinung nach an der zweifelhaften Gegenüberstellung von Technik und Gesellschaft in der qualitativen Sozialforschung liegt.

„Mit den begrifflichen Grundunterscheidungen zwischen menschlichem Handeln und technischem Funktionieren oder von sozialen Dispositionen und materialen Dispositiven wird schon vorentschieden, was den menschlichen Akteuren und was den technischen Agenten zugeschrieben wird." (Rammert/Schubert 2006, 12)

Nach Rammert und Schubert können aber Gesellschaft und gesellschaftliche Interaktionsformen nur im Kontext ihrer Techniken verstanden werden. Die Technografie stellt also die Methode zur Verfügung, mit der der Frage, wie Techniken die Gesellschaft konstituieren, nachgegangen werden kann (vgl. ebd., 13).

In der Anwendung der Technografie ist zu beachten, dass diese keinen objektiven Zugang zum Untersuchungsobjekt darstellt, sondern in der Pflicht steht, sich selbst als Methode zu reflektieren. Technografie sei kein „neutrales Instrument der Beobachtung“ (Thürmann-Braun 2006, 203), sondern stelle vielmehr ein „gestalterisches Prinzip in der Präsentation von sozialwissenschaftlichen Wissen“ (ebd., 206) dar.

3.1.2 Teilnehmende Beobachtung

Auf die einführende Frage, was heißt Feldforschung und worum geht es dabei, beschreibt der Politologe Heiner Legewie das methodische Herangehen zunächst als „Teilnahme an den alltäglichen Lebenszusammenhängen der Beforschten“ (Legewie 1995, 189). Um diesem Anspruch nachzukommen, ist in meiner Forschung die teilnehmende Beobachtung als Hauptzugang zum Untersuchungsgegenstand zu verstehen, der die Experteninterviews und die Dokumentenanalyse erst ermöglichen beziehungsweise leiten kann. Die teilnehmende Beobachtung ist der methodische Zugang der technografischen Feldforschung, sie ist das analytische Werkzeug, das einen Zugang zu einem komplexen Feld möglich macht. Die von mir durchgeführte teilnehmende Beobachtung basierte auf einer offenen Beobachtung, das heißt, die betroffenen Wissenschaftler_innen waren sich darüber bewusst, dass sie von mir beobachtet wurden und dass die Beobachtung in meine Dissertation einfließen würde.

Regula Burri beschreibt die teilnehmende Beobachtung als keine einzelne Methode, sondern eine offene Forschungsstrategie, die verschiedene Methoden integrieren kann – von der Beobachtung von Arbeitstätigkeiten über die Initiierung von Gesprächen bis hin zur Protokollierung von Versammlungen und dem Sammeln von Dokumenten (vgl. Burri 2008, 79). Um die Eindrücke der Beobachtung zu strukturieren, ordnet Legewie als einen wesentlichen Punkt der teilnehmenden Beobachtung deren Protokollierung an. Legewie empfiehlt „hierfür ein Ritual zu entwickeln, wobei ein stichwortartiges Kurzprotokoll unmittelbar nach dem Feldkontakt möglichst am gleichen Tage zum ausführlichen Protokoll ausgearbeitet werden sollte“ (Legewie 1995, 192). Das Protokollieren soll auf der einen Seite das Beobachtete aufzeichnen und der Auswertung zugänglich machen, auf der anderen Seite führt die Ritualisierung des Protokollierens dazu, die Wahrnehmung der Beobachter_innen zu schärfen. „Die beim Protokollieren geleistete Reflexion der eigenen Irritationen erlaubt zum anderen, Hypothesen und Missverständnisse in späteren Kontakten mit den Informanten (sic!) zu klären“ (ebd., 192).

Die Dauer meines ersten Aufenthaltes am MPIH 2008 betrug fünf Wochen und fällt in die explorative Phase meiner Doktorarbeit. Sie diente vor allem als Orientierung im Feld und dem Kennenlernen des Instituts und seinen Mitarbeiter_innen. Die Erhebungsphase fällt daher stärker in den Zeitraum meines zweiten Aufenthaltes 2009, in dem alle meine Interviews entstanden, mit der Ausnahme eines E-Mail-Interviews. Auch die Forschungstagebücher, die im Rahmen meiner teilnehmenden Beobachtung entstanden, wurden während meines zweiten Aufenthaltes am MPIH konsequenter verfolgt. Die Einträge der teilnehmenden Beobachtung wurden jeden Tag abends zu Hause oder noch am Rechner im Labor selbst vorgenommen. Einige Situationen habe ich direkt danach aufgeschrieben, um sie nicht zu vergessen, andere Teile wurden abends aus der Erinnerung des Tages aufgeschrieben. Einige Passagen sind Mitschriften zum Beispiel beim Datenauswerten am Computer oder im Seminar. Der Fokus meiner Beobachtung lag vor allem auf den Umgangspraxen der Forscher_innen mit den Bildern der funktionellen Magnetresonanztomographie, sei es im Labor vor den anatomischen Visualisierungen der im Scanner liegenden Proband_innen, am Rechner mit der Datenauswertungssoftware oder in Gesprächen der Wissenschaftler_innen untereinander, aber auch in der Unterhaltung mit mir.

3.1.3 Experteninterviews

Die Experteninterviews sollten einen weiteren Aspekt auf das Phänomen fMRT-Bilder und ihrem Status im Labor ermöglichen. Wenn mit der teilnehmenden Beobachtung auf die „soziotechnischen Konstellationen“ (Burri 2008, 80) der Laboragenten geschaut werden konnte, ermöglichten die Interviews einen Blick auf die Bildpraktiken der Wissenschaftler_innen sowie auf dabei verwendete Metaphern, Einschätzungen und Interpretationen mit den Bildern. Der Vorteil eines leitfadengestützten Interviews besteht darin, dass die Interviewerin sicherstellen kann, dass Aspekte, die sie interessieren, auch angesprochen werden. Die Leitfragen basieren auf vorher als relevant ermittelten Themenkomplexen. Als Expert_in kam für meine Erhebung in Frage, wer mit funktioneller Magnetresonanz am MPIH forscht und somit über die „institutionalisierte Kompetenz zur Konstruktion von Wirklichkeit“ (Hitzler/Honer/Maeder 1994) verfügt, wie Ronald Hitzler, Anne Honer und Christoph Maeder im Untertitel ihres Buches *Expertenwissen* eben dieses charakterisieren.

Die Analyse der in dieser Arbeit untersuchten Interviews konzentrierte sich insbesondere auf die allgemeinen, rationalisierten Argumentationsmuster der Wissenschaftler_innen. Darüber, so die Idee, sollte den grundlegenden Denkmetaphern die das Expertenwissen implizit strukturieren nähergekommen werden.

Auch wenn sicherlich gerade die Abweichungen vom Interviewleitfaden interessante Einblicke in die Auswertungsmethodik zulassen, lag der Fokus auf den immer wiederkehrenden Antworten der Wissenschaftler_innen. Die Interviews sollten insbesondere die spezifischen Einschätzungen und Vorstellungen der Wissenschaftler_innen zum Umgang mit den Bildern in ihrer Praxis verdichtend beschreiben, inklusive subjektiver Beurteilungen, ohne dabei zu sehr vom Thema abzuweichen. Der grundlegende Gedanke der Experteninterviews war, verschiedenen Forscher_innen aus unterschied-lichen Phasen ihrer universitären Laufbahn – also Wissenschaftler_innen auf den verschiedenen Stufen einer Wissenschaftskarriere – die gleichen Fragen zu stellen, um diese später leichter vergleichen zu können. Die Interviews fanden alle im Zeitraum meines zweiten Forschungsaufenthaltes am MPIH statt, mit Ausnahme eines Interviews, das per E-Mail geführt wurde.

Die Teilnehmer_innen der Befragung wurden vor dem Interview gebeten, einen kurzen Fragebogen mit einigen Angaben auszufüllen. Gefragt wurde nach dem Alter des/der Befragten, dem Geschlecht, der Ausbildung, der Herkunft/Nationalität, dem Nutzungsbeginn von fMRT und nach der Tätigkeit im Projekt. Die Namen meiner Interwievpartner_innen wurden anonymisiert, indem jeder Person ein Farbnamen zugewiesen wurde. Die Namen sind *Blau, Rot, Grün, Orange, Türkis, Gelb, Violett*. Mit dieser Namensvergabe spiele ich auf die Farbskalen an, die zur Markierung der Aktivitätspotentiale in den statistischen Karten der fMRT verwendet werden.

3.1.4 Dokumentenanalyse

Ergänzend zu den Interviews und der teilnehmenden Beobachtung wurde für die empirische Auswertung die Analyse von vier publizierten Papern herangezogen. Im Gegenteil zu populärwissenschaftlichen Präsentationen der Hirnforschung sind die wissenschaftlichen Paper, die in fachspezifischen Journals publiziert werden, nach einer genauen Vorlage aufgebaut, die entsprechende Angaben über die Fragestellung, die verwendeten Stimuli, die Anzahl der Probanden, den Ausschluss von Daten aufgrund von Artefakten etc. enthält. Die zusätzliche Analyse der vier Veröffentlichungen mit Hilfe der Dokumentenanalyse ermöglicht mir die Erfassung verschiedener Facetten der funktionellen Magnetresonanztomographie-Forschung. Ganz im Sinne des *Agential Realism* befähigt eine breitgefächerte Situierung des Untersuchungsgegenstandes in den Praktiken eines *Denkkollektivs* erst deren Entstehen als Phänomen. Der Grundgedanke der Dokumentenanalyse, so Mayring, „will Material erschließen, das nicht erst vom Forscher (sic!) durch die Datenerhebung geschaffen werden muss" (Mayring 2002, 47).

In dieser Arbeit liegt der Fokus der Dokumentenanalyse, im Anschluss an die Interviews und dem Feldtagebuch darin, die „Intendiertheit des Dokuments" (ebd., 48) zu ergründen. Mit Hilfe der Dokumente können kontinuierlich über mehrere Jahre verwendete Paradigmen der Bildgebung aufgezeigt werden, die meine zeitlich begrenzten Laborstudien nicht zuliessen. Die in dieser Arbeit angewendete Dokumentenanalyse ist dabei scharf gegenüber der Häufigkeitsanalyse abzugrenzen. Grundlage für die hier verwendete Dokumentenanalyse ist die argumentativ vorgebrachte Verwendung bestimmter denkstilspezifischer Paradigmen (Kuhn 1976), nicht die Analyse der Häufigkeit eines Begriffs.

3.2 AUSWERTUNG

> „A performative understanding of scientific practice takes account of the fact that knowing does not come from standing at a distance and representing but rather from a direct material engagement with the world."
> KAREN BARAD 2007, 49

Meine übergeordnete Auswertungsmethode ist der *Agential Realism*. Mit dem *Agential Realism* lässt sich das Bild gleichzeitig als Akteur und als Produkt seiner Apparate im Forschungslabor verstehen. Er gibt die methodologische Herangehensweise an den Untersuchungsgegenstand und den theoretischen Rahmen, wie die fMRT-Bilder im Setting des Labors verortet werden, vor.

Mit Hilfe von Barads *Agential Realism* können die zu Materie gewordenen Modelle und die technisch reproduzierbaren Spuren aus dem Labor in ihren machtvollen Auswirkungen ernst genommen und gleichzeitig kritisiert werden. Barads eigener Anspruch an die von ihr entwickelte Methode besteht in der Möglichkeit, den Körper, beziehungsweise Materialisierungen, zurück in die Theorie zu tragen. Ob ihr das gelingt, muss an anderer Stelle geklärt werden. Der Vorteil ihrer methodischen Herangehensweise für meine Arbeit liegt vor allem in seiner Offenheit; alle Bedingungen – seien sie theoretischer, visueller, oder auch instrumenteller Art – können gleichberechtigt nebeneinander gestellt und als Produktionsbedingungen von funktionellen Magnetresonanzbildern untersucht werden. Mit dem *Agential Realism* lassen sich fMRT-Bilder auf vielen

Ebenen befragen, auch etwa auf das, was nicht sichtbar wird in den Bildern und auf ihre apparativ bedingten, materiellen Einschränkungen.

3.2.1 Technoobjekte

Der *Agential Realism* erlaubt es, diesen Spuren der durch *apparatuses* vorgenommenen *agentialen Cuts* im Labor nachzugehen. Ein erster Schritt in der Herangehensweise des *Agential Realism* besteht darin, ein (Techno-)Objekt auszumachen und dieses als Phänomen zu beschreiben. Phänomene stellen den Ausgangspunkt des *Agential Realism* dar. Dabei sind als Phänomene nicht nur die letztendlichen ‚Ergebnisse' eines Laborversuchs zu verstehen, sondern alle Apparaturen, die ein anderes Phänomen konstituieren, sind auch selbst Phänomene, und alle Phänomene sind auch Apparaturen im Zustandekommen eines anderen Phänomens. Deshalb muss für die Anwendung der Methode das zu untersuchende Phänomen am Anfang genau bestimmt werden. Der nächste Schritt ist dann eine gewisse Anzahl an Apparaturen oder auch *apparatuses* (die Verwendung des Begriffs in der US-amerikanischen Form zeigt an, dass Apparaturen gleichbedeutend mit den foucaultschen *Dispositiven* verwendetet wird) festzulegen, die am Konstituierungsprozess des bestimmten Phänomens beteiligt sind und die zum Zwecke der Analyse herangezogen werden wollen.

Das zu analysierende Phänomen dieser Arbeit sind die statistischen Karten der funktionellen Magnetresonanztomographie. Das Phänomen ‚statistische Karte' unterteilt sich wiederum in einzelne Apparaturen, die das Phänomen hervorbringen. Die einzelnen Apparaturen werden in Kapitel vier anhand des von mir in fünf Schritte unterteilten Visualisierungsprozesses beschrieben. Die Apparaturen, wie in etwa die Funktionsweise des Scanners, werden bezüglich ihrer historischen, technischen und diskursiven Bedingungen beschrieben und unter Berücksichtigung des Fokus ihrer visuellen Relevanz interpretiert.

Der *Agential Realism* öffnet so seine Sicht, indem er alle materiell-diskursiven *Technoobjects* in den Laboren als Agenten anerkennt, verliert aber gleichzeitig den Anspruch auf Vollständigkeit. Ein Phänomen kann durch viele Apparaturen begründet werden, und jede Apparatur ist ebenfalls Phänomen. Nicht Vollständigkeit ist der Anspruch der baradschen Methode, sondern das Ausweisen des Dazwischen, der Intra-Aktionen, aus denen heraus Phänomene entstehen.

3.2.2 Qualitative Auswertungsschritte

Die Technografie mit den Experteninterviews, der teilnehmenden Beobachtung und der Dokumentenanalyse liefert die qualitativen Daten, die es zum Verständnis der Bildpraktiken der Wissenschaftler_innen im Labor braucht.

Nach Regula Burri geht die Auswertung und Darstellung der erhobenen Daten im technografischen Schreiben Hand in Hand (vgl. Burri 2008, 84). Die Untersuchung von Technoobjekten nach Barad entzieht sich ebenfalls der Logik von objektiver Beschreibung auf der einen Seite und interpretativem Schreiben auf der anderen. Erst das Zusammenfallen von Epistemologie und Ontologie als temporärer Moment der erzeugten Phänomene lässt einen Zugang ‚zur Welt' zu. Über die iterative Deskription sollen die Normierungsstrategien in den Alltagspraxen aufgedeckt werden. Durch die Differenzierung der Kontexte, in denen auf die *visuellen Logiken* in den fMRT-Bildern zurückgegriffen wird, können geschlechtliche und andere Normierungen wieder in die Auseinandersetzung mit den Bildern zurückgeholt werden, da in den einzelnen Praxen Normierungen vorkommen, die aber nicht unbedingt Allgemeingültigkeit besitzen.

Die Datenerhebung ebenso wie die Auswertung folgen einem iterativen, sich wiederholenden Prozess. Die Experteninterviews sind mit Tonband aufgenommen und später transkribiert worden. Ausgewertet wurden die Experteninterviews anhand des von Alexander Bogner, Beate Littig und Wolfgang Menz (2002) aufgestellten Leitfadens zur Auswertung von Experteninterviews. Die neun Fragestellungen folgen dem Erkenntnisinteresse vom Umgang mit den Daten bis zum fertigen ‚Bild'. Der Fokus der Fragestellungen lag auf einer allgemeinen Einschätzung der Wissenschaftler_innen zu Bildpraktiken im Laboralltag und weniger um die individuellen Herangehensweisen.

3.3 ZUGANGSSTRUKTUR ZUM EMPIRISCHEN MATERIAL

Die Unterteilung des Visualisierungsprozesses der funktionellen Bildgebung in fünf Schritten dient der Strukturierung und hilft dabei, die Wirkweisen der einzelnen Apparaturen differenzierter beschreiben zu können. Mit Barad könnte man sagen, dass hier fünf *Agential Cuts* eingeführt werden, um einen Gegenstand – ein Phänomen – herausarbeiten zu können. Das bedeutet auch, dass die Gegenstände uns im geschriebenen Text als Entitäten entgegentreten, wie sie in der Laborsituation derart statisch nicht zu finden sind. Die fünf Schritte beschreiben den Visualisierungsprozess in einer zeitlich aufeinander folgenden Linearität, die sich in der Laborrealität keineswegs derart strikt voneinander trennen lässt. Dennoch musste ich jene Cuts vornehmen, um den Untersuchungsgegenstand beschreibbar werden zu lassen. Dabei sind die Stufen allein für den analytischen Zugang so trennscharf voneinander zu differenzieren – in der Praxis verlaufen die Grenzen weniger scharf.

Folgende Unterteilungen habe ich vorgenommen: Schritt eins beschreibt das Phänomen und die Wirkweise eines im Labor vorkommenden *Denkstils* im Sinne Ludwik Flecks (Fleck 1980 [1935]). Teil des hier angesprochenen *Denkstils* meint auch ökonomische Verteilungsmomente, die funktionelle Bildgebung erst möglich machen, genauso wie eine vom Labor abhängige Bildsympathie, die großen Einfluss auf den Umgang mit den im Scanner generierten Daten aufweist. Ebenfalls Teil eines *Denkstils* sind etwaige im Labor vorherrschende Vorstellungen und Modelle vom Gehirn und seinen Funktionsweisen. Schritt zwei befragt die Hintergründe der in der funktionellen Magnetresonanztomographie bearbeiteten Fragestellungen und deren Experimentdesign, wie zum Beispiel die verwendeten Stimuli. Im dritten Schritt werden die technischen Voraussetzungen des Kernspintomographen dargestellt um die historischen Konzepte und Bedingungen der räumlichen Hirnvermessung, in deren Tradition der Scanner steht, aufzuzeigen. Ebenfalls im dritten Abschnitt soll auf die dem Tomographen inhärente Fourier-Transformation eingegangen werden, die die generierten Daten in Grauwerte umwandelt. Dieser Schritt ist die notwendige Voraussetzung für jede weitere Verarbeitung der Daten mit Hilfe des Computers. Da die Fourier-Transformation einer von vielen der Scantechnik immanenten Algorithmen ist, wird es in diesem Schritt auch um die allgemeine Wichtigkeit von mathematisierten Ausrechnungs- und damit Auswertungsstrategien der funktionellen Bildgebung gehen. Schritt vier schaut sich weitere Informatisierungstendenzen[3] – wie sie auch die Algorithmisierung des Auswertungsprozesses darstellt – der Bildgebung an, wie zum Beispiel die Abbildung der Hirndaten auf dem Computerbildschirm. Grundlegend für diese Funktion sind die in den Laboren entwickelten Softwareprogramme, die zumeist grundlegende Annahmen des jeweiligen *Denkstils* erkennen lassen. Schritt fünf untersucht die Auswertung der generierten Daten am Bildschirm; zum einen aus der Sicht der Forschenden und zum anderen ihre technischen Voraussetzungen, wie die für die Anfertigung vergleichender statistischer Karten notwendige Talairach-Anpassung der Gehirne. Ich werde im Resümee der einzelnen Unterkapitel die Implikationen *visueller Logik* nachweisen und aufzeigen, wie sie auf visuell vermittelte, normative Ordnungen zurückgreifen, um Sinn und Evidenz zu erzeugen. Bevor ich jedoch mit der Kontextualisierung der gegenwärtigen Bedingungen des Phänomens fMRT-Bild be-

3 Im Sinne von Informatik, nicht von Information.

ginne, werde ich zunächst einen kurzen historischen Einblick in die technischen und physiologischen Forschungen geben, die die funktionelle Bildgebung hervorbrachten. Oder wie Foucault schreibt „in den Schichten des Diskurses die Bedingungen seiner Geschichte bloßzulegen“ (Foucault 1973, 17).

Teil II

Die Produktionsapparaturen des Phänomens fMRT

1. Vor-Geschichten

„Was bei den Dingen, die die Menschen sagen, zählt, ist nicht so sehr das, was sie diesseits oder jenseits dieser Worte gedacht haben mögen, sondern das, was sie von vorneherein systematisiert, was sie für die Zukunft immer wieder neuen Diskursen und möglichen Transformationen aussetzt.“
MICHEL FOUCAULT 1973, 17

Für die Geschichte der Hirnforschung einen Beginn festlegen zu wollen, bedeutet einen arbiträren Anfangspunkt setzen zu müssen[1]. Zentral für den Abschnitt der geschichtlichen Aufarbeitung in meiner Arbeit sind vor allem die technischen Entwicklungen innerhalb der Hirnforschung, die zur funktionellen Magnetresonanztomographie geführt haben, sowie einen groben Überblick über die historische Entwicklung der (Neuro)Physiologie und ihre Forschungen zum zerebralen Blutfluss (Cerebral Blood Flow) geben[2]. Ich möchte an dieser Stelle nur so weit in die Genealogie der Hirnforschung eintauchen, dass bestimmte Stränge und wissenschaftliche Vorgaben aufgezeigt werden, die stilbildend für diese Art der Forschung waren.

1 Ausführliche Beschreibungen zur Geschichte der Hirnforschung finden sich bei Michael Hagner (1997) und Olaf Breidbach (1997).

2 Ich erwähne das an dieser Stelle, da der thematische Fokus dieser Arbeit es nicht erlaubt, die Geschichte der Kraniometrie und die Anfänge der anatomischen Lokalisierung von Paul Broca und Carl Wernicke, hier ebenfalls detailliert auszuführen.

1.1 HISTORISCHE ENTWICKLUNGEN IN DER PHYSIOLOGIE

Die experimentelle Physiologie des 19. Jahrhunderts ist mit ihren Fragestellungen und den verwendeten technischen Mitteln die Wegbereiterin der heutigen, an physiologischen Prozessen orientierten, Hirnforschung. Die Physiolog_innen waren zunächst daran interessiert, Experimentalsysteme zu entwickeln, die eine Untersuchung am lebenden Menschen zulassen. So waren es Physiolog_innen die in der zweiten Hälfte des 19. Jahrhunderts das Gehirn als eigenständig arbeitendes Organ, das unabhängig vom Rest des Körpers mit Blut versorgt wurde, entdeckten. Gleichzeitig brachten die Untersuchungen der physiologischen Prozesse am zerebralen Blutfluss bereits die ersten Visualisierungen von Gehirnprozessen hervor.

„Visualisierung als Inskription zeigt sich beispielsweise in der Physiologie des 19. Jahrhunderts. So wurden der Blutdruck oder die Fortpflanzungsgeschwindigkeit der Nervenreizung erst mittels Registrierungsgeräten wie Kymographen oder Myographen zu einer operationalen Größe. Das *Auf*schreiben von Kurven auf Papier bedeutete gleichzeitig ein *Ein*schreiben von bestimmten, ganz neuen Eigenschaften in die Organsysteme. Anders gesagt: Mit der graphischen Stabilisierung des im Körper Verborgenen war unweigerlich eine Umdeutung der körperlichen Funktionssysteme selbst verbunden." (Hagner 2006, 169; Hervorhebungen im Original)

Mit der Möglichkeit den Blutfluss bzw. die Nervenreizgeschwindigkeit im Gehirn messen zu können, eröffnete für die Physiolog_innen eine gänzlich neue Welt bzw. ein gänzlich neues Organ, das es zu untersuchen galt. Die Physiologie machte es möglich, die rein äußerlichen Formen der Vermessung von Gewicht, Größe, Umfang und anderen Vermessungen wie sie die Anatomen am toten Gehirn durchführten, zu überwinden und bestimmte Prozesse am lebenden Gehirn einzufangen.

Die physiologische Lokalisierung entwickelte sich, so Hagner, aus der Behandlungsmethode der Elektrotherapie. Die Elektrotherapie war eine gezielte Reizung lahmer beziehungsweise überreizter Nerven, die mit Hilfe elektrischer Stromschläge stimuliert werden sollten. Eduard Hitzig machte im Jahr 1869 bei seinen Versuchen, die Anwendung der elektrotherapeutischen Methode zu verbessern, die Entdeckung, dass sich durch die Reizung mit Elektroden hinter dem Ohr „unwillkürliche Augenbewegungen" (Hagner 1997, 275) hervorrufen lassen. Diese Entdeckung führt bei ihm zu der Vermutung, dass jede Augenbewegung durch die Reizung zerebraler Areale erzeugt werden kann. Um dieser Vermutung weiter nachzugehen, startete Hitzig zusammen mit Gustav Fritsch, zu der Zeit noch Anthropologe und Anatom, ein Experimentalsystem zur lokalen Reizung zerebraler Hirnregionen an Hunden. Durch die Zusammenarbeit des Psychiaters und Neurophysiologen Hitzig und dem Anatom Fritsch war der methodische sowie empirische Boden bereitet, auf den die Neurophysiologie einen neuen Zugang zum Gehirn entwickeln konnte:

„1870 war mit der Arbeit von G.T. Fritsch (1838-1927) und E. Hitzig (1838-1907) über die elektrische Erregbarkeit des Großhirns der methodische und methodologische Rahmen formuliert, in dem dann eine Hirnphysiologie im Sinne einer direkten Darstellung hirnphysiologischer Eigenschaften möglich wurde." (Breidbach 1997, IX)

1.2 DER ZEREBRALE BLUTFLUSS UND BLUTMAGNETISMUS

Für die Entwicklung der funktionellen Magnetresonanztomographie waren insbesondere physiologische Studien über den menschlichen Blutfluss entscheidend. Erst die Experimente, die einen Zusammenhang von Reizverarbeitungsprozessen und Veränderungen des Blutflusses im Gehirn aufdeckten, führten zur bis heute für die gesamte physiologische Forschung am Gehirn bestimmenden Annahme, dass Denkprozesse auf einer Beziehung von Blutfluss und Sauerstoffverbrauch basieren. Im Zusammenhang mit den Untersuchungen des Hirnblutflusses wurden Ende des 19. Jahrhunderts gleichfalls Temperaturunterschiede des Schädels gemessen, um auf mögliche Hinweise von Denkaktivität zu stoßen. Denn allem voran galt es zunächst, die Frage zu klären wie und womit ‚Denken' eigentlich gemessen werden kann – in Abgrenzung gegenüber dem lange Zeit vorherrschenden Konzept des Gehirns als Seelenorgan (vgl. Hagner 1997). Eine mögliche Antwort auf diese Frage wurde erst mit der Entwicklung der Elektroenzephalographie durch Hans Berger in die Forschung eingebracht. Cornelius Borck arbeitet heraus, dass die Hauptleistung Bergers darin lag, die Vorstellung von Hirnaktivität als Hirnströme überhaupt denkbar werden zu lassen. Vor Bergers Versuchen, dem „Krickelkrackel" (Borck 2007, 208) des Elektroenzephalographen einen Sinn zuzuschreiben, „existierten Hirnstromwellen nicht einmal als weißer Fleck" (ebd., 208).

Eine Abhandlung *On the Regulation of the Blood-Supply of the Brain* von Charles Roy und Charles Sherrington aus dem Jahr 1890 beschäftigt sich mit der Regulation des Blutflusses im Gehirn (Roy/Sherrington 1890). In dem Paper arbeiten Sherrington/Roy einen bis heute aktuellen Stand der physiologischen Beziehung zwischen lokaler Blutversorgung von Hirnregionen und funktioneller Aktivität heraus. Ergebnis ihrer Studien, die sie vornehmlich an Hunden und als Kontrollgruppe an Katzen und Ratten vorgenommen hatten, ist, dass „der lokale Metabolismus im Nervengewebe [...] somit im direkten Zusammenhang mit der Aktivität der Neuronen" (Crelier/Järmann 2001, 98) steht.

Nach dem Durchbruch von Sherrington und Roy gerieten die Untersuchungen zum Blutkreislauf im Gehirn zunächst für einige Jahre in Vergessenheit. Wiederentdeckt wurde der Zusammenhang zwischen Blutfluss und Hirnaktivität für die Verwendung in der Hirnforschung 1928 von John Fulton. Wichtiger für die weitere Entwicklungsgeschichte der funktionellen Magnetresonanztomographie war jedoch die Einsicht, dass, um den Spuren der zerebralen Versorgung von Hirnregionen weiter nachzugehen, indirekte Messmethoden entwickelt werden mussten, da die Versuche, den lokalen Blutfluss im Gehirn direkt zu messen, zu kontingent blieben. Seymour Kety und Carl Schmidt entwickelten 1948 die erste quantitative Methode, um den Blutfluss und den Metabolismus des gesamten menschlichen Gehirns zu bemessen. Dafür griffen sie auf Nitrooxid, im Deutschen eher bekannt als Lachgas, als Indikator zurück[3].

Ketys und Schmidts Idee bestand darin, die Menge eines vorher inhalierten Gases (Nitrooxid) im arteriellen Blutzufluss zum Gehirn abzüglich der gemessenen Menge im venösen Blut zu messen. Diese Messmethode, die den Blutfluss mit Hilfe eines Indikators messbar werden ließ, lieferte zum ersten Mal reproduzierbare Ergebnisse über den quantitativen Blutfluss im Gehirn.

Diese Versuche können als direkte Vorreiter der PET (Positronen-Emissions-Tomographie)- sowie der SPECT (Single-Photon-Emission-Computed-Tomography)-Methode gesehen werden. Aber auch für die funktionelle Magnetresonanztomographie waren sie ausschlaggebend. Dass die Beobachtung der Blutversorgung im menschlichen Gehirn nur stark eingeschränkte und indirekte Schlüsse auf seine Funktionen zulässt, beschreibt William Landau, der ebenfalls über den menschlichen Blutkreislauf mit Hilfe zugesetzter Indikatoren forschte, in einer Rede aus dem Jahr 1955 mit einer Analogie:

„Of course we recognize that this is a very secondhand way of determining physiological activity; it is rather like trying to measure what a factory does by measuring the intake of

3 „Working initially with Carl Schmidt of the University of Pennsylvania, Kety developed the first quantitative methode for measuring whole brain blood flow and metabolism in humans using nitrous oxide as a freely diffusible tracer." (Raichle 2000, 35)

water and the output of sewage. This is only a problem of plumbing and only secondary inferences can be made about function. We would not suggest that this is a substitute for electrical recording in terms of easy evaluation of what is going on.“ (Landau 1955; zitiert nach Raichle 2008, 6)

Neben den Studien zur grundsätzlichen Organisation der Blutversorgung des Gehirns gab es auch Studien, die sich mit dem Aufbau des Blutes beschäftigten. Zwar war die Bedeutung des im Blut verbreiteten Hämoglobins als Trägersubstanz und Versorgungsinstanz von Sauerstoff für den gesamten Körper im 20. Jahrhundert durchaus bekannt. Ein differenziertes Verständnis der verschiedenen Eigenschaften von sauerstoffangereichertem und sauerstoffarmem Hämoglobin aber wurde erst von Linus Pauling, einem jungen US-amerikanischen Chemiker, erkannt. Anhand von Blutproben untersuchte er die magnetischen Eigenschaften des Hämoglobins, das in Abhängigkeit zu seinem Oxygenierungsgrad variiert. Mit dieser Erkenntnis war die Grundlage für die Untersuchungen von Seiji Ogawa in den 1990iger Jahren, auf die ich später noch eingehen werde, gelegt.

1.3 KERNSPIN UND IMAGING

Neben den physiologischen Forschungen über die Eigenschaften von Blut und Blutfluss basiert die funktionelle Bildgebung auf technischen und mathematischen Errungenschaften, die überwiegend aus der Physik stammen:

„Now associated with biology, medicine, and imaging, the ideas that provide the foundation for MRI technology are rooted in early 1900s investigations of the internal structure of the atom and the rise of physics in twentieth century scientific practice.“ (Joyce 2006, 4)

1922 entdeckten Otto Stern und Walter Gerlach die Raumquantelung von Silberatomen (vgl. Kapitel 2.6), die zum ersten Mal die Idee eines Kernspins für Atome nahe legte. Isidor Isaac Rabi arbeitete als Physiker die Resonanzmethode aus, mit der sich magnetische Eigenschaften des Atomkerns untersuchen ließen. Die Kernspinresonanz wurde von zwei Wissenschaftlern zur gleichen Zeit, jedoch unabhängig voneinander, entdeckt. Felix Bloch und Edward Purcell legten damit den Grundstein heutiger Anwendungen, die die Relaxationszeiten von Stoffen und Flüssigkeiten messen:

„When placed in a strong magnet field, these protons behave like tiny bar magnets by lining up in parallel with the magnet field. When these protons are disturbed from their equilibrium state by radio frequency pulses, a voltage is induced in a receiver coil that can be characterized by its change in magnitude over time. Because these time-dependent changes in voltage are a function of the local environment of the protons, many important deductions can be made about the tissue being examined.“ (Raichle 2008, 121)

Allerdings war man durch diese Erkenntnis noch lange nicht so weit, sich die aktuell bestehenden Bildgebungsverfahren imaginieren zu können:

„Als Felix Bloch und Edward Purcell 1946 dieses Magnetresonanz-Phänomen erstmals beschrieben und 1952 für ihre Entdeckung den Physik-Nobelpreis erhielten, war man noch weit davon entfernt, die Bedeutung für die medizinische Diagnostik zu erahnen, geschweige denn sich vorzustellen, dass Atomkerne die Identifikation von Sprachzentren im menschlichen Gehirn ermöglichen können. MR war zunächst einmal ein analytisches Werkzeug für Chemiker und Physiker, welche chemische Strukturen untersuchen.“ (Crelier/Järmann 2001, 97)

Eine weitere wichtige Errungenschaft, die Bloch vorantrieb, war die nach ihm benannte Bloch-Gleichung. Mit Hilfe dieser Gleichung können die Relaxationszeiten eines Spins für verschiedene Bedingungen bestimmt werden. Eben diese von Bloch beschriebenen Relaxationszeiten werden in der funktionellen Magnetresonanztomographie gemessen.

Fundamental für die weitere Entwicklung der medizinischen Bildgebung war die Erfindung der Computertomographie (CT) durch Godfrey Hounsfields im Jahr 1971. Sie revolutionierte die Möglichkeit, den menschlichen Körper darzustellen. Die ausschlaggebende Neuerung der Computertomographie lag in der Möglichkeit der dreidimensionalen Darstellungsweise des durchleuchteten Körpers auf einem zweidimensionalen Display:

„Die CT basiert darauf, aus vielen verschiedenen Einstrahlrichtungen Projektionsaufnahmen einer bestimmten Körperregion mittels Röntgenstrahlen zu erstellen. Ist das Gehirn in einer Ebene komplett durchmustert, errechnet der Computer die relative Dichte an jedem Punkt und liefert ein Querschnittsbild (Tomographie) der untersuchten Region. Voraussetzung für die Entwicklung der CT waren einerseits die Möglichkeit, Röntgenstrahlen statt auf Film digital zu erfassen, und andererseits Computer, die leistungsfähig genug waren, um so aufwendige Rechnungen durchzuführen.“ (Gassen 2008, 81)

Raichle beschreibt die Auswirkungen, die die Darstellung von Körperdaten durch die Computertomographie auf die Weiterentwicklung der bis heute gültigen bildgebenden Verfahren hatte:

„Godfrey Hounsfield (1973) introduced X-ray computed tomography (CT), [...]. Overnight the way in which we look at the human brain changed. Immediately, researchers envisioned another type of tomography, positron emission tomography (PET), which created in vivo autoradioagrams of brain function (Ter-Pogossian et al., 1975; Hoffman et al., 1976). A new era of functional brain mapping began.“ (Raichle 2008, 7)

Die von Bloch und Purcell entdeckten und bestimmbar gemachten Kernspinresonanzen wurden erst 1973 von Paul Lauterbur zu einem bildgebenden Verfahren weiterentwickelt. Lauterbur führte die Gradientenfelder in das gängige NMR (Nuclear Magnetic Resonance)-Experiment ein, wodurch eine räumliche Zuordnung der Signale möglich wurde: „Erst 1973 modifizierte Paul Lauterbur einen MR-Spektrometer so, dass die Resonanzsignale räumlichen Koordinaten zugeordnet werden konnten. Das erste MR-(Schicht)Bild war entstanden“ (Crelier/Järmann 2001, 97). 1976 gelang es Peter Mansfield, das Bild eines lebenden menschlichen Fingers zu generieren und schon ein Jahr später, also 1977, das erste vollständige Bild eines Menschen mit Hilfe eines Magnetresonanztomographen einzufangen. Damit war die Grundlage für die klinische Verwendung der Methode geschaffen.

1.4 DER DURCHBRUCH ZUR FMRT

Die Weiterentwicklung der Magnetresonanztomographie hin zur funktionellen MRT gelang Seiji Ogawa, indem er das Wissen über die Hämoglobineigenschaften im Magnetfeld mit der Technik der Kernspintomographie verband. Ogawa war zu dieser Zeit Physiker für NMR (Nuclear Magnetic Resonance) an den AT&T Bell Laboratories und arbeitete über die Eigenschaften von Hämoglobin. Ogawa experimentierte mit Ratten, die er im MRT-Scanner untersuchte. Die Funktion von Ogawa in diesem epistemischen Prozess bestand darin, dass er die Grundlagen dafür legte, die Sauerstoffkonzentration des Blutes im Scanner messbar zu machen. Dabei ging er wie folgt vor:

„He manipulated the concentration of deoxygenated blood by alternately breathing his animals on room air and 100% oxygen. On room air, detailed anatomy of venules and veins were easily visible throughout the rat brain as dark structures. This was due to the loss of MRI signal in the presence of deoxyhemoglobin. On 100% oxygen the venous structures disappeared.“ (Raichle 2000, 63)

Ogawa gab diesem von ihm entdeckten Phänomen den Namen BOLD (Blood Oxygenation Level Dependent)-Effekt (Ogawa et al., 1990a). Mit der technischen Möglichkeit, die Sauerstoffkonzentration der Volumeneinheiten in kurzen Abständen hintereinander zu ermitteln, konnten die Daten in Kontrast gesetzt und miteinander verglichen werden:

„Indem er die Aufnahme solcher Bilder in rascher zeitlicher Abfolge wiederholte und diese anschließend miteinander verglich, konnte er räumlich begrenzte Änderungen der Sauerstoffkonzentration im durchbluteten Nervengewebe ausmachen." (Crelier/Järmann 2001, 100)

Damit war der funktionellen Bildgebung Tür und Tor geöffnet. Seine erste am Menschen getestete fMRT-Studie publizierte Ogawa et al. 1992. Damit war die funktionelle Magnetresonanztomographie auf den Weg gebracht. Raichle resümiert die von Ogawa initiierte neue Untersuchungsmethode in seiner *Kurzen Geschichte des fMRTs*:

„Since the introduction of fMRI BOLD imaging, the growth of functional brain imaging has been nothing short of spectacular. Although MRI also offers additional approaches to the measurement of brain function [44, 48], it is BOLD imaging that has dominated the research agenda thus far." (Raichle 2008, 122)

Seit Ogawas Durchbruch im Jahr 1992 wurden bis 2007 neunzehntausend begutachtete Paper mit den Schlagwörtern fMRI, functional MRI oder functional magnetic resonance imaging in angesehenen Wissenschaftsmagazinen veröffentlicht. Vor dem Hintergrund, dass im Jahr 1992 lediglich vier Studien veröffentlicht wurden und erst in den folgenden Jahren die Anzahl der publizierten fMRT-Artikel anstieg, kommt Logothetis zu dem Schluss, dass im Jahr 2007 durchschnittlich bis zu acht Artikel pro Tag herausgegeben wurden. Die Zahl der publizierten Artikel setzt sich dabei folgendermaßen zusammen:

„About 43% of papers explore functional localization and/or cognitive anatomy associated with some cognitive task or stimulus-constructing statistical parametric maps from changes in haemodynamic responses from every point in the brain. Another 22% are region of interest studies examining the physiological properties of different brain structures, analogous to single-unit recordings; 8% are on neuro-psychology; 5% on the properties of the fMRI signal; and the rest is on a variety of other topics including plasticity, drug action, experimental designs and analysis methods." (Logothetis 2008, 869)

Eingesetzt wird die funktionelle Bildgebung also in unterschiedlichen Studien: von der Grundlagenforschung bis zu voraussetzungsvollen kognitiven Tests. Im Anschluss an diese kurze, geschichtliche Darstellung der Hirnphysiologie werde ich nun auf die aktuellen Produktionsapparaturen der fMRT eingehen.

2. Theoretische Konzepte in der fMRT

Forschungsgemeinschaften in den Neurowissenschaften sind auf den ersten Blick keine isolierten und eingeschworenen Gemeinschaften. Das Max-Planck-Institut für Hirnforschung kann auf einen regen Austausch mit Wissenschaftler_innen aus aller Welt blicken, und jede_r für sich bringt eigene Vorstellungen und methodische Herangehensweisen an den Forschungsgegenstand mit. Wagt man einen näheren Blick in die verschiedenen Abteilungen, kann man dennoch Unterschiede erkennen. Dabei fällt zum Beispiel auf, dass die extern dazugekommenen Forscher_innen länderspezifisch in verschiedenen Abteilungen der Neurophysiologie tätig sind. So kann man beobachten, dass Austauschwissenschaftler_innen, die aus ökonomisch benachteiligten Ländern ans MPIH kommen, um sich dort in einer Methode ausbilden zu lassen, zumeist in der EEG-Abteilung anzutreffen sind[1].

Die einzelnen Abteilungen am MPIH sind relativ klein. Trotz einer allgemeinen Offenheit anderen Wissenschaftler_innen gegenüber sind die einzelnen Abteilungen durch ihre geringe Größe exklusiv und in sich geschlossen. Die Abteilungen bilden *Denkkollektive* (Fleck 1980 [1935]), die sich durch die Ausbildung eines bestimmten *Denkstils* (ebd.) bestimmen lassen. So beschreibt Hans-Jörg Rheinberger den „Produktionsvorgang von Wissen als eine kollektive Dimension“ (Rheinberger 2005, 120). Die Erkenntnisgewinnung organisiert sich in diesen *Denkkollektiven* durch „die ‚effektive interpsychologische Arbeit‘ der Sprache und des Experiments“ (ebd., 120). Die Pflege der „regionalen Rationalismen“ (ebd., 120) innerhalb dieser *Denkkollektive*, und das gilt es in dieser Arbeit zu zeigen, funktioniert dabei nicht nur über Experiment und Sprache, sondern ebenfalls über Bilder und Visualisierungen.

1 Dies hat vermutlich damit zu tun, dass in den entsprechenden Ländern deutlich weniger MRT-Scanner vorhanden sind (vgl. Teilnehmende Beobachtung 2009).

Die *Denkstile*, die sich innerhalb dieser *Denkkollektive* bilden, sind bestimmt durch theoretische Konzepte und einem gemeinsamen methodischen Zugang zum Untersuchungsgegenstand. Theoretische Konzepte sind Modelle, die den Zugang zu einem Untersuchungsgegenstand vereinfachen. Sie helfen auf der einen Seite den Wissenschaftler_innen, sich selbst Vorgänge und Strukturen zu vergegenwärtigen, auf der anderen Seite ermöglichen sie eine gemeinsame Sprache, ähnliche Interpretationen der Forschungsergebnisse und stellen die Voraussetzung einer gemeinsamen methodischen Herangehensweise dar. Konzeptuelle Vorannahmen bestimmen den vorherrschenden *Denkstil* eines Labors. Sie stellen Muster zur Verfügung, die die Folie bieten, an der sich der Blick auf die eigene Forschung messen lassen muss. Die verwendete Technik/Methode wird demnach nicht zufällig genutzt, sondern sie bestimmt das Ergebnis und sagt etwas über die Modellhaftigkeit der Theorie aus, mit denen die Wissenschaftler_innen implizit operieren. Oder wie es Tyler Lorig in seinem Artikel *What was the question* ausdrückt: „We all have such a theory even if not well articulated and whatever this theory may be, it guides our research, expectations and understanding of other research" (Lorig 2009, 17).

Die in den Forschungskreisen gängigen Konzepte sind dabei aber nicht als Modelle zu denken, die ‚zuerst da waren' und die durch Visualisierungsprozesse illustriert werden. Modelle vom Gehirn können eher als Metaphern gedacht werden, die einen Rahmen für das Verständnis der Visualisierungen bieten, ohne ein direkter Abdruck zu sein. Sie sind Abstraktionen von komplexen Vorgängen, die oft durch bildliche Modelle imaginiert und vorstellbar gemacht werden.

Ich werde im Folgenden drei dieser Konzepte vorstellen – die mit Barad auch als *apparatuses* im Herstellungsprozess der Bilder verstanden werden können. Anfangen werde ich mit der Charakterisierung der Methode als nicht-invasiv. Der Rhetorik der Nicht-Invasivität wird durch die Verknüpfung mit der Vorstellung, dass in der funktionellen Magnetresonanz dem Gehirn beim Denken zugeschaut werden könne, eine zweite Auslegung zur Seite gestellt. Das zweite untersuchte Konzept beinhaltet daher die allgemein angenommene Voraussetzung, dass Sehen die grundlegende Form der Wahrnehmung für den Menschen darstelle – der Mensch demnach ein visuelles Wesen sei –, weshalb die Darstellung der Daten in Bildern die intuitiv beste Form für das Verstehen der Daten biete. Hier zeichnet sich ein argumentativer Kreislauf ab. Annahme drei ist eine konkrete Vorstellung vom Aufbau des Gehirns: Forschungen, die mit fMRT arbeiten, imaginieren sich den Aufbau des Gehirns als Ansammlung einzelner Module mit spezifischen Funktionen. Das modularisierte Gehirn bedingt gleichzeitig die Annahme einer bestimmten Art der Reizverarbeitung, die sich aus der Kognitionswissenschaft ableitet und durch die Computermetapher repräsentiert wird.

2.1 DAS KONZEPT NICHT-INVASIVITÄT

Die Geschichte der Hirnforschung umfasst eine Reihe von Methoden, die entweder die Versehrtheit oder gar den Tod der jeweiligen Hirnspender_innen voraussetzten. Die Untersuchungen am menschlichen Gehirn waren nicht selten blutige Eingriffe und die zu behandelnden Personen oft unfreiwillig anwesend. In den letzten hundert Jahren wurden, neben der funktionellen Bildgebung, einige neue Methoden in der Hirnforschung etabliert (vgl. Kapitel 1). Die meisten davon kommen ohne operative Zugriffe oder ohne die Zugabe von Kontrastmitteln aus (wie EEG, MEG), können aber im Gegenzug nicht das gesamte Gehirn in den Blick nehmen. Der Nachteil der ebenfalls am MPIH vorgenommenen elektrophysiologischen Experimente (ableiten von Neuronenaktivität durch Elektroden im Gehirn) an Affen, zeichnet sich durch die lange Vorbereitungsdauer aus (bis zu vier Jahre), zudem müssen operativ Zugänge zum Gehirn gelegt werden, um die Elektroden während der Ableitungen einführen zu können. Darüber hinaus basieren die dort generierten Erkenntnisse auf Tierversuchen, deren direkte Übertragung auf den Menschen stark umstritten ist. Bei Studien, die mit PET (Position Emissions Tomographie) arbeiten, werden radioaktive Substanzen bei den Messungen eingesetzt, deren Wirkung nicht eindeutig geklärt ist.

Solche invasiven Eingriffe in den Körper fallen bei fMRT weg. Die Methode lässt den menschlichen Körper unversehrt, es werden keinerlei Eingriffe vorgenommen oder Substanzen verabreicht, die Untersuchung dauert zumeist nicht länger als eineinhalb Stunden, danach können die Proband_innen das Labor wieder verlassen[2]. Die Unversehrtheit der Proband_innen während des Untersu-

2 Auch wenn Magnetresonanztomographie bis dato offiziell als nicht nur nicht-invasiv dargestellt wird, sondern darüber hinaus auch als völlig harmlos, werden von Radiolog_innen Zweifel geäußert. Eine während meines Forschungsaufenthaltes eingefangene Einschätzung einer MTRA (Medizinisch-technische Medizinassistent_in) geht davon aus, „dass es in einigen Jahren Krankheiten geben wird, die von Kernspin-Scannern ausgelöst wurden" (Teilnehmende Beobachtung 2009, 3). Auf *Blaus* Einwand, dass Menschen doch schon immer mit Magnetfeldern gearbeitet hätten, meint *Blau*: „Aber nicht mit so hoch frequentierten. Außerdem kann das doch nicht gesund sein, die Position der Wassermoleküle und der Positronen in andere Richtungen um-

chungsvorgangs wird in der Hirnforschung mit dem Wort nicht-invasiv beschrieben und auch immer wieder als Vorteil gegenüber anderen Methoden benannt. Schon – oder gerade – das Ogawa-Paper aus dem Jahr 1992 stellt das fMRT mit folgenden Worten vor: „The method we demonstrated here is totally noninvasive and based on physiology-dependent intrinsic signal changes to provide well-resolved functional brain maps" (Ogawa et al. 1992, 5955). Diese Formulierung findet sich von da ab sowohl in sämtlichen entsprechenden Artikeln als auch bei Vorstellungen der Methode im Fernsehen, Radio oder Internet. Das im Jahr 2005 veröffentlichte Paper von Kohler und Muckli etwa notiert: „Inzwischen erlaubt es die funktionelle Magnetresonanztomographie, diese geordnete Projektion in V1 auch nicht-invasiv am Menschen zu verfolgen" (Muckli/Kohler 2005, 16). In seinem Artikel über *What we can do and what we cannot do with fMRI* schreibt Logothetis:

„The principal advantages of fMRI lie in its noninvasive nature, ever-increasing availability, relatively high spatiotemporal resolution, and its capacity to demonstrate the entire network of brain areas engaged when subjects undertake particular tasks." (Logothetis 2008, 869)

Die Rhetorik der Nicht-Invasivität als Einhaltung eines Fortschrittsversprechens von der Forschung am lebenden Menschen knüpft an historische Hoffnungen der Hirnforschung an. So lassen sich optimistische Versprechungen über die Leistungsfähigkeit neuer Apparaturen, die die Erforschung des Menschen in seinem Naturzustande zulasse, schon seit dem 19. Jahrhundert finden. Die Verheißungen ähneln sich dabei sehr stark. So beschreibt der Neurologe Robert Gaupp 1912 in seinen Aufzeichnungen den Kinematographen der Brüder Lumière als

„[...] eine der wundervollsten Erfindungen der Neuzeit, einer der interessantesten Fortschritte auf dem Gebiet der photographischen Wiedergabe des Lebens in all seiner Mannigfaltigkeit. Was kein Zeitalter vor uns gekonnt hat, das ist mit ihm möglich geworden: den Ablauf der Naturvorgänge, die Bewegungen alles Lebendigen und die Handlungen der Menschen in der Mitwelt objektiv getreu zu schildern und der Nachwelt zu stets möglicher Reproduktion zu überliefern." (Gaupp 1912, 1; zitiert nach Reichert 2007, 172)

Die gleiche optimistische Einschätzung formuliert knapp hundert Jahre später der Neurologe Dr. Lythgoe über die Fähigkeit des Kernspintomographen:

---

zulenken. Beim Röntgen hat am Anfang ja auch niemand mit den Gefahren gerechnet, die die Methode mit sich bringt" (Teilnehmende Beobachtung 2009, 3).

„These [functional magnetic respond, hf] images have moved us out of an era when we saw the brain as a black box, into a world where we can picture the inside of our mind. And for the first time, we can start to ask the previously unanswerable question, what is it that makes us human?“ (Lythgoe; BBC 2010, 11 min)

Spannend ist hier, dass nicht die Techniken der Bildgebung, sondern das statische und statistische Bild als Hilfsmittel zum Verständnis des Gehirns angesehen wird. Zwischen dem Kinematographen aus dem Jahr 1912 und der funktionellen Magnetresonanztomographie aus dem Jahr 2010 liegen viele verschiedene Instrumentarien, die zur Untersuchung des Gehirns herangezogen wurden. Dennoch ist die Linearität des Forschungsinteresses, einen Zugang zum Gehirn über Bilder herzustellen, deutlich erkennbar.

Die iterative Rhetorik der Nicht-Invasivität der Methode bekommt in der öffentlichen Darstellung eine weitere Konnotation. Durch die Darstellung der Methode als ein Verfahren, das ‚nicht-invasiv die menschliche Denkaktivität abbildet‘, verleiht das Attribut ‚nicht-invasiv‘ dem methodischen Zugang auch die Weihen einer theoretischen Unvoreingenommenheit und damit eines unverfälschten Einblicks ins Gehirn. Im Zusammenhang mit der Gleichsetzung von BOLD (Blood Oxygenation Level Dependent)-Effekt und Denkaktivität wird das nicht-invasive Vorgehen zu einem Verfahren überhöht, dass nicht nur NICHT in den menschlichen Körper eingreift, sondern darüber hinaus eine direkte Messung von Hirnaktivität suggeriert. Diese Assoziation verstärkt sich noch durch bestimmte Darstellungen von Hirnbildern in den Medien (besonders in den Medien, die mit bewegten Bildern arbeiten), etwa dass die Bilder vom denkenden Gehirn direkt auf einem Bildschirm im Nebenzimmer projizierbar seien. Dabei wird verschwiegen, dass allein die anatomischen Daten des kurzen Vorabscans angezeigt werden können, nicht aber die funktionellen Daten und noch weniger die auf den Kontrast zweier Trials[3] rekurrierenden farbigen ‚Kleckse‘, die die sogenannte Hirnaktivität anzeigen. Ein Beispiel für die irreleitende Interpretation eines ‚direkten Zugriffs‘ der Methode lässt sich in der *Forschung Frankfurt* finden. In dieser Zeitschrift, herausgegeben von der Frankfurter Universität, werden vierteljährig Schwerpunktthemen besprochen. In Ausgabe 4/2005 sind es vor allem Hirnforscher_innen, die die Möglichkeit erhalten, ihre Forschung vorzustellen. Stefanie Rheinberger stellt als Laiin darin eine Ausnahme dar. Sie beschreibt in dem Heft ihre Erfahrung als Probandin in einem fMRT- Experiment und konstatiert am Ende ihres Berichts:

3 Durchlauf eines Experiments.

„Nun möchte ich aber auch das Ergebnis sehen. Bilder von meinem Denkorgan und wie es arbeitet und dabei in den Aufnahmen leuchtet. Werden verräterische Aktivitätsspuren davon zeugen, dass ich zwischendurch in Gedanken abgeschweift bin und mich doch nicht die ganze Zeit völlig auf das Experiment konzentriert habe? Doch Naumer muss mich enttäuschen. Zwar ist er auch schon sehr gespannt darauf, die Arbeitsweise meines Gehirns kennen zu lernen, doch bis dahin gibt es noch viel zu tun. Heute wurden zunächst nur Rohdaten gesammelt." (Rheinberger 2005, 83)

Konträr zu Rheinberger, die in ihrem Erfahrungsbericht schildert, dass der direkte Zugriff auf die ‚typischen' Bilder des fMRTs nicht ohne weitere Arbeitsschritte möglich ist, hebt Stefan Kieß in seinem ausschließlich positiven Bericht über das BIC (Brain Imaging Center Frankfurt) hervor, dass diese neue Messform es ermögliche, „[z]usammen mit dem Versuchsleiter [...] auf dem Monitor in der nagelneuen Messwarte, Aktivitätsänderungen im Gehirn der Versuchsperson, die hinter einer Glasscheibe im Messraum in der ‚Tomographen-Röhre' lag, ‚in Echtzeit' [zu] verfolgen" (Kieß 2005, 76). Um seine Aussage zu stützen, verweist er auf Rheinbergers Bericht im selben Heft, die aber, wie oben beschrieben, eben jenen Wunsch nach „Live-Aufnahmen" (ebd., 76) des Gehirns nicht erfüllt bekommt. Stefanie Rheinberger schildert in ihrem Erfahrungsbericht eindeutig, dass ihr nach dem Scannen lediglich die anatomischen Daten gezeigt wurden, und nicht, wie Stefan Kieß behauptet, die Aktivitätsveränderungen im Gehirn. Hier wird deutlich, dass die Rede der direkten Beobachtung vom denkenden Gehirn eine von Wissenschaftler_innen vertretene Beschreibung der Methode darstellt, die nicht viel mit der Laborrealität gemein hat.

2.2 DAS KONZEPT VISUELLES WESEN
Der epistemische Circulus vitiosus in der Bildgebung

Das zweite Konzept, das ich im folgenden Abschnitt thematisiere, gehört ebenso grundlegend zum *Denkstil* der funktionellen Bildgebung, äußert sich aber subtiler. Es handelt sich dabei um die Auffassung, dass der Mensch ein visuelles Wesen sei. Die historische Bedingung für die Dominanz des Auges in der Naturwissenschaft habe ich im zweiten Kapitel mit der Herausbildung des ärztlichen Blicks beschrieben. Ich werde im Anschluss an diese theoretischen Überlegungen im Folgenden der Annahme vom Menschen als visuellem Wesen nachgehen. Dabei werde ich herausarbeiten, dass der Erklärungsversuch der visuellen Wesenhaftigkeit des Menschen – der die Ergebnisse der Hirnforschung besonders gut über Bilder wahrnehmen kann – in einer Logik der Visualität selbsterklärend herangezogen wird.

Sehen mit ,Wahr'nehmen gleichzusetzen, ist eine bekannte Analogie in der Wissenschaft. Natasha Myers beschreibt diese positivistische Gleichsetzung von Sehen und Wahrnehmen für die Biologie und nimmt gleichzeitig eine Kritik an der Vorstellung vom neutralen Sehen vor:

„Biology is an intensely visual practice: vision is the primary sense of the biologist whose occupation is observation. In the Western culture of science, vision is considered more objective than the other senses: ,seeing is believing', eyes are supposed to be ,windows to the world'. In this positivist idealization of objectivity, to render visible is to provide proof, and so biologists use an extensive array of visualization technologies and modes of representation [...] to translate the things we can't see into visible evidence." (Myers 2005, 255)

Sehen wird dabei zumeist als direkte und unvermittelte Fähigkeit des Menschen, Dinge über das Auge aufzunehmen, verstanden. Das technisierte Sehen wird vor allem über den Mythos der Körperlosigkeit der Beobachter_innen hergestellt, in dem das Auge zum Objektivierungsmoment wird, das nicht weiter hinterfragt wird: „An attempt to erase the observer from the scene", wie Myers schreibt (ebd., 256). Die Forscher_innen schreiben sich damit selbst aus dem Bild heraus und bringen auf diese Weise die vielen subjektiven Entscheidungen und das Begehren in den Apparaturen zum Verschwinden: „Writing themselves out of the picture, biologists disappear the multiple subjectivities and agencies (including culture and politics) embedded in the materials and methods of their practices" (ebd., 256).

Auch in der Hirnforschung, insbesondere in der kognitiven Hirnforschung, wird ,Sehen' unreflektiert mit einem ,Wahrnehmen der äußeren Umwelt' gleichgesetzt. In dem Standardwerk über *Brain Mapping* von Arthur Toga und John Mazziotta wird der Sehsinn als fundamentaler und mittelbarer Sinn ausgemacht:

„The sense of vision is crucially important to our lives. Evidence for this comes from a wide variety of sources: everyday experience and metaphors (,seeing is believing'); studies of how primates have evolved; the fact that at least a third of primate cerebral cortex is devoted to visual processing. A vast amount of basic neuroscience research has been done on the primate visual system [...] the human visual system has also been extensively studied." (Toga/Mazziotta 2000, 263)

Ausgehend von diesem Selbstverständnis, das den wissenschaftlichen Erkenntnisprozess prägt, schließt sich für ein elementareres Verständnis von wissenschaftlichen Bildpraktiken die Frage an, wie es zu dieser unhinterfragten Gleichsetzung von Sehen und Wahrnehmen in der Hirnforschung kommt.

Um sich dieser Frage zu nähern, werde ich anhand zweier Thesen aus der Dissertationsschrift von Sarah Weigelt aufzeigen, wie durch ein materialisiertes Verständnis des Sehvorgangs – als kortikaler Verarbeitungsprozess – die unbedingte Gleichsetzung von Sehen und Wahrnehmen stattfindet.

In ihrem Buch *Neurovision* stellt Sarah Weigelt zwei Hauptthesen auf: Die erste These bestimmt das Forschungsobjekt sowie die Vorannahme der Untersuchungen: „Looking with our eyes, seeing with our brain" (Weigelt 2008, 8). Mit dieser These postuliert sie, dass das Auge nur Medium für die eingehenden Reize ist, die Verarbeitung dieser Reize aber vom Gehirn vorgenommen wird. Das Gehirn, beziehungsweise die kortikalen Prozesse im Gehirn sind für sie vor allem deswegen faszinierend, da diese nicht nur reine Informationsverarbeitung betreiben, sondern auch aktiv an dem Konstruktionsprozess der menschlichen Wahrnehmung und der Bildung von Realität beteiligt sind. „However, one of the most fascinating facts about cortical processing is [...] it is an active and constructing process. Cortical processing ‚adds' something to visual perception that is not present in the actual world: color for example." (Ebd., 8)

Dieser ‚aktive and konstruierende Prozess' besteht dabei bei Weigelt nicht darin, dass das Sehen von Erfahrungen geleitet wird, die im Verarbeitungsprozess im Gehirn für eine Bedeutungszuschreibung des Gesehenen herangezogen werden. Der kortikale Verarbeitungsprozess weist den eingehenden Reizen aus dem Auge gestalterische Supplements wie Farbe und Form zu und generiert damit seine ganz eigene, auf neuronalen Netzwerken basierende Wirklichkeit. Die zweite These ihrer Arbeit interpretiert nun den Unterschied zwischen Schauen und Sehen (Wahrnehmen) weniger konstruktivistisch. Sie besagt: „Looking at a vascular signal, seeing neuronal activity" (Weigelt 2008, 9). Der aktive und konstruierende Prozess kortikaler Prozesse soll nun also durch die mit fMRT angefertigten statistischen Karten bewiesen werden. Der Beweis von These eins – dass kortikale Prozesse an der Konstruktion von Realität beteiligt sind – wird durch die Negation eben dieser Prozesse in These zwei vorgenommen. In These zwei wird Sehen nun nicht mehr als konstruierender Prozess gedacht, sondern als eine Beweisführung.

Damit werden die Bilder im Erkenntnisprozess der Neurowissenschaften doppelt an die neuronalen Bedingungen des Gehirns gekoppelt und somit naturalisiert: Zum einen in der Feststellung, dass Sehen als Prozess kortikaler Verarbeitung verstanden werden muss, zum anderen in der Annahme, dass diese Prozesse mit der Herstellung von Bildern dieser neuronalen Substrate nachgewiesen und lokalisiert werden können.

Die Zusammenführung der beiden von Weigelt formulierten Annahmen findet sich in den Bildern und im Umgang mit den Bildern der funktionellen Magnetresonanztomographie wieder. Um die Aussagekraft der Bilder zu plausibilisieren, wird der Mensch zunächst als visuelles Wesen ausgemacht. Die Beschreibung des Menschen als visuelles Wesen ist ein taktischer Schritt, um die zu untersuchenden Vorgänge zu vereinfachen: „Ich mein, klar der Mensch ist halt ein visuelles Wesen. Sagen wir mal, ja, deswegen gucken wir uns ja auch hier alle das visuelle System an, das macht ja auch alles Sinn.“ (Türkis 2009, 7 min)

Türkis deutet damit schon den Untersuchungsbereich an, der fast ausschließlich von den Wissenschaftler_innen am MPIH untersucht wird: der visuelle Kortex. Dass ‚visuelle Wesen‘ sich insbesondere auf die Interpretation von visuellen Darstellungen spezialisiert haben, ist in dieser Logik der nächste folgerichtige Schritt und so befindet auch *Rot*: „Die Visualisierung ist nun mal praktisch gesehen viel mächtiger bei uns Menschen, weil wir, ja, visuelle Wesen sind.“ (Rot 2009, 7 min)

Neben der vorwiegend epistemologisch begründeten These des Menschen als visuellem Wesen wird auch die eigene visuelle Affinität als Argument herangezogen, um die Entscheidung für speziell diese Methode zu erklären:

„Und der Grund war wirklich, dass ich näher dran wollte ans Gehirn. Klar, Verhaltensdaten geben ja letztendlich auch Aufschluss darüber, aber das war mir nicht genug, also irgendwie so ein direktes Maß des Gehirns fand ich dann halt total spannend. Und das war dann halt Kernspintomographie. Und ich bin auch ein sehr visueller Mensch, ich fand das attraktiv an dem Verfahren, dass es Bilder produziert, also im Vergleich zu EEG, das hab ich im Studium gemacht. Ich war studentische Hilfskraft und hab Elektroden geklebt und EEG-Auswertung gemacht, und das fand ich halt immer öde.“ (Blau 2009, 2 min)

Damit wird ‚Sehen‘ nicht nur mit ‚Wahrnehmen‘ gleichgesetzt, sondern auch mit ‚Erkennen‘. In der Hirnforschung wird diese Gleichsetzung radikalisiert, da sie sich sowohl auf Forschungsmethode wie auf Forschungsinhalt bezieht: Der visuelle Mensch untersucht den visuellen Kortex und produziert dabei Visualisierungen vom Gehirn, die wiederum als Modelle dienen, um die Funktionsweise des Gehirns zu veranschaulichen. Die aus diesen Vorannahmen entstehenden Einschränkungen für die eigenen Forschungen veranschaulicht auch die Notiz eines Gesprächs mit einem Wissenschaftler am MPIH:

„Was er aber wusste, ist die Tatsache, dass ihn der visuelle Kortex thematisch am meisten reizt, da sie seiner Meinung nach am fundamentalsten sei. Auf meine Nachfrage, ob sich die Abteilung da nicht ein bisschen im Kreis drehe, da die visuelle Wahrnehmung bis ins Kleinste untersucht würde, andere Sinneswahrnehmungen aber völlig vernachlässigt werden und dadurch die Hoheit der Visualität künstlich aufgeblasen würde, meinte er nur, dass man z.B. auditives Wahrnehmen nun mal viel schwieriger untersuchen könne, da auch der Kortexbereich viel kleiner sei und die Stimuli viel schwieriger zu finden." (Teilnehmende Beobachtung 2008, 4)

Vor diesem Hintergrund kommt es bei der Hirnforschung, die sich auf die Untersuchung von Hirnmodulen spezialisiert, schnell zu einer Hierarchisierung von Sinneswahrnehmungen und damit einhergehend zu einer starken Dominanz der visuellen Wahrnehmung. Die Deutungshoheit des Auges wird in der angewandten Hirnforschung, die mit bildgebenden Verfahren arbeitet, bestätigt und zum Unhintergehbaren a priori: Der Mensch ist ein visuelles Wesen, darum wird der visuelle Kortex untersucht und um dieses Wissen zu vermitteln, werden Bilder zur wahrhaftigsten Darstellungsweise erhoben, da sie dem Menschen am nächsten liegen. Im nächsten Abschnitt werde ich daher auf das verbreitete Sinnesmodell in der funktionellen Magnetresonanztomographie eingehen.

2.3 DAS KONZEPT MODULARITÄT

Die kognitive Hirnforschung und speziell die Systemic Neuroscience[4] gehen von einer isolierten Verarbeitung einzelner Sinne in lokalisierbaren Bereichen – den Modulen – aus. Dabei stellt man sich das Gehirn als Baukasten vor, in dem die funktionellen Subsysteme in ihrer Funktion isoliert beschrieben werden können. Im Modularitätsmodell werden den jeweiligen Moduleinheiten – oder mit Barad gesprochen: Entitäten – bestimmte Funktionen im kortikalen Verarbeitungsprozess von Reizen zugeschrieben. David Hubel beschreibt Module in seinem Buch *Auge und Gehirn. Neurobiologie des Sehens* (1990) folgendermaßen:

„Die [...] Kortexstücke nennt man Module. Ich empfinde das Wort als nicht ganz treffend, unter anderem, weil es zu konkret ist: Es mag die Vorstellung eines rechteckigen Metallkästchens wecken, das elektronische Schaltelemente enthält und mit hundert gleichartigen

4 Der Teil der Hirnforscher_innen, die die Funktionsweisen neuronaler Netzwerke und abgrenzbare Systeme (Module) im Gehirn untersuchen, die bei der Verarbeitung sensorischer Reize mitwirken.

Kästchen in ein Gestell eingesteckt werden kann. Bis zu einem gewissen Grad wollen wir das mit dem Wort auch ausdrücken, doch nur in einem ziemlich lockeren Sinne. [...] Trotzdem vermittelt der Begriff zu Recht die Vorstellung von 500 bis 1000 kleinen Maschinen, die sich gegeneinander austauschen lassen, vorausgesetzt wir sind bereit, etwa 10 000 zuleitende und vielleicht 50 000 m abführende Drähte zu verschalten." (Hubel 1990, 137)

Die Vorstellung eines modularisierten Hirns wurde in der Kognitionswissenschaft entwickelt. Das Modell des in Moduleinheiten segmentierten Gehirns reiht sich in die Vorstellung vom Hirn als Ort, an dem automatisierte Verarbeitungsprozesse ablaufen, ein; eine Vorstellung, wie sie erstmals in den 1950iger Jahren in die Kognitionswissenschaft eingeführt wurde. „Es sind," so schreiben Peter Gold und Andreas König,

„wenn auch in einem relativ weit gefassten Sinne, nach wie vor computationale Modellvorstellungen, die die kognitionswissenschaftlichen Forschungen leiten. Entscheidende Impulse gingen aus von abstrakten Modellen analoger und vor allem digitaler Computer." (Gold/Engel 1998, 13)

Andreas Engel und Peter König beschreiben als Fortführung eines atomistischen Ansatzes das Modularitätsmodell, „das in den achtziger Jahren von verschiedenen Arbeitsgruppen entwickelt wurde und zur Annahme funktioneller Subsysteme im visuellen System geführt hat, die in ihrer Funktion isoliert beschrieben werden können" (Engel/König 1998, 181).

2.3.1 Geschichte der Kognitionswissenschaft

Das computationale Modell des Gehirns, inspiriert durch die Kybernetik, imaginierte sich Gehirne als „serielle Rechenmaschinen" (Engel/König 1998, 157). Claude Shannons mathematische Informationstheorie aus dem Jahr 1948 legte dabei eine wichtige Wegmarke fest, in der Informationsverarbeitung als seriell und linear verstanden wurde. Die Informationstheorie hatte und hat bis heute einen enormen Einfluss auf die verschiedensten Wissenschaftsbereiche (vgl. Kay 2005)[5]. Lily E. Kay stellt heraus, dass die Informationsweitergabe in der Informationstheorie als reine Datenvermittlung angesehen wurde: Ausgehend von einer Datenquelle wurden Nachrichten mit Hilfe eines Senders in codierte Signale überführt, mittels eines Kanals übertragen und an einen oder mehrere Empfänger

5 Kay selbst untersucht die Metapher der Information vor allem in der Genetik.

gesendet. Dort wurden sie decodiert, um am Ende an der Datensenke, an welche die Nachricht gesendet wurde, anzukommen. Diese Theorie impliziert erstens, dass die Nachricht vom Empfänger exakt so verstanden wird, wie der Sender sie gesandt hat und zweitens, dass die Vermittlung immer nur linear verlaufen kann.

Der Einfluss Shannons für die Hirnforschung zeigt sich in verschiedenen Modellen der Reizverarbeitung, die an die Vorstellungen der Informationstheorie anlehnen. So entwickelt Horace Barlow 1972 seine aus vier Lehrsätzen bestehende Theorie der kognitiven Objekterkennung. Die vier Lehrsätze, die grundlegend für die Computermetapher in der Kognition werden sollten, waren Ergebnis seiner Auseinandersetzung mit kognitiven Prozessen, die er als Reduzierung von Überflüssigem charakterisierte. Zum einen bestimmte Barlow dass „der Informationsfluss in sensorischen Systemen strikt seriell geordnet ist und grundsätzlich immer vorwärtsgerichtet bis zur höchsten Ebene der Systemhierarchie verläuft" (Engel/König 1998, 159). Zweitens wird in Barlows Modell Information strikt lokal verarbeitet, und „es wären immer nur sehr wenige Neuronen in einem gegebenen Zeitraum aktiv" (ebd., 160). Die dritte Annahme Barlows besagt, dass „einzelne Neurone das Substrat mentaler Repräsentation darstellen, die [...] in ihrer funktionellen Bedeutung prinzipiell unabhängig vom Verhalten der anderen Elemente des Systems sind" (ebd., 160). Mit der Vorstellung abgrenzbarer Substrate im Gehirn, die sich auf bestimmte Informationsverarbeitungen spezialisiert haben, beschreibt Barlow ein atomistisches Modell von Neuronen. Daraus folgt viertens, dass die „kognitive[n] Prozesse generell gut mit dem Verhalten von Einzelzellen korrelierbar sind" (ebd., 160). Mit diesen vier Lehrsätzen stellte Barlow Regeln auf, die auch in der Hirnforschung Anwendung fanden:

> „Diese Grundannahmen harmonisieren gut mit der in der Kognitionswissenschaften allgemein favorisierten ‚Computermetapher', deren Übertragung in die Neurobiologie durch die Annahme eines seriellen Signalflusses in hochspezialisierten Verarbeitungskanälen sowie die Idee neuronaler ‚Symbole' und neuronal implementierter ‚Algorithmen' gerechtfertigt erschien." (Engel/König 1998, 160)

Das kognitive Computermodell Barlows, das die Informationsverarbeitung im Gehirn durch Einzelneuronen gewährleistet sieht, wurde in den 1990er Jahren durch ein konnektionistisches Modell abgelöst. Damit wurde auf die in die Krise geratene ‚Künstliche Intelligenz' (KI) als Teil der Kognitionswissenschaft reagiert. Der Konnektionismus stellt eine „Rückkehr zur Biologie [dar, hf], das heißt zu kybernetischen Modellen und zur Theorie der neuronalen Netze" (Lettow 2011, 196), die in der Physiologie bereits in den 40er Jahren des letzten

Jahrhunderts entwickelt worden waren (vgl. die McCulloch-und-Pitts-Zelle[6]). Das aus der Orientierung an der Hirnphysiologie gewonnene Konzept der neuronalen Netze wurde damit Anfang der 1990er Jahre in den Neurowissenschaften „wieder hoffähig, schien hier doch eine Theorie gefunden zu sein, die es erlaubte, die funktionelle Plastizität der Einzelzelle und die funktionelle Determiniertheit bestimmter Hirnregionen miteinander zu verbinden.“ (Breidbach 2001, 39)

Dieses Paradigma zeichnet sich vor allem dadurch aus, dass es nicht mehr strikt deterministisch argumentiert und das Gehirn als Ort von dynamischen Netzwerken darstellt. Die konnektionistische Idee unterscheidet sich vom vorherigen barlowschen Modell vor allem dadurch, dass nicht mehr Einzelneuronen für die Verarbeitung von Informationen oder Reizen verantwortlich gemacht werden, sondern Neuronennetzwerke. Diese Netzwerke sind selbstorganisiert, verarbeiten Reize parallel und verteilt – nicht streng hierarchisch –, verändern sich durch Erfahrungen, sind also plastizitär (vgl. Engel/König 1998, 164ff.). Die Dynamik neuronaler Netzwerke wird als ihre grundlegende Eigenschaft ausgemacht[7].

Die heute aktuellen konnektionistischen Paradigmen der Kognitions- und Neurowissenschaft versuchen verstärkt die dynamischen Prozesse im Gehirn zu untersuchen und weniger einer reduktionistischen Computermetapher anzuhängen. Diesen Anspruch an die funktionelle Magnetresonanztomographie formuliert auch *Rot* im Interview:

„Ich halte an Schulen auch Vorträge übers Lernen und übers Gehirn im Allgemeinen. Meistens hab ich eine Folie drin, in der mit Ausrufezeichen drin steht: das Gehirn ist kein Computer! Das war schon immer eine schlechte Idee, das so darzustellen, es hat eine Zeit lang gepasst, weil man sehr stark an der Kognition interessiert war, und das ist wirklich etwas sehr besonderes beim Menschen, wo es, zumindest eine Art von Rationalität und eine Art von sequentiellen Verarbeiten gibt, dass man gut in dieser computerhaften algorithmischen Form fassen konnte. Das hat eine Zeitlang seinen Zweck erfüllt; an sich war die KI natürlich extrem erfolglos, muss man sagen, und was jetzt passiert ist das, was pas-

6 McCulloch, Warren; Pitts, Walter (1943): A logical calculus of the ideas immanent in nervous activity. Bulletin of Mathematical Biophysics, Vol. 5, Issue 4, 115-133.

7 Mittlerweile lassen sich in der Hirnforschung verschiedene Ansätze zur Organisation neuronaler Dynamik finden. Eines dieser Konzepte ist die von Wolf Singer aufgestellte Synchronizitätstheorie. Singer versteht darunter die Vorstellung, dass die Neuronen, die gleichzeitig – synchron – feuern, den jeweiligen Bewusstseinszustand entstehen lassen.

sieren musste, nämlich dass man biologischen Realismus in diese ganze Forschung mit rein bringen muss.“ (Rot 2009, 27 min)

Ein Wissenschaftler am MPIH geht auf die Frage, welches Modell für die Hirnforschung heute herangezogen würde, noch einen Schritt weiter und erklärt, die Untersuchungsmethoden seien eigentlich so weit, dass sie keinerlei Modelle mehr als Abstraktionen benötigten:

„Zu der Frage, welche Metapher seiner Meinung nach gerade dem Modell des Menschen Pate steht, meinte er, dass das Modell des Computers auf jeden Fall völlig obsolet ist und es in dem Maße auch keine andere Metapher gibt. Das kommt seiner Meinung nach daher, dass sich die Bilder des Gehirns so sehr an die Realität angepasst haben, dass es Modelle oder Metaphern auch gar nicht mehr braucht.“ (Teilnehmende Beobachtung 2008, 5)

Dass diese Einschätzung nicht von allen Forscher_innen, die mit fMRT arbeiten, geteilt wird und auf welche Modelle vom Gehirn von den Wissenschaftler_innen im Labor zurückgegriffen wird, werde ich im Folgenden aufzeigen.

2.3.2 Computermetapher revisited

Sicherlich, eine einfache Gleichsetzung von Computer und Gehirn wird man in der Forschung heute nicht mehr finden. Für die Arbeit im Labor ist die Computermetapher in der fMRT-Forschung aber dennoch ein wichtiges Modell, um Vorstellungen von der Arbeitsweise des Gehirns zu veranschaulichen. So werden für Erklärungen über die Funktionsweise des Gehirns im Labor immer wieder Computeranalogien angeführt:

„Ein Mitarbeiter ist der Ansicht, dass der Computer als Vorbild für das Gehirn noch lange nicht ausgedient hat, sondern im Gegenteil viele Parallelen gezogen werden können zwischen der Art von Verschaltungen eines Computers und dem des Gehirns.“ (Teilnehmende Beobachtung 2008, 6ff.)

Grundsätzlicher findet sich die Computermetapher in der Hirnforschung in der Vorstellung vom modularen Aufbau des Gehirns wieder. Dabei mag es stimmen, dass es nicht mehr die ‚althergebrachte‘ Vorstellung von Computern ist, an die hier angeschlossen wird. Dabei ist zu bedenken, dass der Computer auch nicht mehr ist, was er mal war. Die theoretische Neuorientierung der Kognitionswissenschaften sowie der Hirnforschung geht mit veränderten technischen Bedingungen einher. Durch die Weiterentwicklung der Computertechnik nehmen wir

Computer immer weniger als statische Rechenmaschinen wahr, sondern als aus Einzelteilen zusammengebaute Systeme, die in der Lage sind, zu lernen und sich dynamisch neu zu vernetzen. Durch diese allgemein flexibler gewordene Vorstellung von Verarbeitungsprozessen können Computermetaphern zur Beschreibung von Prozessen im Gehirn weiter Verwendung finden, ohne von den Wissenschaftler_innen als reduktionistisch verworfen zu werden.

Eine Antwort auf die Frage nach der Funktionsweise des Gehirns zu geben, stellt für die von mir interviewten Hirnforscher_innen eine Herausforderung dar. Auf der einen Seite gibt es neue Ansätze in der Hirnforschung, die vor allem die Dynamik und Plastizität des Gehirns hervorheben (siehe Beschreibung des *Konnektionsansatzes*), auf der anderen Seite wird die funktionelle Bildgebung als eingeschränkter Zugang zum Gehirn keinem dieser neuen Ansätze gerecht:

„Ja also schwierig, ich bin hin und her gerissen, also irgendwie, für mich ist das Gehirn ein äußerst komplexes, dynamisches, sich selbst organisierendes System. Aber das klingt ja irgendwie so, als ob man da überhaupt gar keine Kontrolle drüber hätte und überhaupt nichts so richtig aussagen kann, weil es so vollkommen dynamisch wäre oder so, aber das glaub ich nicht. Ich glaube, dass es ganz klare evolutionär begründbare Basismodule gibt, also ich bin da immer noch Anhänger_in vom gewissen Modularitätsprinzip. Das kann man hinterfragen, aber ich finde zum Beispiel für das visuelle System ist schon klar, dass es bestimmte Bereiche gibt, die zuordenbar sind, also ein bestimmten Gehirnteil, der Gesichtsverarbeitung macht, oder der primär Bewegungsverarbeitung macht. Damit möchte ich nicht sagen, dass, wenn dieser Teil ausfällt, dann komplett nichts mehr funktioniert im Gehirn; so dynamisch und aktiv und adaptiv finde ich, ist das Gehirn, das dann ganz viel ausgleichen kann, das macht es auch total spannend. Alle plastischen Phänomene find ich einfach super spannend da dran, aber ich glaube eben, ja, es hat solche, es hat so Basismodule und mit denen kann es ganz flexibel, irgendwie, umgehen." (Blau 2009, 29ff. min)

Die Vorstellung eines aus Modulen aufgebauten Gehirns lässt sich bei allen Wissenschaftler_innen am MPIH finden. Damit lässt sich ein wichtiges Grundmodell dieses *Denkkollektivs* festmachen. Denn Module sind im Grunde genommen das, was die funktionelle Magnetresonanztomographie im Gehirn finden will. Das gilt umso mehr für die von mir untersuchten Systemic Neuroscientists, da diese davon ausgehen, dass es bestimmte Grundmodule gibt, die bei höheren kognitiven Leistungen des Gehirns geschickt miteinander kombiniert werden. Oder wie ein_e Wissenschaftler_in es formuliert:

„Also die Forschung vom Gehirn mit fMRI ist schon irgendwie oft darauf fokussiert, Module zu entdecken, sozusagen, oder genauer zu definieren; also deswegen hat man das auch oft als Human Brain Mapping definiert – also Mapping kann man dann, sozusagen, als das Entdecken von verschiedenen Modulen sehen.“ (Grün 2009, 29 min)

Ihre/seine persönliche Vorstellung von der Arbeitsweise des Gehirns beschreibt *Grün* folgenderweise:

„Schwierige Frage, also ich glaube für mich ist es schon noch sehr offen, wie das genau funktioniert, also ich glaube, es gibt viele Module. [...] Ich glaube, dass man das schon so sehen kann wie eine Maschine, wo etwas reingeht, auf ziemlich konstante Weise dann verarbeitet wird und dann weitergegeben wird. Ich glaube aber dann, wenn man in den Kortex kommt, dann wird das alles viel dynamischer. Es sind alles viel mehr so die Erfahrungen, also wie das Gehirn gelernt hat, wie die Umgebung aussieht oder wie die Sache funktioniert oder bestimmte Verbindungen gelegt hat, das wird alles in dem Kontext dann bearbeitet.“ (Grün 2009, 23ff. min)

Auch *Grün* geht demnach von einer ersten konstanten, automatisierten Reizverarbeitung im Gehirn aus, die an eine mechanische Informationsverarbeitung, zumindest auf der subkortikalen und der primären sensorisch-kortikalen Ebene, erinnert.

Das menschliche Gehirn als eine Ansammlung einzelner Module zu verstehen, wirkt sich direkt auf ein mögliches Modell der neuronalen Reizverarbeitung aus. So impliziert das Modularitätsmodell eine mechanistische Vorstellung von Reizverarbeitungsprozessen. Die Kognitionswissenschaft und die Systemic Neuroscience können nicht ohne die Vorstellung eines Reizes auskommen, der in das ‚System‘ Gehirn eintritt und nach einem Reiz-Reaktions-Mechanismus verarbeitet wird. Das Modell für die Verarbeitung visueller Reize folgt in der Logik der fMRT-Forschung nach wie vor streng hierarchisch geordneten Verarbeitungslinien – vom visuellen V1 bis V5 Areal – und spaltet sich erst danach in unterschiedliche Subareale auf. Die Reizverarbeitung folgt demnach einer genau festgelegten Hierarchie: Auf der subkortikalen Ebene könne man das Gehirn mit einer Maschine vergleichen, die aus Modulen besteht und Input aufnimmt, auf konstante Weise verarbeitet und weitergibt. Erst auf einer höheren Ebene kommt das Bewusstsein hinzu. Wie die Modulverarbeitung mit dem Bewusstsein zusammenhängen könnte, ist in der Hirnforschung noch unklar und kann mit der bildgebenden Technik auch nicht untersucht werden. Das Konzept der Modularität ist Ausdruck davon, dass Prozesse immer noch als lokal begrenzte Prozesse von spezifizierten Neuronen(-verbänden) wahrgenommen werden. Damit finden sich Verbindungslinien zur klassischen Computermetapher wie sie Barlow formuliert hat, erweitert um den Gedanken der neuronalen Verarbeitung: „Nach wie vor werden also menschliche Denkprozesse und informationelle Datenverarbeitung gleichgesetzt, doch nun unter dem Vorzeichen von Nonlinearität und Flexibilität“ (Engel/König 1998, 197).

Wichtig ist es an dieser Stelle darauf hinzuweisen, dass das Modularitätsmodell nicht in allen Bereichen der Hirnforschung Verbreitung findet. Der Computer stellt vor allem für die Systemic Neuroscientists eine wichtige Folie dar. Und wie Engel und König herausarbeiten, bietet die modulare Reizverarbeitung insbesondere für die Systemic Neuroscience, die über den visuellen Kortex arbeitet, eine plausible Erklärung der Abläufe. Damit ziehen Engel und König eine Verbindung zwischen der Modularitätstheorie und der Vorstellung vom ‚visuellen Wesen‘ Mensch:

„Darüber hinaus ist für das klassische wie für das konnektionistische Paradigma die Idee charakteristisch, dass das Sehsystem insgesamt isoliert betrachtet werden kann. [...] die meisten konnektionistischen Modelle der visuellen Verarbeitung gehen davon aus, dass Leistungen wie Szenesegmentierung und Objekterkennung grundsätzlich durch bloßen Bezug auf die visuellen Aspekte der Welt erbracht werden können. Darüber hinaus wird in der kognitiven Neurobiologie bislang angenommen, dass Objekte als rein sensorische Muster repräsentiert werden können und dass das Sehsystem eine rein visuelle Repräsentation der Welt in sich aufbaut.“ (Ebd., 181)

Die Vorstellung des modularen Hirnaufbaus ist gewissermaßen das wissenschaftliche Konzept eines *Denkkollektivs*, das mit funktioneller Magnetresonanztomographie arbeitet: Der Glaube an Module im Gehirn stellt das grundlegende Konzept dar, um mit der verwendeten Technik zu verwertbaren Ergebnissen zu gelangen. Oder wie Adina Roskies es beschreibt: „A consequence of relying on these methods is that experimental design and outcome is heavily dependent on one’s theoretical commitments to functional architecture“ (Roskies 2008, 28). Ein modulares Verständnis von der Architektur des Gehirns gibt ein sehr spezielles Verständnis vom Gehirn und seinen Funktionsweisen vor. Dass es gerade dieses spezielle Verständnis braucht für eine produktive Verwendung der Methode, beschreibt ein_e Wissenschaftler_in im Interview:

„Dass ich überhaupt in diesem Bereich arbeiten kann, setzt voraus, dass ich daran glaube, dass es diese Module gibt. Und das ist definitiv kritisch, das würden andere Leute absolut abstreiten, die würden sagen: nee, das ist überhaupt nicht so, es gibt diese starken Module gar nicht, denn andere Gehirnregionen können das ganz locker mit aufnehmen, oder es ist nur die Interaktion zwischen bestimmten Gehirnregionen, die das hervorbringt, und also insofern beeinflusst das definitiv meine Forschung.“ (Blau 2009, 34 min)

Module, Reiz-Reaktionsverarbeitung sowie begrenzte, lokalisierbare und funktionsbezogene Neuronennetzwerke zur Reizverarbeitung stehen in der Tradition der Computermetapher. Dabei gehen die Modelle und Metaphern, auf die sich in der Forschung bezogen wird, nie gänzlich in den Visualisierungen der Hirnforschung auf, stehen aber im direkten Dialog mit ihnen.

In diesem Kapitel wurden theoretische und metaphorische Vorannahmen, Modelle und Konzepte vorgestellt und untersucht, die charakteristisch für das von mir untersuchte *Denkkollektiv* sind. Die hier beschriebenen diskursiven, im Labor ‚wabernden‘ Annahmen sind Abstraktionen, die nicht einseitig die Technik oder ihre Auswertung bedingen, sondern sich im Gegenzug auch aus der verwendeten Technik ergeben. Aber welche Bedeutung haben die drei von mir in diesem Kapitel vorgestellten Konzepte? Inwiefern lässt sich eine visuelle Logik in den vorgestellten Modellen und Konzepten des hier untersuchten *Denkkollektivs* nachweisen? Zunächst können wir mit Dieter Mersch festhalten, dass Bilder nicht allein auf Bildlichkeit zu reduzieren sind, sondern ebenfalls „Wahrnehmungsevidenzen“ (Mersch 2005, 7), also Metaphern und bildliche Erklärungsmodelle anbieten. Die theoretischen und konzeptuellen Grundlagen eines *Denkstils* prägen die Laborpraktiken, die verwendeten Techniken und das generierte Wissen fundamental mit. Das wissenschaftliche Sehen/Wahrnehmen ist Folge des in einem *Denkkollektiv* etablierten *Denkstils*. „‚Sehen‘“, so schreibt Ludwik Fleck in *Erfahrung und Tatsache*, „heißt: im entsprechenden Moment das Bild nachzubilden, das die Denkgemeinschaft geschaffen hat, der man angehört“ (Fleck 1983, 82). Das ‚Bild‘ des Gehirns, das sich das *Denkkollektiv* der funktionellen Magnetresonanztomographie gemacht hat, zeigt sich schon an seinem Verständnis von der Arbeitsweise des Gehirns und an der Technik, das es zur Untersuchung des Gehirns heranzieht.

Die Nicht-Invasivität der Methode bedeutet gleichfalls, dass sie den Körper, den sie untersucht, verliert. Der Körper muss ersetzt werden durch statistische Zahlen, Modelle und Abstraktionen, die sich als Bilder darstellen lassen. Was Hans Belting schon in der Diskussion über das Grabtuch Christi beschreibt, bleibt als „allgemeines Gesetz der Bildproduktion“ (Belting 2006, 67) bestehen, denn „da wo der Körper fehlt, tritt das Bild an seine Stelle“ (ebd., 67). Die Bilder werden zu den „Existenzbeweisen“ (Mersch 2005, 7) körperlicher Funktionen, ihre Darstellungen sind die „logische Kette“ (ebd., 7), in denen sich die Annahmen illustrieren.

Die Vorstellung vom Menschen als visuellem Wesen gibt den Forscher_innen die notwendige Begründung, sich mit den visuellen Eigenschaften des Menschen auseinanderzusetzen; gleichzeitig ist diese Auffassung aber auch Grundlage dafür, die Bilder als letzte Instanz der Evidenzialisierung ihrer Methode zu verstehen. Die Erklärung eines modularen Aufbaus der Gehirnstrukturen wird durch die lokalisierende Bestimmung der funktionellen Bildgebung vorgegeben. Wie aus dem Forschungsmaterial herausgearbeitet werden konnte, wird die selbst auferlegte Zielrichtung der funktionellen Magnetresonanztomographie als Suche nach Modulen beschrieben, die damit direkt zum ‚Human Brain Mapping' führt. Das auf Atlanten basierende Wissen ist notwendigerweise visuell strukturiert, da es auf die Koordinaten einer Vermessung rekurriert, das allein in seiner bildlichen Darstellung lesbar wird.

3. Der Apparatus der Experimentalanordnung

„One might suppose that a neuroimaging experiment starts with a subject getting into a scanner, but that is far from the case. Many critical factors in a neuroimaging experiment depend upon task analysis and appropriate experimental design.“
ADINA L. ROSKIES 2008, 27

Das folgende Kapitel widmet sich dem *apparatus* der strukturierenden Bedingungen, die dem Experiment vorausgehen beziehungsweise Teil des Experimentdesigns sind. Daher soll es im nächsten Abschnitt um die komplexen Wechselwirkungen zwischen dem, was man in der bildgebenden Hirnforschung überhaupt fragen kann, was die Methode überhaupt erfahrbar machen kann und welche Daten sie überhaupt darstellen kann, gehen.

Fragestellungen wie diese sind in den Neurowissenschaften Literatur getrieben; das heißt: funktionelle Bildgebung geht von erfolgreich absolvierten – meint: publizierten – Studien aus und nimmt diese als Ausgangspunkt für leicht erweiterte Fragestellungen auf. Die Frage nach den Einschränkungen, zu denen der Literaturbezug führt, wird im Folgenden an der *Wo*-Frage und der Festlegung der ‚Regions of Interest‘ als *apparatuses* der Fragestellung exemplifiziert. Zudem werden in der Auseinandersetzung mit den in den fMRT-Studien möglichen Fragestellungen klassische Probleme statistischer Forschung deutlich, etwa der indirekte Untersuchungszugang zu latenten Variablen. Eng an die Erörterungen über mögliche Fragestellungen der fMRT-Forschung geknüpft, werden im zweiten Teil dieses Unterkapitels, die in Studien verwendeten Stimuli untersucht. So sind die Zugangsschwierigkeiten zu latenten Variablen zuerst ein Problem der Fragestellung. In den Überlegungen zur Umsetzung der Fragestellung werden sie auch zum Problem des Experimentdesigns, da zu diesem Zweck ein Stimulus gefunden werden muss, der die zu erforschende latente Variable ‚repräsentiert'.

3.1 DIE FRAGESTELLUNG IN DER fMRT

Eine wissenschaftliche Fragestellung, so lautet eine allgemeine Bestimmung, formuliert in aller Regel einen bisher unbeantworteten Gegenstand. Sie stellt die Grundlage ihrer wissenschaftlichen Untersuchung und zeichnet sich dadurch aus, dass sie nicht bei der Beantwortung alltäglicher Fragen stehen bleibt. Sie gibt die Richtung vor, in die geforscht werden soll, begrenzt das Forschungsvorhaben, benennt den Gegenstand der Untersuchung und verortet die Forschungsfragen in einer wissenschaftlichen Disziplin.

Schaut man sich die wissenschaftlichen Aussagen der Hirnforschung in den populären Medien an, lesen sich die Forschungsergebnisse der funktionellen Bildgebung sehr konsistent und treten mit einem umfassenden Erklärungsanspruch auf. Wie kommt es, dass – glaubt man populärwissenschaftlichen Publikationen – in der Hirnforschung Gottesgefühle lokalisiert werden können[1], Geschlechterunterschiede bei der Verarbeitung von Sprache im Gehirn entdeckt werden[2] oder Homosexualität anhand von Aktivität in bestimmten Hirnarealen ausfindig gemacht wird[3]? Und wie hängen diese doch recht weitreichenden Interpretationen behavoristischer und kognitiver Artikel mit den Forschungsergebnissen der Systemic Neuroscience zusammen, die prozentual gesehen den größeren Teil der Forschung ausmachen, selten aber vergleichbare Popularität erreichen?

Beobachtet man die Berichterstattungen in populärwissenschaftlichen Zeitungen und Zeitschriften, im Fernsehen oder Internet über die neuesten Entdeckungen der Hirnforschung, werden dort breit aufgemachte Antworten auf übergreifende, an sich philosophische und gesellschaftspolitische Fragen zur Funktionsweise des Menschen vorgestellt. Sie suggerieren eine Forschung, die sich auf biologisch fundierte Weise und unter Zuhilfenahme einer Technik, welche die Wissenschaftler_innen direkt ins Gehirn schauen lässt, mit dem menschlichen

1 Vgl. Beauregarda, Mario; Paquettea, Vincent (2006): Neural correlates of a mystical experience in Carmelite nuns. Neuroscience Letters 405, Issue 3, 186-190.

2 Vgl. Shaywitz et al. (1995): Sex differences in the functional organization of the brain for language. Nature 373; 607 - 609.

3 Vgl. Krause, Eva: Geschlechtsspezifische Differenzen der Hirnaktivität in der fMRT bei Normalprobanden im Vergleich mit transsexuellen Probanden. Dissertation 2007.

Verhalten auseinandersetzt. In der Darstellung der Hirnforschungsergebnisse werden nicht allein die Koordinaten der gefundenen Hirnaktivität publiziert, in der medialen Verbreitung wird darüber hinausgehend mit den Ergebnissen ein Anspruch verknüpft, etwas über den Menschen und seine Verhaltensweisen aussagen zu können. Um dies tun zu können, wird die technisch bedingte Reduktion der Fragestellung und die Abstraktion des methodischen Zugangs zurückgenommen und in einen vermeintlich größeren biologischen Zusammenhang gestellt. Es wird also vorgegeben, über die in den Studien entdeckten Funktionsweisen im Gehirn, auf die Seinsweise des Menschen Rückschlüsse ziehen zu können. Selten werden dabei die Ausgangsfragestellungen, die dem Experiment zugrunde liegen, erwähnt oder die Auswahl der präsentierten Stimuli benannt, mit deren Hilfe das menschliche Gehirn untersucht wurde. Die Schritte vom durchgeführten Experiment zur Interpretation der Studienergebnisse bleiben meist im Dunkeln. Doch wie bei Untersuchungsinstrumenten üblich, stellt auch die funktionelle Bildgebung ein indirektes Verfahren dar, dessen Aussagefähigkeit erst durch die Entwicklung entsprechender Zugänge zum Sprechen gebracht werden kann.

3.1.1 Literatur getriebene Fragestellungen

Publizierte Artikel funktioneller Studien folgen in der Regel einem bestimmten Aufbau, der darin besteht, dass nach einem kurzen Abstract die Hauptthese beziehungsweise der untersuchte Gegenstand beschrieben, danach die verwendete Methode aufgelistet wird und am Ende die Aufschlüsselung der Studienergebnisse Platz findet. Die Plausibilisierung des untersuchten Gegenstandes wird am Anfang des Artikels über den Rekurs auf andere Studien – die Eingang in die Literatur gefunden haben – hergestellt, die die gleichen Aktivierungspotentiale beziehungsweise die untersuchten Phänomene bereits in anderen Studien nachgewiesen haben.

Mit Literatur ist das für den eigenen Forschungsbereich ausschlaggebende Wissen gemeint, das in den veröffentlichten Büchern und publizierten Artikeln der Wissenschaftsmagazine zu finden ist. Wie in anderen Wissenschaftsbereichen auch wird mit der Auswahl der Literatur, auf die man in seiner Arbeit rekurriert, festgelegt, in welche Denktradition sich Forscher_innen mit der eigenen Studie stellen. In den Studien der funktionellen MRT legt die verwendete Literatur fest, welche Kartierung des Gehirns an das eigene Experiment angelegt wird sowie welche Stimuli verwendet werden, um die Reproduktion von Ergebnissen zu gewährleisten:

„Die Definitionen kommen aus der Literatur, man weiß jetzt eben, wie man frühe visuelle Areale mit retinotoper Kartierung definiert oder man weiß, welche Spezialisierung das Bewegungsareal MT hat. Dann nimmt man bewegte Stimuli, Objektareal und so weiter, das sind Erkenntnisse aus der Literatur, die aber selbst dynamisch sind; also da gibt's Diskussionen darum, wie ich am besten etwas definieren kann. Leute finden heraus, dass man mit einer bestimmten Art von Stimulus eher einen anderen Teil aktiviert als man dachte. Und da kommen auch meistens die Reize her, die man dafür verwendet; also man lehnt sich daran an und nimmt vielleicht noch Verbesserungen oder Änderungen vor." (Rot 2009, 24 min)

In den Anfängen der funktionellen Bildgebung waren die Forscher_innen zuallererst damit beschäftigt, die Methode in der wissenschaftlichen Welt zu etablieren. Um das zu gewährleisten, musste die Bildgebung die Ergebnisse der anderen Methoden reproduzieren, sie musste Bekanntes abbilden. Die grobe Einteilung des Gehirns in visuelle, auditive, motorische, sprachliche Areale ist keine Erfindung der funktionellen Bildgebung, sondern im Gegenteil musste die Bildgebung sich daran messen lassen, ob es ihr gelingt, die Areale in ihren Bildern ‚nachzuweisen'.

„Weil die ursprüngliche Idee war, dass man eine Lokalisierung erstmal macht, also eine Gehirnfunktion auf ein Gehirnareal lokalisiert, zu einem Gehirnareal also sozusagen zuordnet. Das war die erste Idee von Imaging, weil ich meine, damit musste man die Methode ein bisschen validieren, schauen, ob sie auch die gleichen Ergebnisse bringt wie vorher, zum Beispiel, ob sie mit der Elektrophysiologie oder durch neurophysiologische Fallstudien schon raus gefunden wurden; also war erstmal die Hauptfrage: Wo ist das überhaupt?" (Blau 2009, 7 min)

Der Artikel *Intrinsic signal changes accompanying sensory stimulation: Functional brain mapping with magnetic resonance imaging* von Ogawa et al. aus dem Jahr 1992 – als eine der ersten publizierten fMRT-Studien – ist in seinen Literaturbezügen noch darauf angewiesen, auf andere, der funktionellen Bildgebung vorgängigen methodischen Ergebnisse zurückzugreifen. Die Etablierung der Methode funktionierte vorrangig durch den Nachweis von Anknüpfungspunkten an andere Methoden[4] und durch die Generierung reproduzierbarer Ergebnisse.

4 So findet sich unter anderem im Paper von Ogawa et al. der Hinweis, dass während des Scanvorgangs die Herzfrequenz gemessen wurde, was auf die im ersten Teil des Buches vorgestellte langjährige Diskussion hinweist, ob das Pumpen des Herzens direkt mit dem Blutfluss im Gehirn verbunden ist. „For all experiments, heart rate and

Ogawa und seine Mitarbeiter_innen rekurrieren als Plausibilisierungsstrategie ihrer Methode auf eine elektrophysiologische Studie aus dem Jahr 1975[5], auf zwei PET-Studien und auf eine Optical Imaging-Studie. Die Argumentationslinie, die über die vorhergehenden Studien gezogen werden soll, gründet vor allem in der Annahme, dass eine örtliche begrenzte Zunahme von Blut mit neuronaler Aktivität einhergeht. Die Ergebnisse stehen in der Tradition klassischer physiologischer Untersuchungen über den Zusammenhang von erhöhtem venösem Blutfluss und neuronaler Aktivität im Gehirn: „There is increased evidence that a local elevation in human-brain venous-blood oxygenation accompanies an increase in neuronal activity“ (Ogawa et al. 1992, 5951).

Die Beobachtung, dass sich weiterführende Studien eines *Denkkollektivs* auf Bekanntes und Erlerntes rückführen lassen müssen – was sich folglich ebenfalls in der Literatur niederschlägt – beschreibt schon Fleck in seinem Text über die *Krise der ‚Wirklichkeit‘* aus dem Jahr 1929:

> „Man vergisst die simple Wahrheit, dass unsere Kenntnisse viel mehr aus dem Erlernten als aus dem Erkannten bestehen. [...] Leider haben wir aber die Eigenheit, alte, gewohnte Gedankengänge als besonders evident zu betrachten, so dass dieselben keines Beweises bedürfen und ihn nicht einmal zulassen. Sie bilden das eiserne Fundament, auf dem ruhig weitergebaut wird.“ (Fleck 2011, 52)

Fleck leitet aus dieser Überlegung drei miteinander verknüpfte Faktoren ab, die konstituierend für Erkenntnisprozesse sind: „Auf diese Weise entstehen drei, an jedem Erkennen mitwirkende, miteinander verknüpfte und aufeinander einwirkende Faktorensysteme: die Last der Tradition, das Gewicht der Erziehung und die Wirkung der Reihenfolge des Erkennens.“ (Fleck 2011, 52)

Mit der Etablierung der fMRT-Methode braucht es die Verweise auf Ergebnisse aus anderen Methoden immer seltener. So finden sich zwar im deutlich aktuelleren Paper von Kohler et al. *Primary Visual Cortex Activity along the Appa-*

---

arterial blood oxygenation were monitored throughout an imaging session by using a Nonin fiber-optic oximeter“ (Ogawa et al. 1992, 5951).

5 Elektrophysiologisch meint eine dauerhaft implantierte Elektrode im Gehirn von Epilepsiekranken. Toga et al. berichtet über diese Studie: „Cooper, a physicist by training, was engaged with physicians and surgeons in Bristol in the evaluation and treatment of patients with intractable epilepsy and certain psychiatric disorders. In the course of their work they used electrodes implanted in the brain to record brain electrical activity and to produce lesions by passing electric coagulating currents through these chronically indwelling electrodes“ (Toga/Mazziotta 2000, 46).

rent-Motion Trace reflects Illusory Perception aus dem Jahr 2005 ebenfalls Literaturangaben, die auf Artikel aus der Zeit vor der Einführung der funktionellen Bildgebung rekurrieren. Diese Verweise verfolgen allerdings ein anderes Ziel als noch bei Ogawa et al. und den älteren Forschungen. Nicht mehr die methodische Herangehensweise muss hier etabliert werden, sondern der Verweis auf ältere Literatur oder andere Methoden erfolgt in Bezug auf die allgemeine Frage kognitiver Wahrnehmungsphänomene, in diesem Fall: Sehen von Bewegung oder besser: von Scheinbewegung. Durch die Verweise auf ältere wissenschaftliche Arbeiten zur visuellen Wahrnehmung (hier in diesem Fall explizit auf *Experimentelle Studien über das Sehen von Bewegung* von Max Wertheimer aus dem Jahr 1912) wird Kontinuität suggeriert und damit die eigene wissenschaftliche Arbeit aufgewertet. Für die Beantwortung der Literatur getriebenen Fragestellung, wo im Gehirn Aktivität bei der Verarbeitung von Scheinbewegung auftreten könnte, wird hingegen auf fMRT-Studien und die dort generierten statistischen Karten zurückgegriffen.

Die funktionelle Bildgebung hat sich seit ihren Anfängen vor zwanzig Jahren als wissenschaftliche Methode bewährt, weshalb es nicht mehr erforderlich ist, die Kartierungen der menschlichen Anatomie und Physiologie des Gehirns mit den Ergebnissen anderer Methoden abzugleichen. Das wiederum bedeutet nicht, dass die funktionelle Magnetresonanztomographie ein einheitliches Wissen oder einheitliche Hirnatlanten proklamiert. Die Kartierungen des Gehirns, vor allem wenn es sich um ‚höhere' kognitive Fähigkeiten handelt, sind vielfältig und oft widersprüchlich. Damit steigt die Notwendigkeit, die in den eigenen Studien verwendete Literatur und deren Hirnkarten und somit die eigenen Bezüge auszuzeichnen, da die langjährige Praxis der Kartierung zu vielen unterschiedlichen Hirnkarten geführt hat:

> „Denn wenn [...] man genau guckt, was bis jetzt publiziert ist, dann hat man schon tausende Karten vom Gehirn mit allerhand Effekten, und das deckt schon das Gehirn 20-, 30- oder 40-mal ab oder wahrscheinlich noch mal mehr. [...] Es kann nicht so viele überlappende Module geben." (Grün 2009, 29 min)

Dass einige Bereiche – Module – des Gehirns mehrfach funktional abgedeckt werden, ist nicht nur ein ‚Problem', das sich in der Literatur ausdrückt. Das Phänomen der überlappenden Module, die nicht so richtig einer Funktion zuordenbar sind, ist den Wissenschaftler_innen auch aus ihrer eigenen Forschung bekannt. Für *Grün* liegt die Lösung darin, die Fragestellung zu spezifizieren und darüber die Basismodule genauer definieren zu können:

„Dass ein Areal irgendwie das Modul ist für – ein gutes Beispiel ist die Sprachverarbeitung – also für Sprachverarbeitung, nur dafür hab ich das Gehirn bestimmt schon 5-mal abgedeckt mit allerhand Behauptungen. Aber es kann nicht sein, dass der Bereich [...] viele spezifische Sachen gleichzeitig – zum Beispiel auch visuelle Verarbeitung – macht; das heißt, es ist eher so, dass sich die Fragestellung ändern sollte, also man sollte irgendwie bessere Fragen stellen, mehr fundamentale Module erstmal festlegen, die Basismodule definieren und lokalisieren, und dann kann man danach gucken, wie die höheren Funktionen, wie die Sprachverarbeitung, wie die dann wieder in diese Module da rein passt." (Grün 2009, 30 min)

Während *Grün* die Fragestellung auf die gründlichere Erforschung von Basismodulen im Gehirn zuspitzen möchte, beschreibt *Blau* den umgekehrten Trend in der Bildgebung: das Auffinden von komplexen und über das gesamte Gehirn verteilte Neuronenverbänden, die an kognitiven Fähigkeiten wie zum Beispiel der Gesichtserkennung beteiligt sind.

„Aber definitiv ist es so, dass sich das jetzt akkumuliert, ja; früher glaubte man, dass eine bestimmte Region für Gesichtsverarbeitung zuständig ist; und jetzt ist klar, dass beim Menschen allein im okzipitalen Kortex mindestens drei von diesen Regionen da sind und im Affen wurden noch, weiß ich nicht, 15 verschiedene auch übers gesamte Gehirn verteilt gefunden, also auch im Frontalkortex, wo man das erstmal ursprünglich nicht vermuten würde." (Blau 2009, 24 min)

Die beiden unterschiedlichen Einschätzungen zeigen, dass es verschiedene Umgangsweisen und Plausibilisierungsstrategien gibt, um die widerständigen Daten einer evidenten Interpretation zuzuführen. Eine weitere sehr wirksame Instanz, um Daten zu plausibilisieren – und damit sind wir wieder bei der Funktion, die die Literatur im Prozess der Evidenzialisierung der Hirndaten einnimmt – ist die erfolgreiche Publikation der Ergebnisse und die Häufigkeit der Zitation. „Ein solcher ‚review bias' (Einfluss der Zitationspraxis)", schreibt Sigrid Schmitz, ist dabei „unabhängig von der Effektstärke, einem Maß für statistische Validität der Studien. Er beruhte einzig auf dem Negieren von Nichtunterschieds-Studien" (Schmitz 2006, 73). Am Umgang mit dem Artikel von Shaywitz et al. kann man gut die Dynamiken erkennen, wie Paper zur verbreiteten und damit zur grundlegenden Literatur werden, an der sich dann neue Studien orientieren. Das Paper, das eindeutige Unterschiede in der Sprachverarbeitung von Männern (lateral) und Frauen (bilaterale Verarbeitung von Sprache) gefunden haben will, wurde, obwohl wiederholt vieler methodischer Kritiken ausgesetzt, außerordentlich oft rezipiert und zitiert. Sigrid Schmitz schreibt über die Dynamik der häufigen Zitation:

„Bei der Literaturrecherche in populärwissenschaftlichen Zeitschriften oder im Internet [...] stoßen wir unter dem Stichwort ‚Gender und Sprache' fast ausschließlich auf ein Zitat. Shaywitz et al. (1995) fanden bei der Lösung phonologischer Sprachaufgaben (Reimerkennung) mit Hilfe von fMRI bei insgesamt 19 männlichen Probanden eine stärkere linksseitige Aktivierung im vorderen Hirnlappen, dagegen bei 11 von 19 Frauen eine ausgeprägtere beidseitige Aktivierung. [...] Obwohl also Aktivierungsunterschiede und Testergebnisse nicht übereinstimmen, wird diese Studie weitläufig als erster Beleg für stärkere Bilateralität der generellen (!) Sprachverarbeitung bei Frauen gegenüber Männern herausgestellt, wobei in der Rezeption häufig weder auf das untersuchte Hirnareal noch auf den spezifischen Sprachtest eingegangen wird." (Schmitz 2002, 120)

Dem häufig zitierten Text von Shaywitz et al. stehen andere Studien gegenüber, die keinerlei Unterschiede zwischen den Geschlechtern herausgefunden haben, aber in der wissenschaftlichen ebenso wie in der populärwissenschaftlichen Rezeption keinerlei Verbreitung finden. Dazu gehört zum Beispiel die Studie von Frost et al.[6], die mit einer verdoppelten Proband_innenzahl keine Unterschiede zwischen den Geschlechtern ausfindig gemacht haben will, sondern die Variabilität innerhalb der Geschlechter hervorhebt.

Der epistemologische Unterschied dieser beiden Studien liegt darin, dass die Studie, die Differenz im Gehirn findet, als Ausgangspunkt für weitere Studien herangezogen werden kann – denn die einmal angenommene Differenz muss ja erklärt werden. Das Auffinden von Differenz ist in bestimmten Forschungsbereichen ein Garant für weitere Förderungen und also auch weiteren Forschungen. Die Studie von Frost et al. hingegen, der zufolge keine Differenzen zwischen den Geschlechtern bestehen, bietet weniger Anknüpfungspunkte für weitergehende Studien – entsprechende Nachfolgeforschungen sind nicht bekannt.

3.1.2 Die Wo?-Frage

Schaut man sich die Fragestellungen in den für diese Analyse ausgewählten Artikeln an, wird schnell deutlich, worauf die Fragestellungen der funktionellen

---

6 Vgl. Frost, Julie A.; Binder, Jeffrey R., Springer, Jane A.; Hammeke, Thomas A.; Bellgowan, Patrick S.F.; Rao, Stephen M.; Cox, Robert W. (1999): Language processing is strongly left lateralized in both sexes. Evidence from functional MRI. Brain 122, 199-208.

Bildgebung abzielen. Zum Beispiel konstatiert das Paper *Primary Visual Cortex Activity along the Apparent-Motion Trace reflects Illusory Perception* (2005) von Axel Kohler et al., dass sie neuronale Aktivität beim Zeigen von Scheinbewegungen im primären visuellen Kortex nachweisen konnten. Zu diesem Ergebnis kommt die Studie ausgehend von der Fragestellung: Können wir Aktivität in der V1 nachweisen, wenn wir den Proband_innen Scheinbewegungen zeigen (vgl. Kohler et al. 2005)?

Die Frage, die dem Paper von Ogawa et al. *Intrinsic signal changes accompanying sensory stimulation: Functional brain mapping with magnetic resonance imaging* zugrunde liegt, ist noch eher unspezifisch und fragt allgemein nach der Möglichkeit, ob man visuelle Stimulation mit der Methode der funktionellen Magnetresonanztomographie im Gehirn nachweisen kann. Die Antwort der Autor_innen lautet ja, denn sie können in ihrem Artikel berichten, dass visuelle Stimulation zu einem 5 bis 20 prozentigen Anstieg der Wasserstoffresonanz im menschlichen primären visuellen Kortex führt: „[T]hat visual stimulation produces an easily detectable (5-20%) transient increase in the intensity of water proton magnetic resonance signals in human primary visual cortex." (Ogawa 1992, 5951)

In der Studie von Shaywitz et al. besteht die grundlegende Frage darin, ob es Geschlechterunterschiede in der funktionellen Organisation des Gehirns für Sprache gibt?[7] „Functional organization" (Shaywitz et al. 1995, 607) meint in dem Artikel die Orte, an denen Aktivität bei der Sprachverarbeitung im Gehirn auftritt, oder spezifischer formuliert, an denen der BOLD-Kontrast während der Tests besonders hoch ausfällt. Dass sie die Diskussion mit einem positiven Ergebnis bereichern können, ergibt sich laut Paper aus der Tatsache, dass sie einen eindeutigen Unterschied in der Lokalisierung von Sprachverarbeitung in männlichen und weiblichen Gehirnen nachweisen konnten:

> „During phonological tasks, brain activation in males is lateralized to the left inferior frontal gyrus regions; in females the pattern of activation is very different, engaging more diffuse neural systems that involve both the left and right inferior frontal gyrus." (Shaywitz 1995, 609)

Die aufgeführten Beispiele zeigen, welche Fragen mit der funktionellen Methode beantwortet werden können: Wo können für die Präsentation eines Stimulus im

7 A much debated question is whether sex differences exist in the functional organization of the brain for language [Shaywitz et al. 1995, 607]).

Vergleich zu einem anderem Stimulus oder zur Ruhephase BOLD-Kontraste im Gehirn nachgewiesen werden? Die Begrenzung der Aussagefähigkeit der funktionellen Bildgebung wirkt sich auch auf die Art der Frage aus: Sie kann allein nach dem Ort der Aktivität fragen, die nach variabel präsentierbaren Stimuli auftritt. *Grün* setzt im Interview diese Lokalisierung mit der Hoffnung gleich, dass man durch die Verortung von Aktivität die grundlegenden Mechanismen des Gehirns erforschen kann, die sich in der gängigen Vorstellung des *Denkkollektivs* aus vielen kleinen Verarbeitungsmodulen zusammensetzt:

„Ich hab zuerst eher mit EEG gearbeitet, da hab ich so einen Hiwi-Job gehabt, das fand ich auch interessant; aber fMRT fand ich dann noch ein bisschen interessanter, weil man dann auch so genau sehen konnte, wo das dann herkam und man dann davon richtig ableiten kann, was für Module es so gibt im Gehirn und was für Sachen die Module dann auch alle machen." (Grün 2009, 2 min)

Wo im Gehirn etwas passiert, ist im fMR-Imaging die grundlegende und gleichzeitig alles bestimmende Fragestellung, da sie ausschließlich diese Frage, wo im Gehirn erhöhte BOLD-Werte unter einer bestimmten Bedingung auftreten, beantworten kann. Ausgehend von dem vermeintlichen Ort der Aktivität wird dann versucht auf die Funktion („was für Module es so gibt im Gehirn") und auf ihre Arbeitsweise („was für Sachen die Module dann machen") rückzuschließen.

3.1.3 Unterscheidung von ‚Wo'- und ‚Wie'-Fragen. Why the question matters

Tyler S. Lorig beschreibt in seinem Text *What was the Question* (2009) zwei wesentliche Fragestellungen, die Wissenschaftler_innen in ihrer Forschung zugrunde legen können. Um diese beiden epistemologischen Interessen, die an das Gehirn herangetragen werden können, deutlich zu machen, unterscheidet Lorig Wissenschaftler_innen der ‚where-group' und der ‚how the brain works-group' (Lorig 2009, 17). Lorigs Ziel ist es, darauf aufmerksam zu machen, wie bedeutsam spezifische Fragestellungen, mit denen das Gehirn untersucht wird, für die Antworten sind, die die Forscher_innen geben können. Seine Begründung für die von ihm vorgenommene Unterscheidung zwischen der ‚where'- und der ‚how'-Group lautet folgendermaßen: „Because the questions really do have two quite different answers and because brain research is both complex and distributed among many persons, it can be illusory" (Lorig 2009, 18). Für die Antworten, die man erhält, bedeutet das wirkmächtige Begrenzungen. „Concentrating on the where questions means that the researcher has a set of assumptions that links regions of the brain to psychological processes.“ (Ebd., 18)

Die Einschränkungen, die die *Wo*-Frage nach sich ziehen, haben zur Folge, dass die Fragestellungen der funktionellen Hirnforschung sehr reduziert und detailliert sein müssen. Es müssen Analogien gefunden werden, die in Form von Stimuli den Proband_innen gezeigt werden können, um die Stimuli anschließend wieder zurück zu übersetzen auf die Gefühlswelt oder die Verarbeitungsweisen des menschlichen Gehirns. Der Schluss, der hier vorgenommen wird, ist einfach, aber fundamental für die Popularisierung der Methode: die Antwort auf die Frage, wo etwas stattfindet, kann man sichtbar machen, Lokalisierung ist leicht zu visualisieren. Der Vermutung, dass die Wo-Frage auf Dauer als redundant eingeschätzt werden könnte, begegnet *Rot* mit der Formulierung einer selbst gestellten Herausforderung:

„Das Attraktive ist, dass man ja in der Interaktion verstehen kann, natürlich erst mal wo Dinge stattfinden. Manche behaupten nicht ganz zu unrecht, dass die Bildgebung, oder grade auch fMRT nur langweilige Ergebnisse liefert, nämlich hauptsächlich, wo etwas stattfindet; das ist praktisch vielleicht sehr wichtig, aber im strengen wissenschaftlichen Kontext könnte man das als einen zufälligen Befund erachten, also WO etwas stattfindet – es könnte auch woanders stattfinden. Wichtig ist ja nicht der Ort, sondern was genau passiert. Also die Schwierigkeit bei fMRT ist zumindest, gehaltvolle Ergebnisse und Aussagen zu finden mit dieser Methode, aber das war für mich dann eher eine Herausforderung.“ (Rot 2009, 3 min)

Über die Gefahren von Überinterpretationen der funktionellen Daten sind sich die von mir interviewten Wissenschaftler_innen bewusst, schieben dieses Fehlverhalten aber zumeist auf andere Forscher_innen in der Bildgebung weiter – in den von mir beobachteten Fällen zumeist auf die Verhaltensforscher_innen oder auch auf die Social Neuroscience. So warnt *Grün* zu einem späteren Zeitpunkt im Interview vor der Gleichsetzung von Lokalisation – also der Wo-Frage – mit der Antwort auf die Frage, wie etwas funktioniert: „Aber die missinterpretieren ‚da geht etwas‘ im Gehirn mit ‚okay wir wissen jetzt, wie das geht‘, also ‚wo‘ ist nicht die gleiche Frage wie ‚wie‘, also das ist einfach etwas anderes“ (Grün 2009, 44 min).

Um sich dem Vorwurf der Überinterpretation von funktionellen Daten gar nicht erst auszusetzen, sehen sich die Wissenschaftler_innen am MPIH in der Tradi-tion der Grundlagenforschung der Systemic Neuroscience. Die Systemic Neuroscience will grundlegende Module, die im Gehirn für bestimmte Reizverarbeitung zuständig sind, spezifizieren und ihre Arbeitsweisen genauer verstehen. Grundlagenforschung heißt dann, genaue Lokalisierungen von Modulen zu finden. Es heißt aber auch, sich gesellschaftspolitischer Debatten fernhalten zu wollen, da die Grundlagenforschung nach ‚unverdächtigen' Verarbeitungsvorgängen basaler kognitiver Aufgaben – zum Beispiel, wo wird Bewegung im Gehirn verarbeitet – nachgeht. Die Beantwortung dieser Frage erscheint den Wissenschaftler_innen als harmlos und irrelevant für moralische oder politische Aushandlungsprozesse um die ‚Natur' des Menschen. Die Kritik der Grundlagenforscher_innen an den Social Neurosciences besteht vor allem darin, dass diese höhere kognitive Verarbeitungsweisen mit der funktionellen Bildgebung nachweisen wollen, ohne dass die grundlegenden Module im Gehirn endgültig festgelegt wurden. So findet *Grün*, dass der Großteil der Hirnforschung zu sehr nach Fragestellungen forscht, die sich netter anhören und die schöne Karten ergeben, anstatt sich der mühevollen Arbeit der Lokalisierung von Modulen zu widmen:

„Die Meisten machen lieber so Forschung, die sich netter anhört oder vielleicht dann eher in populärwissenschaftlichen Magazinen veröffentlicht werden kann. Aber die Basis ist auf jeden Fall noch nicht da; also man weiß noch immer nicht, wie zum Beispiel auditorische Stimuli, bei der räumlichen Verortung, wie das auf dem Kortex repräsentiert wird, dass das Gehirn weiß, wo es sich genau befindet. Also da sind noch ganz viele offene Fragen. Und überhaupt: Bewusstsein, da weiß niemand, wie das dann genau zustande kommt. Oder überhaupt: ganz basale visuelle Wahrnehmung, warum sieht man Objekte aus einzelnen Dingen nicht irgendwie als ganz viele unzusammenhängende Eindrücke? Also die Basis ist noch gar nicht gut erforscht. Die Leute gehen lieber den seriösen und schwierigen Fragen erstmal aus dem Weg in der fMRT, um diese populäreren Fragen zu stellen, die dann eigentlich schöne Karten geben, die aber weiter nichts bringen." (Grün 2009, 33 min)

Die Lokalisierung von Basismodulen ist nicht nur wenig glamourös, sondern birgt darüber hinaus auch das Problem, fast ausschließlich in traditionellen Erklärungsmustern – das was Fleck „Last der Tradition" und „Gewicht der Erziehung" (Fleck 2011) nennt – vorangegangener Studien zu verbleiben:

„[...] und das kann man halt meiner Meinung nach in der Grundlagenforschung am ehesten machen, anstatt damit irgendwelche superkrass höheren kognitiven Funktionen wie Eifersucht oder so zu untersuchen. Dann guck ich mir halt lieber an: Okay, wo ist denn jetzt irgendwie mein visuelles Areal für sonst was, weil da wissen wir wie es aussieht und da wissen wir halt auch, wie das tatsächlich anatomisch funktioniert, weil wir haben auch die

Katzen und die Affen und das macht dann, find ich, mehr Sinn als da irgendwie auf der Ebene rumzuwurschteln, wenn du aber nur auf der Ebene gucken kannst, weißte." (Türkis 2009, 13 min)

Um die Wo-Frage methodologisch weiter zu verfeinern, wurden in der funktionellen Bildgebung die Regions of Interest (ROI) als eine Art Zuspitzung bzw. Spezifizierung der Aktivitätsorte eingeführt.

3.2 REGIONS OF INTEREST (ROI) UND IHRE BESTIMMUNG

Region of Interest (ROI) nennt man in der funktionellen Bildgebung die spezifische Bestimmung der Areale, welche die Forscher_innen unter Berücksichtigung der Ausgangsfrage in der Auswertung der Daten interessieren. Idealerweise – so wollen es die methodischen Regularien – werden die ROIs bei der Formulierung der Fragestellung festgelegt, weil man die Messung beziehungsweise die Auswertung auf die Region ausrichten muss, die einen interessiert. In der funktionellen Bildgebung gibt es grundlegend zwei verschiedene Herangehensweisen an die Analyse der Hirnbilddaten. Das ist zum einen die Gesamthirnanalyse (Whole-Brain-Analyse), bei der alle Daten des Gehirns, die unter Präsentation bestimmter Stimuli generiert wurden, ausgewertet werden. Zum anderen gibt es Studien, die in ihrer Fragestellung in bestimmten Arealen Aktivität erwarten; diese Areale müssen durch eigene Localizer als Regions of Interest definiert werden, womit der Bereich der Auswertung auf die definierten Areale beschränkt werden kann. Welche Herangehensweise für das jeweilige Experiment ausgewählt wird, hängt von der Ausgangsfragestellung ab:

„Also Regions of Interest: Ich finde das ganz wichtig, dass man das versteht, dass, ob man Regions of Interest überhaupt definiert oder ob die überhaupt zum Einsatz kommen, grundlegend davon abhängt, was du für eine Fragestellung hast. Wenn deine Fragestellung für dein Kernspinexperiment vollkommen global ist, so wie es die ursprünglichen Experimente waren: Wo im Gehirn ist die Gesichtsverarbeitung? Wo werden bewegte Bilder verarbeitet?; ja, dann macht man so genannte Whole-Brain-Analysen – Gesamthirnanalysen –, und da ist nichts mit Regions of Interest-Definition." (Blau 2009, 19 min)

Die Entwicklung der Methode seit Beginn der Verwendung am Menschen im Jahr 1990/91 führt unter anderem zu Ausdifferenzierungen von statistischen Vorgehensweisen und der Spezifizierung der Analyse auf bestimmte Areale. Analysen auf der Basis von Regions of Interest (ROIs) – oder „Volumes of Interest"[8] (VOIs), wie sie unter anderem bei Lutz Jäncke (2005, 119) genannt werden – stellen die Wissenschaftler_innen vor bekannte statistische Analyseproblematiken.

Die Lokalisierungsexperimente der letzten zwanzig Jahre führen – wie wir weiter oben sehen konnten – zu mehrfach abgedeckten, sich widersprechenden Hirn-atlanten. Mit der Etablierung der funktionellen Bildgebung differenzieren und spezifizieren sich die lokalisierten Areale aus. Die grobe Lokalisierung von Modulen im Hirnraum mit der Whole-Brain-Analyse möchten viele Forscher_innen mit der Methode der Regions of Interest verfeinern. Die Studien, die mit der Methode der ROIs arbeiten, müssen noch expliziter auf schon vorhandene Literatur verweisen. Die Festlegung von ROIs im Experimentdesign sollte Hypothesen getrieben sein, das heißt, die Forscher_innen orientieren sich an den Ergebnissen aus vorherigen Studien. Wenn die Fragestellung also eine Hypothese über das Verhalten einer bestimmten Region enthält – diese Information bekommen die Wissenschaftler_innen aus der Literatur oder aus eigenen durchgeführten Studien –, dann muss die Studie diese Region auch methodisch definieren. Der Gedanke, der dahinter steht, ist die Spezifizierung von Hirnatlanten: Wurde in einer Whole-Brain-Analyse ein bestimmtes Aktivierungsmuster in bestimmten Regionen klassifiziert, dann macht es Sinn, sich dieses Hirnareal genauer anzuschauen. Gibt es keine Hypothese über den möglichen Ort der Aktivität, steht eine Whole-Brain-Analyse an. *Blau* führt diese Weiterentwicklung auf geänderte Fragestellungen innerhalb der Methode zurück:

„Und Regions of Interest sind jetzt immer interessanter geworden, weil die Leute eben genauer wissen wollen, was bestimmte Regionen, wie sie die Reize verarbeiten oder ob sie abhängig sind von Aufmerksamkeitseffekt zum Beispiel. Das heißt, wenn deine Fragestellung in deinem kernspintomographischen Experiment eine Hypothese darüber enthält, ob eine bestimmte Region sich so oder so verhält, dann musst du diese Region auch definieren. Nur dann, wenn du frei bist, also wenn du gar keine Ahnung vorher hast, dann brauchst du nicht irgendwie sagen; ja, jetzt aus Spaß definiere ich mir irgendwo eine Region und schau mir mal an, wie die ist. Das muss schon Hypothesen getrieben sein. Nehmen wir aber mal an, ich hab eine Fragestellung, die sich mit frühen visuellen Arealen befasst – primärer visueller Kortex V1 –, dann muss ich das Teil auch definieren, dann muss ich genau das auch definieren, und dann gibt's natürlich unterschiedliche Regions of Interest." (Blau 2009, 20ff. min)

8 In Anspielung darauf, dass besagte Regionen im 3D-Raum definiert werden und es sich deshalb um Volumes of Interest handeln.

Für meine Fragestellung ist die Auseinandersetzung mit ROIs deswegen wichtig, da hier wichtige Einschränkungen der funktionellen Bildgebung vorgenommen werden. Wenn in den Anfängen von fMRT noch die allgemeine Kartierung des Gehirns – ebenfalls basierend auf schon vorhandenen Kartierungen anderer Methoden – vorgenommen wurde, um die funktionelle Bildgebung als Methode zu etablieren, dann befindet sich die Bildgebung derzeit in der Phase, nur noch auf sich selbst rekurrieren zu müssen, da die Hirnkarten, auf die sich bezogen wird, ebenso wie die meisten Stimuli aus vorherigen fMRT-Studien stammen:

„Für die ROI-Bestimmung ist es wichtig, sich auf die Areale zu beziehen, die schon vorher in anderen Experimenten festgelegt wurden und auf die man sich in seiner Fragestellung auch schon bezieht. Wenn jetzt bei allen Proband_innen an einer Stelle immer wieder Aktivität an einer ungewöhnlichen Stelle auftritt, dann sollte man der schon nachgehen, aber das kommt so gut wie nie vor. Das kommt daher, dass die meisten Leute eigentlich immer wieder das untersuchen, was auch schon andere untersucht haben, nur mit geringen Abweichungen beziehungsweise Erweiterungen im Experimentaufbau." (Teilnehmende Beobachtung 2009, 20)

3.2.1 Die anatomische und funktionelle Definition von ROIs

Es lassen sich grundsätzlich zwei unterschiedliche Definitionsweisen der Regions of Interest bestimmen. Zum einen gibt es die anatomische Bestimmung der ROIs und zum anderen die funktionelle Bestimmung. Die anatomische Bestimmung der ROIs basiert auf statistischen Kartierungen aus der Literatur. Dabei werden Regionen, die in anderen Studien für spezifische Verarbeitungsprozesse gefunden wurden, auf die Daten der eigenen Studie gelegt. Die Definition selbst wird am Rechner an den anatomischen Bildern vorgenommen, indem die Bereiche mit dem Cursor Voxel für Voxel markiert werden. Das bedeutet in aller Regel, dass die Kartierungen aus der Literatur im verwendeten Programm zur Auswertung der Hirndaten eingetragen werden, also richtiggehend in die anatomische Karte des Gehirns gezeichnet um sie dann mit den eigenen funktionellen Daten, die darüber gelegt werden, abzugleichen. Diese Art der anatomischen Bestimmung der ROIs birgt das Problem, dass die anatomischen Landmarken nicht eindeutig mit den in der Literatur vorgegebenen cytoarchitektonischen Grenzen korrelieren. Wie Jäncke beschreibt, existieren für viele anatomische Regionen erst gar keine eindeutigen Landmarken,

„einerseits, weil diese Landmarken von Proband (sic!) zu Proband (sic!) variieren können, andererseits aber auch, weil manche Landmarken bei nicht wenigen Personen einfach nicht existieren. Ein eindrückliches Beispiel hierfür ist der Cyrus Cinguli, der bei ca. 33% der Probanden (sic!) nicht zu identifizieren ist." (Jäncke 2005, 119)

Das Markieren jedes einzelnen Gehirns bedeutet einen enormen Zeitaufwand:

„Denn will man mehrere VOIs pro individuellem Gehirn bestimmen, muss man mühselig jede VOI in die individuellen Gehirne platzieren. Dann ist damit zu rechnen, dass diese VOIs auch hinsichtlich ihrer Größe von Individuum zu Individuum schwanken, ein Umstand, der bei der Berechnung der statistischen Kennwerte von erheblicher Bedeutung ist." (Jäncke 2005, 119)

Um dieser mühevollen Arbeit der Einzelanpassung zu entgehen und nur ein Muster der ROIs anzulegen, kann die anatomische Definition auch im ‚normalisierten' (an ein Standardgehirn angepassten) Hirnraum vorgenommen werden (siehe Talairach-Anpassung, Kapitel 4.3). Die Normalisierung der untersuchten Gehirne führt dazu, „dass der Hirnraum angeglichen wird und demzufolge mit großer Wahrscheinlichkeit davon auszugehen ist, dass bei jedem Gehirn die interessierenden Regionen an der gleichen Position zu finden sind" (Jäncke 2005, 119). Durch die Anpassung der Hirnräume genügt die Anfertigung eines ROI-Musters, das mit Hilfe der Software über alle Gehirne gelegt werden kann, um diese dann abgleichen zu können.

Neben der anatomischen Definition gibt es seit der Etablierung der funktionellen Magnetresonanz auch die Möglichkeit, die ROI-Definition über funktionelle Daten vorzunehmen:

„Man kannte eigentlich nur anatomische oder cytoarchitektonische, also auf Histologie basierende Definitionen. Imaging erlaubt einem dann, sich zu entfernen von der reinen anatomischen Definition, hin zur funktionellen Definition: ‚Welche Gehirnregionen sind primär mit der auditorischen Verarbeitung beschäftigt?'" (Blau 2009, 21 min)

Die funktionelle Definition einer Region läuft normalerweise über separate Lokalisationsexperimente, bei denen Reize präsentiert werden, die ein spezifisches Areal aktivieren. Zum Beispiel die Fragestellung *Is there any activity in V1 when showing apparent motion?* (vgl. Kohler et al. 2005) legt fest, dass das Forschungsinteresse im visuellen Kortex – dem V1 – liegt. Diese Region muss für die Auswertung der Daten für alle getesteten Personen in einem eigenen Scanvorgang mit einem ‚gesicherten' – meist aus der Literatur bekannten – Stimulus definiert werden. Localizer werden jene Stimuli genannt, die in der funktionellen

Bestimmung von ROIs für die Definition der untersuchten Regionen eingesetzt werden. Sie dürfen nicht zu kompliziert sein, da sie nur ein bestimmtes Areal stimulieren dürfen, das dann am Bildschirm in der Datenauswertung anhand der funktionellen Hirndaten abgegrenzt wird. Es ist aber nicht so leicht, den richtigen Localizer zu finden, der erstens nur eine einzige und zweitens ganz sicher die richtige Region stimuliert:

„[A]lso wenn die Frage dann auf ein bestimmtes Gebiet bezogen ist, dann werd ich auch versuchen, da einen Localizer für zu entwickeln, also einen einfachen Stimulus, der dann hoffentlich nur diese Region aktiviert [...]
Interviewerin: Also dieser Localizer macht sozusagen eine Bestimmung von der Region of Interest, weil da, wo es aktiv ist, bei Verwendung eines bestimmten Localizers, kann ich davon ausgehen, dass das meine ROI ist?
Grün: Ja, aber nur wenn der Localizer gut ist, aber das ist oftmals eine schwierige Sache. Aber wenn man eine Frage hat, dann versucht man – also ich versuche dann – schon irgendwie, Localizer und Stimulus zu entwickeln, die schon sehr spezifisch sind für ein bestimmtes Areal, nach dem ich gucken will." (Grün 2009, 17ff. min)

Bei der funktionellen Definition der ROIs werden die Regionen, welche die Forscher_innen untersuchen wollen, also über einen Localizer – einen separaten funktionellen Scandurchgang – ermittelt. Dabei stellt sich bei der funktionellen Definition der Regionen für die Wissenschaftler_innen allerdings ebenfalls das Problem der Übertragung auf die untersuchten Gehirne: Sie müssen die Größe der aktivierten Region – die von Proband_in zu Proband_in extrem schwanken kann – mitteln und das gemittelte Volumen wieder auf die gereinigten und normalisierten Individualgehirne legen. Um dies tun zu können, müssen die Wissenschaftler_innen anhand der funktionellen Daten manuell am Computerbildschirm eine Maske der Region erstellen, die dann für alle untersuchten Gehirne angewendet wird. Der Anpassungsvorgang der erstellten Maske kann wiederum nur über die anatomische Karte des Gehirns erfolgen.

Mit der ROI-Definition sind mehrere Problematiken verbunden. So fordert zum Beispiel Jäncke als Standard einer statistisch sauberen Vorgehensweise, dass mehrere ROIs für die Analyse von Hirndaten definiert werden (2005, 120). Damit könne man der Dynamik des Gehirns bei der Verarbeitung der Daten gerecht werden und sich die Aktivitätsveränderung im Vergleich mehrerer ROIs anschauen. Es stellt aber nicht nur einen enormen Aufwand dar, mehrere Regions für alle Gehirne zu definieren und einzuzeichnen, gleichzeitig nimmt die Signifikanz der gefundenen Aktivität in den vorher definierten Arealen mit der Zunahme der Anzahl der Areale ab:

„Hinsichtlich der statistischen Analyse ist allerdings zu bemerken, dass mit zunehmender Anzahl von VOIs auch die Anzahl der statistischen Tests zunimmt. Insofern nimmt in der Regel auch die statistische Power ab, denn die Wahrscheinlichkeit, ein signifikantes Ergebnis bei Zutreffen der Alternativhypothese zu erhalten, nimmt mit zunehmender Anzahl der VOIs (also mit zunehmender Anzahl der statistischen Tests) ab." (Jäncke 2005, 121)

Das bestimmt sich durch die statistischen Kontrastierungsberechnungen, die bei mehreren Arealen komplexer und weniger stark ausfallen. Auch zu groß oder zu klein sollten die ROIs nicht sein – eine ‚elegante Lösung' sieht Jäncke in der standardisierten Definition der ROIs. Bei der Definition sollte darauf geachtet werden, dass die ROIs für die unterschiedlichen Regionen gleich groß sind. Eine Standardisierung der ROIs könnte nach Jäncke folgendermaßen aussehen: „Zu empfehlen sind kugelförmige VOIs mit einem Radius von 6-8 mm. Diese VOIs können dann relativ elegant und genau anhand von stereotaktischen Koordinaten in die interessierenden Hirngebiete platziert werden." (Ebd., 121) Die Größe der ROIs wird in Millimetern oder in der Anzahl der Voxel angegeben. Die Abgrenzung der einzelnen Regionen läuft demnach auch bei der funktionellen Bestimmung der ROIs allein über die Angabe von Maßeinheiten auf der statistischen Karte vom Gehirn. Das Abzählen der Voxel auf dem Computerbildschirm stellt für die Definition der Regions of Interest – im von mir untersuchten *Denkkollektiv* – eine allgemein anerkannte Technik in der Analyse der funktionellen Hirndaten dar. Ich werde auf diese Praxis im Kapitel *Interaktion mit den Daten* näher eingehen.

3.2.2 Funktion von Regions of Interest

In der funktionellen Magnetresonanztomographie entstand zunächst die Gesamthirnanalyse (Whole-Brain-Analyse), mit deren Anwendung das ganze Gehirn untersucht werden konnte. Die Einführung der ROI-Analyse reagiert auf das Problem, dass mit dem Ansatz der Whole-Brain-Analyse allein nur die Lokalisierung von Reiz-Verarbeitungsarealen im großen – eher groben – Stil betrieben werden kann. Eine Verfeinerung der Areallokalisierung – wie etwa die der visuellen Verarbeitung in V1, V2 etc. – benötigt die Definition von wesentlich kleinteiligeren Regions of Interest. In den Studien, die mit ROIs arbeiten, wird auf die Hirnkarten aus den Whole-Brain-Analysen zurückgegriffen. Durch die Fokussierung auf die Daten allein aus dieser Region können die gefundenen Kontraste des BOLD-Effekts als Aussagen über eine unterschiedliche Verarbeitung innerhalb dieses Areals verwendet werden.

Die ROI-Analyse ist der Versuch, die Auswertung der funktionellen Daten zu verfeinern und gleichzeitig eine statistisch ‚saubere' Verfahrensweise beizubehalten. Obwohl die ROI-Analyse mittlerweile häufig in Studien angewendet wird, ist die genaue Vorgehensweise für viele Wissenschaftler_innen dennoch keine eindeutige Angelegenheit. Die Verunsicherung zeigt sich bei einigen Wissenschaftler_innen darin, dass sie auf Nachfrage nicht exakt sagen können, wann und wie die Regions of Interest festgelegt werden:

„Nach dem Interview meinte ich zu *Gelb*, dass sie/er ja doch zu allen Fragen was zu sagen gehabt hätte. Ja, aber die ROI-Frage wüsste sie/er ja nicht genau zu beantworten, und er/sie hätte das Gefühl, nicht genau sagen zu können, wie da die richtige Vorgehensweise ist. Darauf meinte ich, dass ich die Erfahrung gemacht hätte, dass das niemand so präzise sagen könne. Sein/Ihr Kommentar dazu war, dass die Menschen, die nicht in der Naturwissenschaft arbeiten würden, denken, dass es eine festgelegte und richtige Vorgehensweise geben würde, aber das Meiste seien eben auch nur ‚pi mal Daumen'-Entscheidungen. Bei den Germanisten wüsste man das, dass die eben verschiedene Dinge in einen Text interpretieren würden, bei Naturwissenschaftlern sei das nicht so bekannt." (Teilnehmende Beobachtung 2009, 22)

Rot formuliert in einer Antwort auf die Frage, wann denn die Regions of Interest festgelegt werden, die methodisch ‚richtige' Vorgehensweise, deutet aber einige Sätze später auf methodisch nicht ganz korrekte Vorgehensweisen hin, die sie/er aus der Forschungspraxis kennt:

„Also festgelegt werden die [ROIs, hf] idealerweise bei der Formulierung der Fragestellung, weil man ja im Normalfall die Messung drauf ausrichten muss, welche Region mich interessiert. [...] Das heißt, ich muss immer diese Entscheidung recht früh durchführen, weil ich ja das beim Design der Messung berücksichtigen muss. Also was man machen kann, ich kann messen und dann feststellen: na ja, vielleicht würde mich das Areal interessieren und dann später die Leute noch mal messen mit einem Localizer. Das geht schon im Notfall, aber im Idealfall macht man das zur gleichen Zeit." (Rot 2009, 23 min)

Eine exakt festgelegte Vorgehensweise für die Bestimmung der ROIs gibt es als Idee, selten ist sie in der Laborpraxis so zu finden. Die Unsicherheit gegenüber der exakten Vorgehensweise, die vor allem bei den jüngeren Wissenschaftler_innen zu finden ist, ist Ausdruck einer noch nicht gänzlich verinnerlichten *„Erfahrenheit"* (vgl. Fleck 1980 [1935], 126) des *Denkstils* im selbstverständlichen Umgang mit den jeweiligen Methoden. Jüngere Wissenschaftler_innen sind noch auf Anwendungsanleitungen angewiesen. Wissenschaftler_innen, die schon länger im Labor tätig sind und die methodisch adäquate Herangehensweise nicht nur aus der Theorie kennen, wissen gleichzeitig auch, dass diese Vorgehensweisen oft nicht eingehalten werden (können), da der Umgang mit den Hirndaten kein Prozess ist, der von vorne bis hinten durchplanbar wäre.

Eine weitere wichtige Einschränkung, die der ROI-Analyse innewohnt, ist deren Selbstreferenzialität. *Türkis* erwähnt diese Kritik an der Methode im Interview:

„Gerade hab ich irgendwo gelesen, dass das ja sowieso total der Müll ist; weil man ja dann die Sachen ausschneidet, die man ja aktivieren will und dann wieder das untersucht, was man ja sowieso vorher schon ausgewählt hat. Das ist dann auch wieder alles statistisch totaler Blödsinn." (Türkis 2009, 22 min)

Damit spricht *Türkis* eine wichtige Begrenzung der Erkenntnismöglichkeiten an, die sich auch schon in der Hypothesen-Getriebenheit und damit in der statischen Rekurrierung auf die aus der Literatur verwendeten Hirnkarten abzeichnet: Die Definition von ROIs ist problematisch, da ihre Bestimmung außerordentlich voraussetzungsvoll ist und sich durch ihre frühe Definition (in der Fragestellung) die Aufmerksamkeit der Analyse auf ganz bestimmte und schon bekannte Areale richtet. Die voraussetzungsvolle Fragestellung bestimmt, welche Ergebnisse am Ende gewusst werden können. Das bedeutet, dass die Hirnkarten und die in den Studien verwendeten Untersuchungskategorien einen enormen Einfluss auf die anschließenden Studien haben.

Im letzten Abschnitt habe ich mir die methodischen und theoretischen Begrenzungen der möglichen Fragestellungen in der fMRT angeschaut: von der Literatur- und Hypothesen-Getriebenheit der Fragestellungen über die epistemologisch einzig mögliche Fragestellung der Lokalisierung – die Wo-Frage – bis hin zu der spezifischen Form einer methodischen Herangehensweise in der Definition von Regions of Interest, in der sich die beiden vorangegangenen beschriebenen *apparatuses* niederschlagen. Nachdem ich die Einschränkungen der Fragestellung und der ROI-Definition dargestellt habe, gilt mein Interesse im Folgenden dem *apparatus*, den es für die Umsetzung der Forschung unter den gegebenen Vorzeichen der Fragestellung braucht: die Stimuli. Dabei gilt es zunächst, sich die Frage der „Überbrückungsprobleme" (Eid/Gollwitzer/Schmitt 2010, 9ff.) anzuschauen, die sich aus der notwendigen methodischen Übersetzung von der Fragestellung in die messbaren Größen ergibt. Aus diesem Grund werde ich mir im folgenden Abschnitt die Bedeutung latenter Variablen als Quersumme von Fragestellung und Stimuli anschauen. In der fMRT kann als eine gängige Lösung dieses Überbrückungsproblems die scheinbare Eindeutigkeit visueller Stimuli gesehen werden, auf die in der Forschung besonders häufig zurückgegriffen wird.

3.3 VON DER FRAGESTELLUNG ZUM STIMULUS
Über die Problematik der Übertragbarkeit statistischer Variablen

Die funktionelle Magnetresonanztomographie ist eine Methode, die insbesondere von Psycholog_innen angewendet wird. Empirische psychologische Studien sind hauptsächlich kategoriale Datenerhebungen, die im Rahmen der Verhaltensforschung erfolgen. Für die Anwendung der fMRT bedeutet das, dass sie strukturell an gewisse methodische Herangehensweisen geknüpft ist. Dazu gehört, dass in der empirischen Erforschung von Verhaltensmustern bestimmte Parameter oder auch Variablen festgelegt werden, anhand derer die empirisch generierten Daten ausgewertet werden. Einer dieser Parameter ist die Fragestellung, beziehungsweise die vorangestellte Hypothese, der nachgegangen werden soll. Eid et al. halten dazu generell fest, dass „[v]iele Hypothesen in der Psychologie [...] die Struktur von Wenn-Dann-Aussagen" (Eid/Gollwitzer/Schmitt 2010, 53) haben. Die Struktur der Wenn-Dann-Hypothese führt dazu, dass dabei eine unabhängige und eine abhängige Variable festgelegt werden müssen. Eid et al. machen das an dem Beispiel der Hypothese ‚Computerspielen führt zu aggressiven Verhalten' deutlich: *Wenn* Kinder Computer spielen – *dann* verhalten sie sich im Anschluss aggressiver. Computerspielen wäre dann die unabhängige Variable, sozusagen der Ausgangspunkt der Untersuchung (die Wenn-Aussage), die Aggression stellt die abhängige Variable dar (Dann-Aussage) (vgl. ebd., 53).

In der fMRT stellt das BOLD-Signal die abhängige Variable dar. Das BOLD-Signal ist die theoretische Vorannahme der Methode, die den Zusammenhang zwischen vaskulärem Blutfluss (Cerebral Blood Flow (CBF)) und kognitiver Denkaktivität festlegt. Darauf basiert die Methode, sie ist ihre theoretische wie auch methodologische Grundlage. Wie von mir in Kapitel 1 beschrieben, wurde dieser Zusammenhang nicht nur historisch immer wieder zur Debatte gestellt, auch in den letzten zwanzig Jahren, seit dem Siegeszug der fMRT, steht dieser eindeutige Zusammenhang immer wieder in der Kritik. So finden sich bis heute in regelmäßigen Abständen Artikel, die keinen eindeutigen Zusammenhang von CBF und Denkaktivität finden. Der bisher nicht eindeutig geklärte Zusammenhang von CBF und neuronaler Aktivität ist für die Aussagekraft der Methode aber derart notwendig, dass er die Wissenschaftler_innen noch immer zu einer Positionierung hinsichtlich dieser Fragestellung in ihren wissenschaftlichen Arbeiten zwingt. So findet sich zum Beispiel in Sarah Weigelts Dissertationsschrift aus dem Jahr 2008 eine eindeutige und affirmative Beschreibung des Zusammenhangs von Blutfluss (hier als vaskuläres Signal beschrieben) und neuronaler Aktivität: „Looking at a vascular signal, seeing neuronal activity" (Weigelt 2008, 9). Die Hervorhebung dieser Wechselbeziehung in der zweiten Hauptthese ihrer Dissertation macht deutlich, dass dieser positive Zusammenhang die Ergebnisse ihrer Arbeit erst signifikant werden lässt.

3.3.1 Latente Variablen
Die Problematik des indirekten Zugriffs

Dabei erscheint es im Reiz-Reaktions-Schema zunächst völlig plausibel, auf die Frage *Wo ist das Gehirn aktiv bei Stimulus x?* die Antwort *Im Areal y!* als eine logische Zuweisung von Aktion und Reaktion zu bekommen. Wie aber kommt es zu dieser unhinterfragten Übertragbarkeit eines als Repräsentanten eingesetzten Stimulus zur Aktivität im Gehirn? Um dieser Frage nachzugehen gilt es, sich genauer anzuschauen, wie die Fragestellung in Stimuli übersetzt wird und welche Probleme sich dabei auftun. Dafür möchte ich zunächst den Begriff der latenten Variable einführen. Latent, da die in der fMRT untersuchten Paradigmen oder Variablen nicht direkt beobachtbar, nicht direkt ablesbar sind, anders als die Merkmale der Körpergröße, der Haarfarbe oder die direkt abfragbaren Variablen wie zum Beispiel der Beruf der Proband_innen:

> „Solche unbeobachtbaren Variablen nennt man auch latente Variablen, hypothetische Konstrukte oder Faktoren. Mit der Bezeichnung ‚latent' soll zum Ausdruck gebracht werden, dass die Variable sich erst irgendwie manifestieren muss, um erkannt werden zu können. Der Begriff des hypothetischen Konstrukts weist darauf hin, dass es sich bei latenten Variablen um hypothetische Größen handelt, deren Existenz wir annehmen, um beobachtete psychologische Sachverhalte zu erklären, wobei die beobachteten Sachverhalte meist nicht vollständig durch die Konstrukte erklärt werden können. Diese Sichtweise impliziert, dass sich latente Variablen in beobachtbaren Größen manifestieren." (Eid/ Gollwitzer/ Schmitt 2010, 54)

Fragestellungen in der funktionellen Bildgebung operieren vor allem mit latenten Variablen. Als latente Variable werden jene Parameter beschrieben, die sich der direkten Messung entziehen und allein durch Rückschlüsse auf der Basis von festen Variablen beschrieben werden können. Als Beispiel kann hier die Intelligenz angeführt werden, die sich einer direkten Beobachtbarkeit entzieht, aber über den Indikator IQ gemessen werden kann. Somit müssen für die latenten Variablen Indikatoren festgelegt werden, die beobachtbar sind und die sich messen lassen. Das führt, nach Eid et al. zu einem so genannten „Überbrückungsproblem“:

„Das [...] Überbrückungsproblem besteht darin, diejenigen Bestandteile, über deren Relation die Hypothese eine Aussage macht, zu quantifizieren, d.h. in messbare Größen (die wiederum mit Hilfe von Zahlen darstellbar sind) zu übertragen.“ (Ebd., 10)

Die Untersuchung von unsichtbaren Naturphänomenen, so könnte man meinen, muss sich immer mit indirekten Zugriffen auf die Ereignisse, die sie untersuchen will, begnügen. Die Verwendung latenter Variablen birgt den Vorteil, die Komplexität der Ereignisse zu reduzieren und in einem Modell zusammenzufassen. Das Messen von Gehirnaktivität ist demnach nicht nur der Methode nach (technisch) eine indirekte Herangehensweise, auch die Fragen, die sie stellen kann, sind nur über indirekte Anordnungen – latente Variablen – greifbar.

So stellt etwa das Bild eines Gesichts die latente Variable für die Untersuchung des Gesichtsareals[9] dar. In der Gleichung, die dabei aufgemacht wird, wird das

9 Beispiel für die Komplexität in der Suche nach latenten Variablen anhand der Gesichtserkennung: Um das Areal der Gesichtserkennung näher zu bestimmen, braucht es eine Vorstellung davon, ob zum Beispiel die Größe des Areals mit der Anzahl der gesehenen Gesichter, die eine Person in ihrem Leben ‚zu Gesicht bekommen‘ hat, wächst. Der geplante Versuch einer Wissenschaftler_in will der These nachgehen, dass die Aktivität des gesichtsverarbeitenden Areals davon abhängt, wie viele Gesichter man schon gesehen hat im Leben. Der Vorteil dieses Gedankens besteht in der Annahme, dass sich das Gehirn plastizitär mit Erfahrungen verändert. Mit dem Projekt soll der Einfluss von Erfahrungen auf bestimmte Gehirnaktivität zu einem bestimmten Zeitpunkt erforscht werden. Über die Schwierigkeit, einen verallgemeinerbaren Indikator für die Variable „hat schon viele Gesichter gesehen“ zu finden, spricht *Blau* hier:
„FFA – das ist das gesichtsverarbeitende Areal, oder eins der gesichtsverarbeitenden Areale. Ob die [...] Aktivität darin abhängig davon ist, wie viele Gesichter man in seinem Leben schon gesehen hat? Aber wie möchte man das bitte messen? Also, du kannst ja nicht den Leuten sagen: ‚ja jetzt zählen sie mal nach‘. Und das ist eines der Projekte, danach zu fragen, welchen Einfluss die Lebensspanne hat, auf die Aktivität in diesem Areal zum jetzigen Zeitpunkt. Und meine Idee war dann, so ein bisschen zu gucken, wie viele Facebook-Freunde man hat. Also ich hab da einen, der hat über tau-

Bild eines Gesichts als direkte Repräsentation von Gesichtern zugrunde gelegt, und diese wiederum finden eine direkte Entsprechung im Substrat des Gehirns – dem Gesichtsareal. Mittels dieser Methode kamen viele Studien zu dem Ergebnis, es gäbe ein entsprechendes Gesichtsareal. Erst in den letzten Jahren häufen sich Erkenntnisse, die darauf schließen lassen, dass es verschiedene über das Gehirn verteilte Areale zur Erkennung von Gesichtern braucht.

Vor allem, wenn es um höhere kognitive Fragestellungen geht, sind die verwendeten Begriffe und Modelle, auf die die funktionelle Bildgebung zurückgreift, nicht eindeutig festgelegt, da für viele philosophische oder gesellschaftspolitische Fragestellungen keine Sensibilität vorhanden ist. Alexander Grau formuliert diese Kritik in seinem Artikel *Momentaufnahmen des Geistes*? (2003a) etwas provokativ, aber pointiert:

„Es braucht keine seitenlangen philosophischen Reflexionen, um sich klar zu machen, dass die neuronale Reaktion auf die Präsentation von Fotos geliebter Menschen bestenfalls das Erregungsmuster der Verarbeitung von Fotos geliebter Menschen erzeugt, nicht aber das der Liebe. Und selbst wenn Liebe identisch wäre mit dem emotionalen Zustand beim Anschauen des Fotos der Person, die ich liebe, so ist es doch sehr zweifelhaft, ob der subjektive Zustand des Verliebtseins wirklich auf ein einziges neuronales Erregungsmuster reduzierbar ist.“ (Grau 2003a, 79)

Selbst eine Antwort auf die elementare Frage, was (Neuro-)Wissenschaftler_innen unter ‚Bewusstsein‘ verstehen, bleibt bisher unzufriedenstellend. Die Diskussion um ‚Bewusstsein‘ während eines Journal Club Meetings im MPIH zeigt das deutlich:

---

send Leute, die er kennt. [...] Und es gibt so manche, die haben 15-16. Und wenn du dich an alle Gesichter von deinen tausend Facebook-Freunden [...] erinnern kannst, dann kann man davon ausgehen, dass du wirklich extrem interaktiv, sozial interaktiv, bist. Vielleicht kann man über diesen Indikator an das Gesichtsareal näherungsweise herankommen.
Interviewerin: Das könnte man auch entwicklungstheoretisch machen, oder? Kleinkinder haben mit relativ hoher Wahrscheinlichkeit weniger Gesichter gesehen als...
Blau: Ja genau, es ist halt schwierig kontrollierbar. Und du kannst natürlich auch keine Kontrollgruppe erschaffen, indem du bestimmst: ‚du Kleinkind kommst in diesen Raum für die nächsten sechs Jahre und du wirst kein Gesicht sehen‘; das ist zumindest bei Menschen schwierig.“ (Blau 2009, 36 min ff.)

„Irgendein EEG-Paper wird vorgestellt. Einer der anwesenden Wissenschaftler_innen weist darauf hin, dass er nicht genau weiß, wie consciousness – also Bewusstsein – in diesem Experiment verstanden wird. Es gibt eine Diskussion darum, inwiefern man „sich über etwas bewusst sein" definieren kann. Eine andere Wissenschaftlerin bestimmt Bewusstsein darüber, dass man bei Bildern, die man jemanden zeigt und der/die sie richtig benennt, zumindest davon sprechen kann, dass die Person sich dessen, was sie sieht, bewusst ist. Das ist nicht gleichbedeutend damit, inwiefern man sich darüber bewusst ist, was man mit dem gezeigten Bild/Gegenstand in Zusammenhang bringt." (Teilnehmende Beobachtung 2009, 21)

Unter Berücksichtigung dieser Problematiken gestaltet sich die Umsetzung der latenten Variablen in Stimuli ebenfalls als nicht einfach. *Blau* etwa sind die Versuche der Social Neuroscience suspekt. Als Beispiel führt *Blau* eine Studie mit Menschen an, die von ihren Partner_innen verlassen wurden. *Blau* kritisiert an dieser Studie, dass in den visuellen Stimuli des entsprechenden Experimentdesigns viel Rot verwendet wurde. Dies führte dazu, dass eine hohe Aktivität im V2 zu finden war, der, *Blaus* Einschätzung nach, bekanntermaßen für die Farberkennung zuständig ist. Auch *Türkis* berichtet über die Schwierigkeiten der adäquaten Stimuli-Übertragbarkeit:

„[K]linische Forschung, [...] die messen dann irgendwelche Stimuli, die sie sich irgendwann ausgedacht haben. Das haben die nie an Gesunden getestet, machen das dann bei irgendeiner total seltenen Störung, so was wie ganz bestimmte Zwangsstörungen, wo die Stichprobe total heterogen ist. Die schmeißen die Leute dann in den Scanner rein, lassen die sich irgendwas angucken und dann leuchtet so was auf wie Insula oder so. Und dann sagen sie, ja, also das könnte schon was mit Emotionen zu tun haben. Wo ich mir denke: Hallo! Im Resting State hab ich auch Insula-Aktivität, wenn ich den Leuten irgendwas zeige hab ich auch ne Insula-Aktivität – das ist nichts im Prinzip. Ja, und wenn du das kontrastierst und kontrastierst und kontrastierst, dann kriegst du das irgendwann auch raus, aber das hat eine Aussagekraft von Null." (Türkis 2009, 8ff. min)

Das Überbrückungsproblem, das sich zwischen der Idee für eine Fragestellung und der Übertragbarkeit in valide Stimuli auftut, konnte anhand der latenten Variablen gezeigt werden. Im Folgenden werde ich mir die Stimuli, die ein Produkt dieser schwierigen Überlegungen darstellen, näher anschauen.

3.4 STIMULI UND IHRE BEDEUTUNG IN DER STATISTISCHEN AUSWERTUNG

„Lightproof, patterned-flash stimulating goggles were placed over the subject's eyes. The stimulus rate was fixed for predicted maximum CBF response at 7.8 Hz."
JOHN BELLIVEAU ET AL. 1991, 254

„Five different 3D objects were created using the BrainVoyager 2000 software package [...]. Stimuli were comparable to those designed by Shepard and Metzler (1971). Each object consisted of 10 solid cubes attached face to face to form a rigid arm-like structure with three to four right-angled joints."
SARAH WEIGELT 2008, 43

In diesem Abschnitt werden die in der funktionellen Bildgebung verwendeten Stimuli verhandelt. Dafür werde ich zunächst beschreiben, was Stimuli sind, um danach ihrer Relevanz für meine These der impliziten *visuellen Logik* in der fMRT-Forschung nachzuspüren.

In der funktionellen Bildgebung sind Stimuli Aufgaben-bezogene Reize, die auf die Proband_innen während eines Experiments einwirken. Stimuli werden allein äußerlich präsentiert. Zu den verwendeten Stimuli gehören visuelle Reize wie unter anderem Bilder, Videos, Bewegungen, Muster; auditive Stimuli wie Töne; haptisch ertastbare Gegenstände – die für die im Scanner liegende Person, ohne sich zu bewegen, leicht greifbar sind –, sowie taktile Reize der Haut. Von den allgemeinen Stimuli der Grundlagenforschung werden kognitive Stimuli unterschieden. Diese zeichnen sich vor allem dadurch aus, dass sie mit bestimmten Aufgaben verknüpft sind, die von den im Scanner liegenden Proband_innen bearbeitet werden müssen, dabei aber ebenfalls auf die oben beschriebenen Stimuli zurückgreifen. Dazu gehören visuelles Erkennen, Gedächtnisaufgaben oder mathematische Übungen. Die Antworten der im Scanner liegenden Proband_innen werden mit Hilfe eines Kastens in deren rechter Hand[10] abgegeben, auf dem ein oder mehrere Knöpfe angebracht sind. Dabei gibt es verschiedene Antwortmöglichkeiten: entweder bekommen die in einem Experimentdurchlauf präsentierten Stimuli verschiedene Benennungen, die der Logik einer Reihung folgen – wie A, B, C, D. Die Testperson muss sich für eine Benennung entscheiden und den richtigen Antwortknopf auf dem Kasten drücken. Andere Antwortmöglichkeiten können noch die Unterscheidungsmerkmale abfragen wie etwa *richtig/falsch* oder *same/different*. Um wissenschaftliche Aussagen über die gemessene BOLD-Aktivität machen zu können, wird versucht, die Validität über die präsentierten Reize sicherzustellen. Auch hier findet sich der Anknüpfungspunkt in der Literatur, die festlegt, dass bestimmte Reize zu einem erwarteten Ergebnis führen.

Ich werde mich im Folgenden auf visuelle Stimuli fokussieren, da diese zum einen am Max-Planck-Institut für Hirnforschung am häufigsten in fMRT Studien eingesetzt wurden und da sie, zum anderen, eine besondere Rolle in der funktionellen Bildgebung spielen, auf die ich weiter unten eingehen werde.

3.4.1 Programmierung und Präsentation von Stimuli

Es gibt viele verschiedene Formen visueller Stimuli. Die Vielfalt visueller Stimuli reicht von abstrakten Formen oder blinkenden Lichtern bis hin zu Fotos und Filmen. Um die Stimuli den Proband_innen im Scanner zeigen zu können, müssen sie programmiert werden. Besteht eine Studie aus schon existierenden visuellen Darstellungen wie Bildern oder Filmen, dann muss die Stimulusanordnung programmiert werden. Programmierung bedeutet: welche Bilder werden wie häufig hintereinander gezeigt, in welcher Folge werden sie präsentiert usw. In der Systemic Neuroscience, in denen die Stimuli oft nur aus Mustern, ganz bestimmten Formen oder aus Bewegungen bestehen, müssen die Stimuli von den Wissenschaftler_innen gestaltet und mit Hilfe einer Software programmiert werden. Die so programmierte Stimulusabfolge kann dann vom Computer abgespielt und der zu testenden Person im Scanner vorgeführt werden. Software, mit der Stimuli programmiert werden können, gibt es viele. Im MPIH waren vor allem die Programme Matlab und Presentation verbreitet. Selbst wenn man auf schon verwendete – und also bereits programmierte – Stimuli zurückgreift, braucht es

10 Bei Linkshänder_innen würde der Kasten selbstverständlich auf der linken Seite angebracht. Ich betone hier aber die rechte Hand, da ein Großteil der Studien nur Rechtshänder_innen (seltener ausschließlich Linkshänder_innen) messen, um die Vergleichbarkeit der Daten zu gewährleisten.

die Anpassung der Stimuli an das eigene Experimentdesign. Dazu zählt unter anderem, dass die Stimuluspräsentation automatisch über den an den Scanner angeschlossenen Computer gestartet werden kann – synchron mit dem Scanvorgang. Dadurch wird gewährleistet, dass später in der Auswertung genau bestimmt werden kann, welche Daten bei welcher im Scanner zu beantwortenden Aufgabe generiert wurden.

Das problemlose Ineinandergreifen der einzelnen Programme, vom Programmieren der Stimuli über das Synchronisieren von Scanner mit der Stimuluspräsentation bis zur Auswertung, ist aber nicht immer realisierbar. Handelt es sich bei der Stimulusprogrammierung etwa um komplexere Anordnungen, kann nicht auf die herkömmliche Software zurückgegriffen werden. Das führt dazu, dass die Kette der Ereignisse im Visualisierungsprozess nicht mehr automatisiert funktioniert:

„Ein anderer junger Mann kommt und bringt uns Kuchen. *Blau* und er verfallen in ein Gespräch darüber, dass sie beide die zuständigen Rechner (der für die Stimuli und der andere für die Kontrolle des Scanners) manuell auslösen und nicht so wie eigentlich gedacht: automatisiert und aufeinander abgestimmt. Beide haben das Problem, dass sie ihre Stimuli nicht mit den herkömmlichen Programmen programmieren können, da diese die Funktionen nicht unterstützen, die die beiden aber brauchen. So muss das jeweilige Forschungsdesign, zum Beispiel eine schnelle Abfolge von Punkten oder Ähnlichem, in einem anderen Programm programmiert werden." (Teilnehmende Beobachtung 2009, 4)

Wichtig für die fMRT ist das Präsentieren der Experimentalbedingung abwechselnd mit einer Kontrollbedingung (oft ist die Kontrollbedingung das einfache Kreuz in der Mitte des Bildes: das Fixationskreuz). Die Kontrollbedingung ist wichtig, da die BOLD-Aktivität während der Stimuluspräsentation vor allem über die Veränderung zur Kontrollbedingung kontrastiert wird.

3.4.2 Anordnung der Stimuli

In den Experimenten können die Stimuli unterschiedlich präsentiert werden. Dabei kann zwischen zwei Paradigmen, also zwei unterschiedlichen Arten der Stimuluspräsentation, gewählt werden. Es handelt sich dabei zum einen um das Block-Design, zum anderen um das Event-Related-Design:

„[Block-Design und Event-Related-Design, hf] help to identify regions involved in different tasks. These involve comparing MR data across different task conditions. Whether one uses standard subtractive techniques or more recent event-related designs, having a functional decomposition of a task is essential to good experimental design as well as interpretation.“ (Roskies 2008, 27)

Die beiden Paradigmen unterscheiden sich primär in der Intensität der gezeigten Stimuli. Das Block-Design, das schon im Artikel von Belliveau et al. 1991 zum ersten Mal in einer Studie verwendet wurde, zeigt abwechselnd – im Block – Kontrollbedingung und experimentelle Bedingungen, währenddessen „eine Serie von fMRI-Bildern aufgenommen“ (Jänke 2005, 87) wird, die danach miteinander verglichen werden können. Mit Block-Design ist also das kontinuierliche Darbieten einer Bedingung – eines Stimulus – über einen längeren Zeitraum von mindestens zwanzig Sekunden gemeint, die zu Analysezwecken mit den Daten im ‚Ruhezustand‘ kontrastiert werden. Das Block-Design zeigt den Stimulus mehrmals hintereinander, um ein mögliches neuronales Antwortsignal über die Widerholungen signifikant werden zu lassen, da die Signalveränderungen, die in der fMRT gemessen werden, sehr gering sind (sie liegen bei drei bis fünf Prozent, kritischere Angaben gehen von zwei Prozent aus [vgl. Groß/Müller 2006, 97]). Das klassische Block-Design kann variiert werden, zum Beispiel durch die Änderung der vorgenommenen Wiederholungen (*Block Design with different numbers of repetitions* [Weigelt 2008, 24]), oder durch das Verwenden des gleichen Stimulusbildes, allerdings mit Variationen der Größe, der Position oder des Blickwinkels auf das Objekt im Bild (*Block Design with images variation* [Weigelt 2008, 26]). Im Gegensatz zum Block-Design, in dem die Stimuli über längere Zeiträume präsentiert werden, können im Event-Related-Design Stimuli mit einer größeren Variabilität und in kürzeren Abständen gezeigt werden. Dabei ist allerdings darauf zu achten, dass zwischen den einzelnen Stimuli eine Ruhephase angesetzt ist, um zu gewährleisten, dass das Aktivitätssignal wieder in seinen Ruhewert zurückkehren kann. Das Event-Related-Design bestimmt sich also darüber, dass in den zeitlich begrenzten Experimentdurchgängen zwei oder mehr Stimuli wiederholend und zügig fortlaufend – allerdings nicht kürzer als 15 Sekunden, da sich sonst die BOLD-Antworten überlagern – präsentiert werden. Auch hier finden sich abweichende Designs, die auf dem klassischen Event-Related-Design aufbauen, so zum Beispiel das *Event-Related-Design with intermixed presentation* (Weigelt 2008, 29). Block-Designs werden dabei typischerweise verwendet, um Hirnaktivität im Gehirn nachzuweisen, da die konstante und wiederholt vorgenommene Präsentation von Stimuli zu einer ausgeprägten Aktivität in bestimmten Arealen führt. Im Unterschied dazu werden Event-Related-Designs vorzugsweise für eine Einschätzung des Aktivitätsablaufs als Reaktion auf einen spezifischen Stimulus an einem bestimmten Ort herangezogen.

Dabei ist es wichtig anzumerken, dass die Stimuluspräsentation immer wieder auch zum Forschungsgegenstand selbst wird. So finden sich zum Beispiel in der Doktorarbeit von Sarah Weigelt unter der Überschrift *Stimulation Parameters* (2008, 30) Hinweise darauf, wie sich die Häufigkeit der Stimulipräsentation auf die Neuronenaktivität auswirkt:

„In the following paragraphs, we will report studies that investigated the effect of different stimulation parameters on fMRI adaption. More precisely, we will focus on effects of repetition delay – the delay between the first stimulus (adaptor) and second stimulus (test) – and stimulus duration within one experimental design." (Ebd., 30)

Weiterführend haben das zum Beispiel Arjen Alink et al. in einem Paper über *Stimulus predictability reduces responses in primary visual cortex* (2010) beschrieben. In ihrem Paper berichten Alink et al. darüber, dass sich die Vorhersagbarkeit eines Stimulus auf die neuronale Antwortstärke im visuellen Kortex auswirkt.

Während meiner Feldforschung habe ich zwei[11] unterschiedliche Arten der visuellen Stimuluspräsentation im Scanner beobachten können. Die erste Möglichkeit ist die Präsentation der visuellen Stimuli über einen an der Kopfspule befestigten Spiegel. Der Spiegel ist oben an der Kopfspule angebracht, so dass die Proband_innen im Scanner liegend die visuellen Stimuli auf dem Spiegel, der ca. 15 cm über den Augen befestigt ist, sehen können. Die projizierten Stimuli müssen spiegelverkehrt auf den Projektor übertragen werden, damit die Proband_innen die präsentierten Bilder im Spiegel richtig herum sehen können. Der Projektor selbst kann nicht im gleichen Raum wie der Scanner stehen, da er aus Metall ist und sofort vom Magneten des Scanners angezogen würde.

Die zweite Variante der Stimuluspräsentation, die sich erst in den letzten Jahren immer mehr durchsetzt, ist die Präsentation der Stimuli in einer Brille (goggle system), die von der Testperson aufgesetzt wird. Die Stimuli werden da-

11 Der Vollständigkeit halber verweise ich hier auf die Dissertationsschrift von Sarah Weigelt, in der sie drei verschiedene Formen der Stimuluspräsentation beschreibt: „Visual stimuli were delivered under computer control to a high-luminance liquid crystal display projector. The image was projected via a mirror onto a frosted screen that was positioned at the head end of the scanner (experiment 1) or directly projected on a screen that was fixed to the head coil (experiment 2 and 3). Subjects viewed both screens through a tilted mirror that was mounted onto the head coil. In experiment 4, stimuli were delivered via a goggle system (VisuaStim Digital Glasses, Resonance Technology, Northridge, CA)" (Weigelt 2008, 43).

bei durch Glasfaserkabel direkt in die Innenseite einer rundum lichtdichten Brille übertragen. Die Anwendung des goggle systems erfordert einige aufwendige Justierungen, um jeder Testperson eine gute Sicht auf die Stimuli zu ermöglichen. Die aufwendige und individuelle Justierung des goggle systems ist nicht die einzige Problematik, die bei dieser Art der Stimuluspräsentation auftreten kann:

„Die Visualisierungsbrille für 35.000 Euro wird vom Probanden selbst aufgesetzt. Das Kabel der Brille wird von *Blau* an seinem Kopf fixiert. Dann wird die Kopfabdeckung der Spule zugemacht. Beim Schließen braucht es eine leichte Drehung des Kopfes nach links. *Blau* fragt nach, ob die Spule nicht auf die Brille drücke, denn das sei auf Dauer sehr unangenehm. Im Fall dieses Probanden war es während des Tests so, dass die Brille sich mit der Zeit verschoben hatte und er sie zurechtrücken musste, was wiederum zu Bewegungsartefakten führt." (Teilnehmende Beobachtung 2009, 4)

Das bedeutet verheerende Einbußen für die Datenqualität, da schon eine leichte Bewegung des Kopfes die Vergleichbarkeit der Daten in der Auswertung in Frage stellt.

3.4.3 Stimuli als Repräsentanten der Fragestellung

Die Fragestellung bestimmt die Art der Stimuli. Fragestellung – in Form einer Hypothese – und Stimulus müssen aus der erfolgreich publizierten Literatur stammen und in einer anerkannten Tradition des Forschungsschwerpunktes stehen, um gewürdigt zu werden. Keineswegs ist es so, dass für jedes Experiment ein neuer Stimulus entwickelt wird. Viel eher wird in den Experimenten auf altbekannte und bewährte Stimuli zurückgegriffen, die unter Umständen dem eigenen Experimentdesign angepasst werden. Dabei muss garantiert sein, dass der Stimulus bequem und ohne dass sich die Person im Scanner bewegen muss, präsentiert werden kann. Die Schwierigkeit liegt darin, einen Stimulus zu finden, der einen adäquaten Indikator darstellt. Die Korrelation zwischen Reiz und gemessener Aktivität ist schwer bis gar nicht zu (be-)messen.

Stimuli sollen die Funktion der Validierung von Messergebnissen übernehmen und für sie garantieren. Sie sollen die Übertragbarkeit von Ursache und Wirkung gewährleisten. Stimuli sind wichtige Repräsentanten im Experimentdesign von denen der Erfolg der Experimente abhängt. Denn sie sind die eingesetzten Indikatoren, sind Abstraktionen, über die messbaren Größen hergestellt und mit deren Hilfe Aussagen über die gewonnen Daten getroffen werden sollen, ja erst gewonnen werden können.

Die Problematik der Übertragbarkeit von Hypothese in Indikatoren führt, so meine These, dazu, dass vorrangig auf visuelle Stimuli in der Forschung zurückgegriffen wird. Ich werde anhand einiger Problematiken aufzeigen, dass visuelle Stimuli leichter anzuwenden sind und zu einer einfacheren Validierung der Studien führen.

3.4.4 Visuelle Stimuli – Das Problem der Übertragbarkeit von Variablen

Die visuelle Stimulation hat in den Studien zur neuronalen Aktivität eine vergleichsweise lange Tradition. Schon die ersten Studien von Belliveau, Ogawa et al. und Kwong et al. Anfang der 1990er Jahre wurden mit Hilfe visueller Stimulierung vorgenommen. Die lange Tradition ergibt sich zum einen aus der bereits weiter oben beschriebenen Literatur-Getriebenheit der Studien, dass also Forscher_innen für die Untersuchung der visuellen Stimuli auf eine Vielzahl an Hirnkarten zurückgreifen können, zum anderen ergeben sich bei der Messung anderer, zum Beispiel auditiver Reize Probleme, die auf die technischen Bedingungen zurückzuführen sind. Karsten Specht beschreibt die Schwierigkeit der Korrelation auditiver Stimuluswerte im Vergleich zu visuellen:

> „Die ICC-Werte zeigten aber genauso deutlich, dass bei den Event-Related-Studien diese erhöhte Aktivität instabiler war im Sinne von vergleichbaren t-Werten. Die naheliegendste Erklärung ist ebenfalls das bereits angesprochene Scannergeräusch, welches das auditorische System bereits zu einem solchen Maße aktivierte, dass die gesteigerten Anforderungen durch die experimentellen Stimuli und Aufgabenstellungen zwar nachweisbar waren, aber in ihrer Stärke mehr variierten, als vergleichbare Paradigmen beispielsweise im visuellen Cortex." (Specht 2003, 129)

Auch Lutz Jäncke beschreibt Probleme, die bei der Untersuchung des auditiven Kortex auftreten können:

> „[E]ine Aktivierung des auditorischen Kortex [ist, hf] bereits durch das Scannergeräusch gegeben. Hierbei ergibt sich allerdings ein wesentliches Problem, das für die Interpretation der gemessenen Aktivierungen im auditorischen Kortex von fundamentaler Bedeutung sein kann. [...] Bei zunehmender Intensität der auditorischen Reize werden demzufolge benachbarte Neuronen aktiviert (kortikale Rekrutierung)." (Jäncke 2005, 94)

Beschränkungen durch die technischen Bedingungen – in diesem Fall die lauten Scannergeräusche – werden an dieser Stelle sehr deutlich. Befragt man *Grün*, die/der als eine_r der Wenigen im MPI nicht ausschließlich mit visuellen Stimuli arbeitet, nach ihren/seinen Erfahrungen in der Vorbereitung der Studien, räumt er/sie ein, dass sich für die auditiven Stimuli weniger Referenzen finden lassen. Zudem ist die Kartierung des auditiven Kortex bei Weitem noch nicht so erforscht wie die des visuellen:

„Also es ist weniger da als für den visuellen Kortex, ja also man hat weniger Referenzen, also es sind nicht soviel Standardlokalizer da, da muss man sich schon sich bisschen mehr Mühe geben, und muss manchmal sogar neue Stimuli entwickeln, um sein gewünschtes Areal zu finden, also weil die Karte ist noch nicht so komplett vom auditorischen Kortex [...] und dann wird die Frage kritisch: wie lokalisiere ich dieses Areal? Und da gibt die Literatur noch nicht so viele Antworten und dann ist es natürlich schwieriger.“ (Grün 2009, 19 min)

Aber selbst bei Studien, die zum auditiven Kortex arbeiten, finden sich Rückgriffe auf visuell vermittelte Informationen. So ging es in einem von *Grüns* Experimenten darum, zu erkennen, aus welcher Richtung ein eingespielter Ton kam. Um eine der vier vorgegebenen Richtungen aus denen der Ton von den Testpersonen wahrgenommen wurde zu bestimmen, wurde diesen hintereinander die Zahlen eins bis vier gezeigt. Die Proband_innen mussten dann bei der Zahl, die sie für die Richtige hielten, auf einen in der rechten Hand platzierten Auslöser drücken. Bei der Auswertung der Daten beschwerte sich *Grün* darüber, dass sich die funktionellen Signale bei einem der Proband_innen im Auswertungsprozess als nicht besonders ‚gut‘ herausstellten; das bedeutet hier nicht besonders stark, stabil und vor allem nicht an dem Ort auftraten, wo *Grün* sie erwartet hatte. Grund war *Grüns* Einschätzung nach, dass die Testperson sich die Richtungen räumlich mit dem Auge vorgestellt hatte:

„*Grün* wird sich auch in der weiteren Analyse immer wieder über die Daten beschweren, in denen er/sie entweder Artefakte vermutet oder die schlechten Daten der Tatsache zuschreibt, dass die Probandin, nach ihrer Methode im Scanner bei der Bewältigung der Aufgaben befragt, antwortet, dass sie sich die Richtungen mit dem Auge vorgestellt habe.“ (Teilnehmende Beobachtung 2009, 13)

An dieser Stelle ist es wichtig, nochmals darauf hinzuweisen, dass die Auswahl der Stimuli durch die Scannersituation extrem begrenzt ist. Die Tatsache, dass die im Tomographen liegende Person fixiert wird und sich nicht bewegen darf, der extrem laute Scanner, der die Proband_innen zum Tragen von Ohrstöpseln oder Kopfhörern zwingt, der Ausschluss sämtlicher metallhaltiger Stimuli sowie die Schwierigkeit, ‚gute' oder adäquate Stimuli für die latenten Variablen zu finden, führen zu einem zahlenmäßigen Übergewicht visueller Stimuli, da diese am leichtesten zu präsentieren und reproduzieren sind.

Visuelle Stimuli haben den Vorteil, dass scheinbar alle davon ausgehen können, dass sie das Gleiche sehen: ein Haus, ein Gesicht, Bewegung von links nach rechts und vieles mehr. Das mag bei Bewegungsstudien, die sich der Fragestellung widmen, an welcher Stelle das Gehirn Bewegung[12] verarbeitet, noch eine zulässige Abstraktion sein. Aber schon bei Häusern oder Gesichtern verschwimmen die unterschiedlichen Assoziationen zum Gesehenen in der Rezeption der Testpersonen. In vielen Social Neuroscience Studien verstärkt sich das Problem noch, wenn – wie es Alexander Grau beschreibt – Bilder der Partner_innen etwa mit einem Gefühl (zumeist mit Liebe) gleichgesetzt werden, ohne deren vielfältige Bedeutungsbandbreite für die Proband_innen zu berücksichtigen.

12 Richtiger müsste es natürlich ‚bewegte Bilder' heißen, da es bis heute nicht möglich ist, Bewegung medial abzubilden, die nicht aus einzelnen Bildern besteht.

4. Der Apparatus der Vermessung

Nach der Auseinandersetzung in den beiden vorangegangenen Kapiteln mit den Vorbedingungen funktioneller Bildgebung werde ich im nun folgenden Kapitel auf den *apparatus* der Funktionsweise des MRT-Scanners eingehen. Direkt verknüpft mit der Funktionsweise des Scanners ist der *apparatus* der Fourier-Transformation, ein standardisierter Algorithmus, der die erhobenen Rohdaten bereits im Scanner – in zwei, manchmal drei Transformationsschritten – in Grauwerte umwandelt. Die Transformation der Signale in Grauwerte stellt eine wichtige Vorbedingung für die spätere Visualisierung der Daten dar. Fokus der in diesem Kapitel vorgenommenen Beschreibung liegt auf den Bedingungen des Visualisierungsprozesses, in dem Verfahren der funktionellen Bildgebung. Das ist vor allem deshalb wichtig, da die Scannertechnik und ihre unzähligen physikalischen Bedingungen ein weites Feld bieten, die an dieser Stelle nicht vollends beschrieben werden können, sondern allein auf ihre *visuelle Logik* befragt werden sollen.

4.1 Physikalische Grundlagen

4.1.1 Aufbau eines Kernspintomographen

Die grundlegende Apparatur des Messvorgangs stellt der Kernspintomograph dar. Der Kernspintomograph basiert auf der Technik hoher elektromagnetischer Felder, dessen Feldstärken in der Einheit Tesla (T) angegeben werden – in der funktionellen Bildgebung finden Scanner mit 1,5 Tesla bis 9,4 Tesla Verwendung –, die sich aus einem Hauptmagnetfeld und mehreren Magnetfeldgradienten zusammensetzen. Der Scanner besteht aus (Querschnittsbeschreibung von außen nach innen): einem äußeren Gehäuse, das aus strahlungsabweisendem Material besteht, einem Vakuumbereich, dem Bereich, in dem sich der Magnet in Form von Magnetspulen befindet und einer Schicht, die mit flüssigem Helium gefüllt ist, um den Magneten dauerhaft zu kühlen. Diese übereinander gelagerten Schichten ergeben eine Art Tunnel, in den die Proband_innen horizontal auf einer Liege langsam hinein gefahren werden.

Das Magnetfeld wird durch Strom erzeugt, der durch Metallspulen gelenkt wird. Das bedeutet, dass es sich bei der Magnetresonanztomographie um elektrisch erzeugten Magnetismus handelt, der im Gegensatz zu durch Magneten erzeugten Magnetismus, auf vielgestaltige Stoffe wirkt. Magnetische und elektrische Kräfte sind von verschiedener Natur, „denn Magneten wirken nur auf Magneteisenstein oder auf Eisenteile ein, und suchen sie räumlich in einer ganz bestimmten Richtung zu orientieren, während elektrische Kräfte eine Vielheit von Substanzen beeinflussen [...].“ (Mason 1997, 561)

Da der Kernspintomograph starke und konstante Magnetfelder benötigt, werden für die Spulen im Scanner Materialen verwendet, die allgemein als Supraleiter bezeichnet werden. Sie zeichnen sich dadurch aus, dass ihr elektrischer Widerstand bei sehr niedrigen Temperaturen Null beträgt. Die aus supraleitendem Material hergestellten Metallspulen, durch die der elektrische Strom geleitet wird, werden durchgehend mit Helium auf den absoluten Nullpunkt – 0 Kelvin oder –273,15 °C – gekühlt. Durch das Abkühlen der Metallspule wird sichergestellt, dass die Temperatur gering genug bleibt, um den elektrischen Widerstand in der Spule auf Null zu halten, so dass der Strom ohne Energieverlust durch die Spule kreisen kann. Ein weiterer wichtiger Bestandteil, den der Scanner für die Vermessung des menschlichen Körpers benötigt, sind die Gradientenspulen, die in unterschiedlicher Ausrichtung zum Hauptmagnetfeld geschaltet werden und damit die Grundlage der räumlichen Verortung der Daten bilden. Auf ihre Funktion werde ich in einem späteren Abschnitt eingehen.

4.1.2 Funktionsweise des Scanners

Im nun folgenden Abschnitt sollen einerseits die physikalischen und mathematischen Grundlagen der Methode sowie die Wirkweisen des Scanners auf den menschlichen Körper diskutiert werden. So stellt sich die Frage, wie in einem Magnetfeld und unter Einsatz von Magnetfeldgradienten die menschliche Anatomie, aber auch ‚Hirnaktivität‘ – also physiologische Prozesse – vermessen werden kann. Des Weiteren ist es wichtig herauszuarbeiten, wie diese physikalischen und mathematischen Werkzeuge der Vermessung visuelle Darstellungen produzieren.

„An understanding of the centrality of nuclear physics to MRI development provides insight into how this technology produces anatomical images, and in doing so, complicates common perceptions of it as an imaging apparatus.“ (Joyce 2006, 4)

Der Kernspintomograph baut auf das Modell des Kernspins auf. Kernspin meint dabei die Eigenschaft des Eigendrehimpulses (= spin) von Atomkernen und wurde erstmalig von dem Physiker Wolfgang Pauli[1] im Jahr 1925 beschrieben.

„Bei der Kernspintomographie macht man sich den Eigendrehimpuls, oder Spin, der Atomkerne mit ungerader Anzahl von Kernbausteinen zunutze: Die Kerne dieser Atome gleichen rotierenden Kreiseln, deren Drehachsen beliebig im Raum orientiert sind. Bringt man sie aber in ein starkes äußeres Magnetfeld, so richten sich die Rotationsachsen parallel und antiparallel zu diesem Feld aus. [...] Nach der Ausrichtung durch das äußere Magnetfeld führen die Kerne zusätzlich zu ihrer Eigenrotation eine Kreiselbewegung um die Richtung des Magnetfeldes aus.“ (IfTM[2]; letzter Zugriff 14.07.2011)

Die grundlegende Idee der Kernspintomographie nutzt also den magnetischen Moment ungerader Atomkerne, der auf einer Eigendrehbewegung beruht und richtet diese entlang eines Hauptmagnetfeldes im menschlichen Körper aus. Das Magnetfeld liegt parallel zur langen Körperachse. Für die funktionelle Bildgebung wird die Kernresonanz des Wasserstoffatoms genutzt, da Wasserstoff im menschlichen Gewebe hoch dosiert vorhanden ist und eine hohe Nachweisempfindlichkeit aufweist.

Die Ausrichtung der Atome im menschlichen Körper entlang der Hauptachse stellt allerdings nur die Voraussetzung des Messvorgangs dar. Ist der ausgerichtete Zustand erreicht, werden hochfrequente Radioimpulse (HF-Signale), die in einem bestimmten Winkel zum Hauptmagnetfeld stehen, geschaltet. Diese Magnetfeldgradienten sind kurze Signale, die die Atomkerne aus ihrer Ausrichtung ablenken. Was letztlich gemessen wird, ist die Relaxationszeit des Atomkernspins, das heißt, wie lange die Atomkerne brauchen, bis sie in ihren – vom Scanner bestimmten! – Ursprungszustand zurückgelenkt werden. Bastian Jia-Luo Cheng beschreibt diesen Vorgang in seiner Dissertation folgendermaßen:

„Dieser ‚Relaxation‘ genannte Vorgang besteht aus zwei voneinander unabhängigen Komponenten: Die Zunahme der Längsmagnetisierung und Abnahme der Quermagneti-

1 Ein Freund und Kollege von Niels Bohr und Werner Heisenberg.

2 Vgl. www.iftm.de/elearning/vmri/mr_einfuehrung/technik.htm; letzter Zugriff: 14.07.2011

sierung zum ursprünglichen Zustand. Die dafür benötigten Zeiten sind charakteristisch für verschiedene Körpergewebe und werden als longitudinale und transversale Relaxationszeit (T1 und T2) bezeichnet. Während der Relaxation wird die durch Kernresonanz eingebrachte Energie abgegeben und in den Empfangsspulen eine Spannung induziert: das MR-Signal. Es wird durch weitere schwächere, durch Gradientenspulen erzeugte Magnetfelder in den verbleibenden zwei Bildachsen durch Frequenz- und Phasenkodierung einer Position zugeordnet." (Cheng 2011, 13)

Wie Cheng bereits schreibt, werden den gemessenen Signalen durch zwei weitere Magnetfeldgradienten Koordinaten zugeordnet, um sie bei der Anzeige auf dem Bildschirm den einzelnen Volumenelementen – Voxeln – zuordnen zu können. Dabei muss zwischen zwei Gradienten unterschieden werden, die dem Signal seinen exakten Ort in einem Raster aus drei Raumebenen zuweisen. Zwei der Ebenen – x- und y-Achse – beschreiben die Frequenz- sowie die Phasencodierung, und die dritte Ebene wird durch die jeweilig aufgenommene Schicht bestimmt (z-Achse). Eine genauere Beschreibung der Verortung der Signale (k-Raum), ebenso wie die Herleitung von visualisierungsimmanenten Signal-Weiterverarbeitungsmethoden (Fourier-Transformation), findet sich weiter unten in diesem Kapitel.

Das oben beschriebene Verfahren betrifft in dieser Form zunächst die Scanvorgänge im Magnetresonanztomographen, die die anatomischen Visualisierungen des menschlichen Körpers anfertigen. Für den Vorgang der funktionellen Magnetresonanztomographie ist es wichtig, dass die Methode auf zwei unterschiedlichen Scanvorgängen basiert. Das sind zum einen die oben beschriebenen anatomischen Scanvorgänge (MRT), in denen Wasserstoffmoleküle im Gewebe gemessen werden. Zum anderen, und darauf werde ich im nächsten Abschnitt eingehen, die funktionellen Scanvorgänge (fMRT), die die Relaxationszeit der Wasserstoffmoleküle im Blut messen. Anatomische Scans haben dabei den Vorteil, dass sie einen statischen Zustand (Anatomie) messen wollen, weshalb der Zeitraum für die Anfertigung eines Scans länger sein kann. Dadurch kann die räumliche ‚Auflösung' erhöht werden, das heißt, es können mehr Schichten mit einer geringeren Schichtdicke pro Volumen gemessen werden. Ihre Herstellung dauert in der Regel ca. zehn Minuten und sie werden zumeist intermediär zwischen den funktionellen Scans angefertigt. In der funktionellen Bildgebung werden anatomische Scans als eine Art Schablone hergestellt, über die später bei der Datenauswertung die funktionellen Daten gelegt werden.

4.2 PHYSIOLOGISCHE GRUNDLAGEN

„Die Idee ist, dass man sich ein Bild des Gehirns macht, während der Proband sich ein Bild von der Welt macht.“
BLAU 2009, 1 MIN

4.2.1 Der BOLD-Effekt

Wesentlich charakteristischer für die funktionelle Bildgebung ist die Generierung physiologischer Daten. Die Messung der funktionellen Daten basiert auf der bereits thematisierten epistemologischen Identifikation der funktionellen Bildgebung, die physiologische Prozesse im Gehirn mit neuronaler Aktivität gleichsetzt. Im nun Folgenden möchte ich die grundlegende physiologische Bedingung des von Seiji Ogawa entdeckten BOLD-Effekts aufzeigen.

Der Messvorgang der funktionellen Daten (funktionelle oder Task-bezogene Scans) beruht, wie bei den anatomischen Scans, auf der Messung von Wasserstoffmolekülen – mit dem Unterschied, dass die funktionellen Scans die Relaxationszeit der Wasserstoffmoleküle im Blut messen. Die Spineigenschaft der Wasserstoffmoleküle im Blut ist an dessen Sauerstoffgehalt geknüpft. Sie bemisst sich durch das Aufkommen von sauerstoffreichem oder sauerstoffarmem Hämoglobin. Die Affinität von Hämoglobin, Sauerstoff zu binden und durch den menschlichen Körper zu transportieren, wurde von Christian Bohr (der Vater von Niels Bohr) Ende des 19. Jahrhunderts entdeckt. Der nach ihm benannte Bohr-Effekt beschreibt zwei Hauptzustände des Proteins Hämoglobin: einmal das Oxyhämoglobin, das den Zustand des Proteins beschreibt, wenn es Sauerstoff gebunden hat und zum anderen das Deoxyhämoglobin, das sich durch wenig gebundenen Sauerstoff auszeichnet. Ausschlaggebend für den Messvorgang ist dabei der Umstand, dass sauerstoffreiches Oxyhämoglobin höher magnetisch, Deoxyhämoglobin weniger magnetisch ist. Aus diesem Umstand leitet sich der BOLD-Effekt ab, der die Abhängigkeit des Kontrastes von sauerstoffarmem Blut bei Inaktivität des Hirnareals und der Zufuhr von sauerstoffreichem Blut bei aktiven Hirnarealen beschreibt. Dem liegt die Annahme zugrunde, dass es während neuronaler Aktivität zu einem lokal gesteigerten Blutfluss an entsprechend aktivierter Stelle kommt[3]. BOLD beschreibt seinem Namen nach die Idee, die hinter der funktionellen Bildgebung steckt: Das (Bild-)Signal ist demnach abhängig vom Sauerstoffgehalt des Blutes.

Was ist nun das BOLD-Signal? In meinem Feldforschungstagebuch habe ich zum BOLD-Signal nach einer Vorlesung bei Ralf Deichmann folgendes notiert:

„Im Ruhezustand des Gehirns ist die Oxygenierung des Blutes eher gering, das heißt der Deoxyhämoglobin Wert im Blut ist hoch. Das führt zu einem leicht verringertem T2*-Wert und einem reduzierten Signal. Bei neuronaler Aktivierung erhöht sich der Oxyhämoglobin-Wert an der Stelle, an der Aktivität stattfindet. Das führt zu einem erhöhten T2*-Wert, einer erhöhten Homogenität und einem erhöhten Signal. Denn: neuronale Aktivität, beziehungsweise der frische Sauerstoff, erhöht an den Stellen den Magnetismus des Blutes; im Gegensatz zum Ruhezustand. Man geht also davon aus, dass bei neuronaler Aktivität zuerst das Deoxyhämoglobinaufkommen (Initial Dip) im Blut kurzfristig ansteigt, um dann vom sauerstoffreichen Blut weggeschwemmt zu werden und für eine bestimmte Dauer (6-9 sek.) anzusteigen (Positive BOLD Response). Nach der ‚Verarbeitung' des Stimulus fällt das Sauerstoffaufkommen wieder ab (undershoot) und wird durch einen erhöhten Deoxyhämoglobinwert ersetzt." (Teilnehmende Beobachtung 2009, 16)

Die in der Vorlesung von Ralf Deichmann, an der Johann Wolfgang Goethe-Universität in Frankfurt, von mir angefertigte Zeichnung (Abbildung 1) illustriert den oben beschriebenen Effekt. Der auf der Abbildung beschriebene kanonische Verlauf eines BOLD-Signals wird in der Auswertung der Daten noch eine wichtige Rolle spielen.

Adina Roskies räumt in ihrem Artikel *Neuroimaging and Inferential Distance* mit falsch verstandenen Vorstellungen vom BOLD-Effekt auf. Eine dieser Vorstellungen, so Roskies, entstehe durch die Rhetorik der Wissenschaftler_innen, die Methode messe Hirnaktivität. Dies führe bei weniger informierten Menschen zu der Annahme, die Methode fange die elektrische Spannung der Neuronenaktivität ein, wie es etwa das EEG tut. Ebenso wenig ist das BOLD-Signal eine Messung der Blutflussveränderungen im Gehirn. Der BOLD-Effekt beschreibt die Abhängigkeit der Spinrelaxationszeit der Wasserstoffmoleküle vom Sauerstoffgehalt im Blut.

3 Dass diese Annahme die Basis – als abhängige Variable – der Methode darstellt, wurde von mir schon an anderer Stelle beschrieben. Die direkte Korrelation des BOLD-Effektes mit Hirnaktivität wird dabei immer wieder in Zweifel gezogen.

Abb. 1: Kanonischer Verlauf eines BOLD-Signals

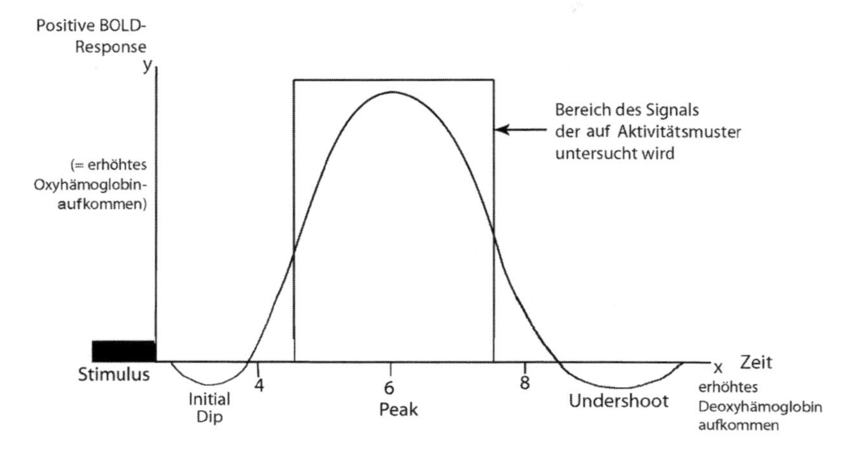

Die x-Achse beschreibt den zeitlichen Verlauf, die y-Achse das Sauerstoffaufkommen im Blut. Ein kanonischer BOLD-Verlauf zeichnet sich durch einen kurzen Anstieg von Deoxyhämoglobin (Initial Dip) im Blut, einer gleichförmigen Verlaufskurve mit erhöhtem Oxyhämoglobin, sowie einer erneuten kurzen Phase mit erhöhtem Deoxyhämoglobinwert (Undershoot) aus.

„[T]he BOLD MR [...] is a direct measurement of the dephasing of spins of water molecules in blood, caused by local changes in magnetic susceptibility. The magnetic susceptibility of water (in this case, water in the blood) is affected by the local concentration of deoxygenated hemoglobin. Increased levels of deoxyhemoglobin reduces the BOLD signal; reduced concentrations increase it. Neural activity is linked to susceptibility changes in the following way: it increases local metabolic demands, and these are compensated for by an increase in local blood flow and capillary volume." (Roskies 2008, 23ff.)

Zusammenfassend lässt sich sagen, dass bei anatomischen und funktionellen Scans unterschiedliche Spinrelaxationszeiten für Wasserstoffmoleküle im Gewebe und im Blut gemessen werden. Das Blut wiederum ist affiziert vom Magnetismus, der sich durch erhöhtes oder verringertes Sauerstoffaufkommen erklärt.

Die dabei als eindeutig angenommene Korrelation von Sauerstoffaufkommen im Blut und Hirnaktivität steht dabei immer wieder in der Kritik. So schreibt zum Beispiel die *Nature Neuroscience* im Jahr 2009 in ihrem Editorial, dass die

Verknüpfung zwischen BOLD-Signal und neuronaler Aktivität nicht gänzlich bewiesen sei: „In contrast, the link between the BOLD signal and neural activity is much less clear“ (Editorial 2009, 99). Auch Roskies weist daraufhin, dass die selbstverständlich gezogene Korrelation zwischen dem gemessenen Signal und neuronaler Aktivität auf einer empirischen Generalisierung aufbaue:

„The correlation between neural activity and increased MR signal is empirically well-confirmed but the quantitative relationship between changes in magnetic susceptibility and neural activity is not well understood. The underlying physiological mechanisms and their quantitative relationships remain phenomena of scientific inquiry. Our confidence in our ability to relate changes in the fMRI signal to neural activity is dependent upon empirical generalization and corroboration by other methods that more directly measure metabolic demands and blood flow.“ (Roskies 2008, 23ff.)

Ein weiterer Artikel, in dem die direkte Korrelation von BOLD-Signal und Hirnaktivität in Zweifel gezogen wird, ist der von Daniel Yoshor et al. 2007 verfasste Artikel *Spatial Attention Does Not Strongly Modulate Neuronal Responses in Early Human Visual Cortex*. Die Autor_innen liefern in ihrer Veröffentlichung eine etwas andere, aber weitreichende, Interpretation ihrer Aktivitätswerte:

„This finding suggests that the neuronal activity that underlies visual attention in humans is similar to that found in other primates and that behavioral state may alter the linear relationship between neuronal activity and BOLD.“ (Yoshor et al. 2007, 13205)

Auch die Artikel *Stimulus-Induced Changes in Blood Flow and 2-Deoxyglucose Uptake Dissociate in Ipsilateral Somatosensory Cortex* von Anna Devor et al. aus dem Jahr 2008 und *Anticipatory haemodynamic signals in sensory cortex not predicted by local neuronal activity* von Yevgeniy S. Sirotin et al. aus dem Jahr 2009 formulieren Zweifel an der direkten Korrelation von Sauerstoffaufkommen im Blut und neuronaler Aktivität. Ihr Erscheinen bringt die *Nature Neuroscience* im März 2009 unter der Rubrik *Research Highlights* zu der provokanten Einschätzung, dass sich die Interpretation des BOLD-Effekts dadurch gänzlich ändern könnte: „These studies will urge a rethink of the interpretation of functional MRI signals as they show that an increased haemodynamic signal does not always reflect increased neural activity“ (Welberg 2009, 166). Der von Leonie Welberg skizzierte Umbruch in der Interpretation funktioneller Daten hat, soviel kann man sagen, bisher nicht flächendeckend stattgefunden.

Das BOLD-Signal bildet die physiologische Grundlage der funktionellen Bildgebung. Die beiden unterschiedlichen gemessenen Wasserstoffrelaxationszeiten (anatomische Messung im Gewebe – funktionelle Messung im Blut) werden nun mit Hilfe der gleichen Analysemethoden weiterverarbeitet. Wichtig für die Weiterverarbeitung der Signale ist zunächst ihre örtliche Bestimmung. Wie oben schon angedeutet, werden dazu schwächere Magnetfeldgradienten geschaltet, die die Signale auf einer x- und einer y-Achse verorten. Im nächsten Abschnitt wird es darum gehen, wie die räumliche Verortung der Signale funktioniert und warum dabei Grauwerte – als Träger_innen von Informationen – eine wichtige Rolle spielen.

4.3 DIE VERMESSUNG DES HIRNRAUMS

Die Vermessung des Hirnraums verläuft über drei virtuell an das Gehirn angelegte Achsen. Zunächst wird der Hirnraum in Schichten unterteilt, die nacheinander gescannt werden. Die z-Achse bestimmt die Abfolge dieser Schichten. Für die dreidimensionale Anzeige auf dem Bildschirm werden die einzeln gescannten Schichten auf der z-Achse hintereinander angeordnet. Die z-Achse beschreibt die Richtung der hintereinander liegenden Schichten und liegt zumeist in Richtung des Magnetfeldes (vgl. Abbildung 2).

Abb. 2: Körperschichten im dreidimensionalen Koordinatensystem des Scanners

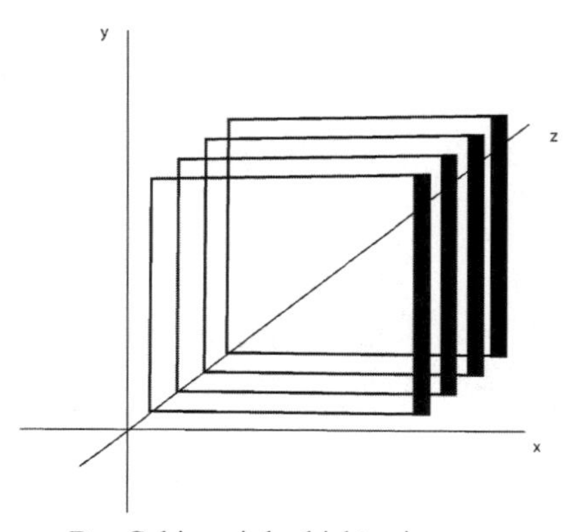

Das Gehirn wird schichtweise vermessen. Die z-Achse verläuft entlang der Körperachse.

Die einzelnen Schichten, die sich aus der vorher eingestellten Schichtdicke und dem Schichtabstand ergeben, werden selektiv angeregt. Während der Messung einer Schicht bleiben die Kernspins der anderen Schichten vom angelegten Hochfrequenzpuls unbeeinflusst. Innerhalb einer Schicht werden zur Kodierung des Signals zwei weitere Achsen angelegt, um die Phasen sowie die Frequenz des Signals der einzelnen Voxel zu bestimmen. Diese drei Achsen ergeben das Koordinatenraster, das beim Scannen des Gehirns angelegt wird. Durch das Anlegen des Koordinatensystems kann jede Position auf dem Raster definiert und später in einem Bild räumlich verortet werden.

Abb. 3: Vermessungsraster innerhalb einer Schicht

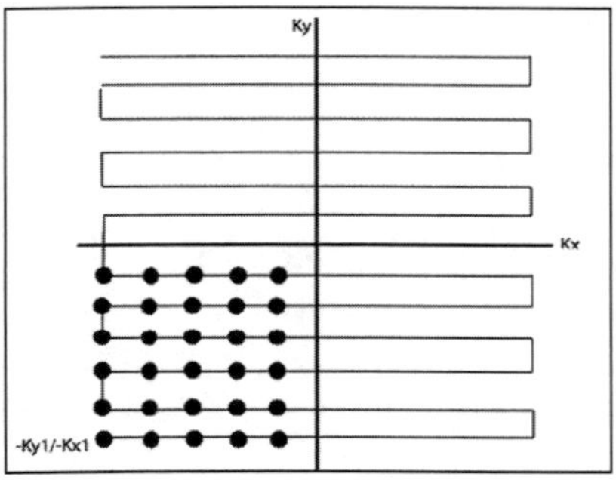

Jeder Referenzpunkt in einer Hirnschicht (Voxel) beschreibt eine genaue Koordinate (k*); die Daten werden meanderförmig entlang des Rasters gespeichert.

Um das menschliche Gehirn messbar zu machen, greift die funktionelle Magnetresonanztomographie auf klassische geometrische Vermessungskoordinaten zurück. Der k-Raum, der das Vermessungsraster für die Zuweisung der Voxel-Koordinaten und damit der Aktivitätswerte darstellt, baut auf einer simplen zweidimensionalen Fläche (x- und y-Achse) auf; seine dritte Dimension erlangt er über das Hintereinanderlegen der einzeln vermessenen Schichten. Darüber wird die Visualisierung von Volumendaten erreicht, der die Körperdaten in ein dreidimensionales Bezugssystem bringt. Die Koordinaten der Gitterpunkte im k-Raum sind im Scanner implizit schon angelegt und stellen eine vorgegebene Struktur im Scanner dar.

Dem angelegten Koordinatenraster, ebenso wie der Methode des Auslesens der Daten, liegt das cartesianische Koordinatensystem zugrunde. Dieses Koordinatensystem wurde von René Descartes 1637 eingeführt. Descartes hatte damit ein zweites Vermessungssystem neben der Linear-Perspektive begründet, eines das der naturwissenschaftlichen Vermessung näher lag: „[A]nother style of representation, more familiar to the scientist, was developed as well: Descartes analytic geometry which coordinatizes space with a generalized rectangular frame“ (van Fraassen 2008, 66). Mit den cartesianischen „frames of reference“ (ebd., 66) lassen sich Objekte aus ihrer Umwelt extrahieren, um sie dann Punkt für Punkt anhand der drei Referenzraster zu bestimmen. Wo die Linear-Perspektive noch versucht, zu Oberflächen reduzierte Objekte zueinander zu positionieren, begründet das cartesianische Koordinatensystem durch die Trennung des Untersuchungsobjekts von seiner Umwelt ein neues Abbildungssystem:

> „A coordinate system is indeed a specific representation of the space in the manifold R^3 of triples of real numbers. But coordinate transformations, moving us from one system into another, preserve both distances and parallelism. The move from one visual perspective into another does not! [...] Depiction in a Cartesian frame of reference is clearly not *literally* a perspectival representation of anything.“ (Ebd., 67)

Die Linear-Perspektive verschmälert den Blick aufs Bild auf nur eine mögliche Betrachtungsperspektive. Das cartesianische Koordinatensystem hingegen verlegt die Betrachtungsposition hin zu einem „Blick aus dem nirgendswoher“ („View from Nowhere“, vgl. ebd., 69, Übersetzung hf). Mit dem Koordinatensystem führt Descartes ein wirksames Vermessungsinstrument für wissenschaftliche Objekte ein, das gleichzeitig die Beobachter_innen im Vermessungsprozess verschwinden lässt. Die Vermessung des Körpers entlang der x-, y-, und z-Achse wurde zu einer der grundlegenden Vorraussetzungen medizinischer Bildgebung, da die Digitalisierung von Körperdaten durch Computer diese Form der Abstraktion benötigt. Im Kapitel über *Normalisierung der Hirndaten* wird vertiefend auf die normierende Funktion des cartesianischen Koordinatensystems im Vermessungsprozess der Hirndaten eingegangen.

Um die im k-Raum gemessenen Signalwerte weiterverarbeiten zu können, wird in der Hirnforschung auf eine mathematische Funktion (Fourier-Transformation) zurückgegriffen, mit der Wellensignale umgerechnet und in ein anderes System – hier in Grauwerte – transformiert werden können. An die Beschreibung der Fourier-Transformation knüpft sich die Frage danach an, wie die im Scanner gemessenen Signale zum Bild werden, das seine räumlichen Strukturen ebenso wie die Informationen über das BOLD-Signal in Grauwerten darstellt.

4.4 DIE FOURIER-TRANSFORMATION

„Reduce the physical questions to problems of pure analysis: the proper object of theory."
JOSEPH FOURIER 1822, 6

Um die im Scanner generierten Rohdaten weiterzuverarbeiten, miteinander zu vergleichen sowie sie auf dem Bildschirm anzeigen zu können, bedarf es der Fourier-Transformation. Im folgenden Abschnitt werde ich darauf eingehen, was die Fourier-Transformation ist und auf welchen physikalischen Annahmen sie basiert. Ausgehend von diesen Ausführungen soll der Stellenwert der Fourier-Transformation im Prozess der Datenvisualisierung aufgezeigt werden.

Der Namensgeber dieser mathematischen Vorgehensweise ist Jean Baptiste Joseph Fourier (1768-1830) ein französischer Mathematiker und Physiker. Fourier selbst hat die Fourier-Transformation, wie sie heute verwendet wird, nicht explizit entwickelt, sie wurde zu seinen Ehren und aufgrund seiner etlichen Vorarbeiten nach ihm benannt. Die Fourier-Transformation stellt eine Weiterentwicklung der von Fourier aufgestellten Fourier-Reihen dar, die es ermöglichten, periodische Signale in ihre Einzelteile zu dividieren. Die theoretisch-physikalischen Voraussetzungen der Fourier-Transformation hat Fourier primär in seiner Abhandlung *Théorie analytique de la chaleur* aus dem Jahr 1822 beschrieben. In diesem Buch erweitert er die bis dato gängigen Eigenschaften physikalischer Größen. Er ergänzt die physikalische Dimension von Wärme – die zuvor allein durch geometrische Beschreibungen wie Länge, Fläche und Volumen bestimmt wurde – um weitere physikalische Größen wie Masse, Kraft, Temperatur und Ladung (van Fraassen 2008, 53). Unter dem Eindruck, dass sein Untersuchungsgegenstand – *la chaleur*, die Wärme – einen wichtigen Bestandteil vieler anderer physikalischer Phänomene darstellt, entwickelt Fourier die ‚dimensionelle Analyse'[4] (vgl. Fourier 1955 [1822], 128, Übersetzung hf). Die dimensionelle Analyse beschreibt in der Physik einen Weg, Beziehungen zwischen physikalischen Objekten anhand einer kongruenten physikalischen Größe, die beiden Objekten inhärent ist, zu finden oder zu bestimmen – bei Fourier ist das die Wärme. Fou-

4 Dieser Begriff existiert so nicht im Deutschen und wurde von mir aus dem Englischen übersetzt.

rier leitet daraus die Regel ab, dass physikalische Phänomene nur mittels ihrer Dimensionen miteinander verglichen werden können. Naturphänomene müssen demnach in physikalische Größen unterteilt werden, um sie miteinander in Beziehung setzen zu können. Mit der Erweiterung der Definition von physikalischen Größen zielt Fourier ausdrücklich auf die Vergleichbarkeit von physikalischen Ereignissen aus der Natur ab. Denn nach seinem Dafürhalten beruht die physikalische Welt aus wenigen simplen Naturgesetzen:

„Primary causes are unknown to us; but are subject to simple and constant laws, which may be discovered by observation, the study of them beeing the object of natural philosophy. [...] The successors of these philosophers [as Archimedes, Galileo, Newton etc., hf] have extended these theories, and given them an admirable perfection: they have taught us that the most diverse phenomena are subject to a small number of fundamental laws which are reproduced in all the acts of nature.“ (Fourier 1955, 1)

Diese eher wissenschaftsgeschichtlich relevante physikalische Interpretation von Naturphänomenen ist Ausgangspunkt für die mathematische Neuerung, die Fourier seinerzeit vornimmt und die im direkten Zusammenhang mit der für uns wichtigen Fourier-Transformation steht.

Die physikalische Größe, die mit der Fourier-Transformation übersetzt werden kann, ist die Wellenlänge. Für die Umsetzung dieses Gedankens stellte Fourier die Fourier-Reihen auf, die jeweils eine periodische Funktion f als eine Funktionsreihe aus Sinus- und Kosinus-Funktionen beschreiben. Thomas Gallagher et al. weisen darauf hin, wie elementar Fourier-Reihen für das heutige Verständnis und die Weiterverarbeitungsmöglichkeiten von Wellenlängen sind:

„Joseph Fourier [...] is credited with observing that a complex signal can be rewritten as the infinite sum of simple sinusoidal waves. [...] Applications of this concept are invaluable to anyone who wishes to study composition of a complex signal, whether it is in the form of music, voices, images, or digital medical imaging, including MRI.“ (Gallagher et al. 2008, 1396)

Mit der Gleichung, dass jedes komplizierte Wellenlängensignal in die Summe von einfachen Sinus- und Kosinuskurven übersetzt werden kann, gelingt es Fourier, eine mathematische Formel für seine grundlegende Sicht auf die Naturphänomene aufzustellen:

„[A]nalytical equations [...] are not restricted to the properties of figures, and to those properties which are the object of rational mechanics; they extend to all general phenomena.

There cannot be a language more universal and more simple, more free from errors and from obscurities, that is to say more worthy to express the invariable relations of natural things." (Fourier 1955, 7)

Die Fourier-Transformation wurde zunächst für die digitale Bildverarbeitung erarbeitet und ist heute grundlegend für alle Formen der digitalen Bildspeicherung. Mit ihr konnten Bilddaten erstmals mathematisch berechnet und komprimiert werden. Die Fourier-Transformation als mathematische Berechnung von Bilddaten konnte sich erst mit der Entwicklung rechenstarker Computer und effizienter Algorithmen, die den Rechenaufwand der Fourier-Transformation reduzieren, durchsetzen. In der fMRT können via Fourier-Transformation die im Scanner gemessenen Signale des Wasserstoffkernspins als Summe von mehreren Sinus- und Kosinuskurven beschrieben werden, um sie in einem nächsten Schritt als Grauwerte abzuspeichern und durch eine erneute Fourier-Transformation als Bilder darzustellen. In der funktionellen Bildgebung gibt es zwei bis drei Fourier-Transformationen, die zumeist automatisiert im Scanner ablaufen. Auf meine Frage, an welchem Punkt oder zu welcher Zeit die Signale aus dem Scanner in Grauwerte umgewandelt werden, antwortet *Violett* im Interview:

„Das kommt drauf an: die Rohdaten, die im k-Raum erhoben werden, müssen durch zwei bzw. drei Fourier-Transformationen (FT)* in Bilddaten umgerechnet werden. In aller Regel ist der ‚online mode' aktiv: für jedes Echo wird direkt nach der Akquisition die erste FT durchgeführt. Auch die zweite FT kann online erfolgen, sobald alle k-Raum-Linien für eine bestimmte Schicht vorliegen." (Violett 2009, 1)

4.1.1 Die Fourier-Transformation in der fMRT

Die Fourier-Transformation nimmt im Visualisierungsprozess der fMRT eine grundlegende Funktion ein. Mit ihr können die in Wellenform auftretenden Signale der gemessenen Relaxationszeiten in Bildpunkte und Grauwerte übersetzt werden. Was passiert genau bei der Übersetzung der Signale in Bilddaten?

Ein wichtiger Faktor für die Speicherung der Signalwerte ist ihre räumliche Verortung. Ohne die räumliche Verortung der Daten, könnte keinerlei Informationswert aus den Daten gezogen werden. Für die räumliche Lokalisierung der Signale braucht es während des Scanvorgangs zusätzliche Magnetfeldgradienten. Die Lokalisierung findet in zwei Richtungen statt: entlang der x-Achse und der y-Achse (die z-Achse gibt die Ausrichtung der einzeln aufgenommen Schichten vor). Zur Orientierung über die Ausrichtung der drei Achsen siehe Abbildung 2.

Zunächst werde ich die Ortsbestimmung entlang der x-Achse beschreiben: Während der Messung wird ein Gradient in x-Richtung geschaltet. Dadurch rotieren die Spins der einzelnen Voxel mit steigender Frequenz entlang der x-Achse. Das heißt, durch die ansteigende Frequenzkodierung bekommt jedes Voxel entlang der x-Achse eine unterschiedliche Frequenz zugewiesen. Um ein zweidimensionales Bild zu erhalten, braucht es ebenfalls eine Ortung der Voxel entlang der y-Achse. Dabei kann nicht erneut auf die Kodierung des Ortes mittels Frequenz zurückgegriffen werden, da sonst zwei verschiedene Voxel dieselbe Frequenz besitzen könnten und sie somit nicht mehr zu unterscheiden wären.

Um die Ortung entlang der y-Achse zu erreichen, wird während der Messung ein Gradient in die y-Richtung geschaltet. Durch die Schaltung dieses zweiten Gradienten rotieren die Spins für eine kurze Zeit unterschiedlich schnell. Nach Abschaltung des Gradienten besitzen die Spins entlang der y-Achse differente Phasenlagen. Für die Ortung der Voxel werden 256 unterschiedliche Frequenz- sowie Phasenkodierungen benötigt, damit kein Voxel die gleiche Kodierung aufweist und somit eindeutig zugeordnet werden kann. Die jedem Voxel spezifische Frequenz- sowie Phasenkodierung kann nun mit Hilfe der Fourier-Transformation wieder herausgefiltert und im k-Raum abgespeichert werden. Gallagher et al. schreiben über die Funktion der Fourier-Transformation in der Bildgebung:

„The Fourier transform is a fundamental tool in the decomposition of a complicated signal, allowing us to see clearly the frequency and amplitude components hidden within. In the process of generating an MR image, the Fourier transform resolves the frequency- and phase-encoded MR signals that compose k-space. The 2D inverse Fourier transform of k-space is the MR image we see.“ (Gallagher et al. 2008, 1397)

Durch die Fourier-Transformation entsteht der bereits erwähnte k-Raum. Der k-Raum ist ein digitaler Repräsentationsraum, in dem die umgewandelten Rohdaten nach der Fourier-Transformation als Streifenbilder abgespeichert werden. Der k-Raum entspricht einer klassischen zweidimensionalen x- und y-Achsen-Anordnung. Die beiden Achsen werden auch als Ortsfrequenzen bezeichnet.

Abb. 4: Die zwei Fourier-Transformationen

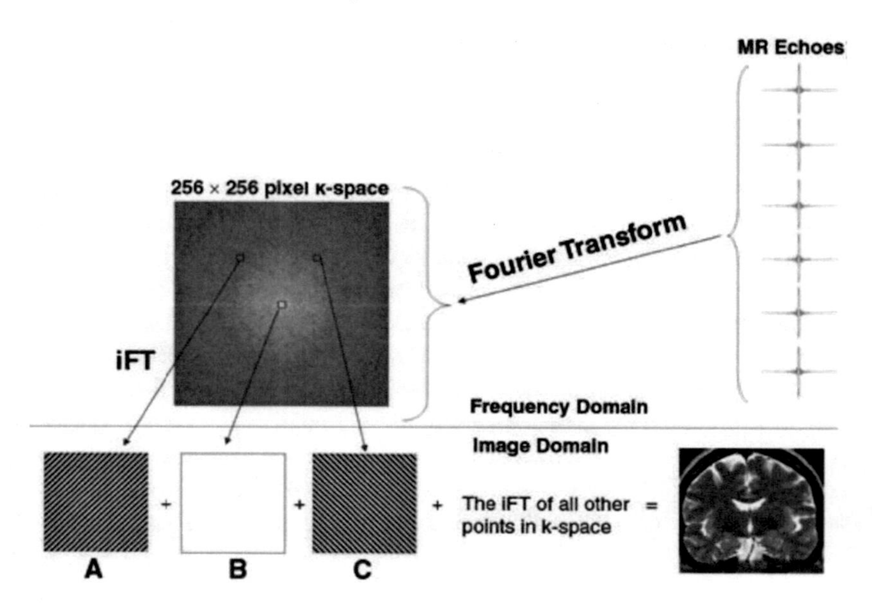

Das obenstehende Bild aus der Einführung in die Fourier-Transformation von Gallagher et al. illustriert den Prozess der Datenspeicherung: Die gemessenen Magnetresonanzechos werden durch die erste Fourier-Transformation in ihre Einzelsignale zerlegt und im k-Raum abgespeichert. Der untere Teil zeigt die räumlichen Frequenzen der einzelnen vergrößerten Pixel, die nach einer erneuten Fourier-Transformation das ‚fertige' Hirnbild ergeben.

Auf Abbildung 4 verweisen drei Pfeile aus dem k-Raum auf drei kleinere Quadrate, die als A, B und C markiert sind. Sie stellen Vergrößerungen der im k-Raum abgespeicherten Informationen dar.

Folgendes ist passiert: Die im Scanner gemessenen Signale bestehen aus Schwingungen, die sich aus Wellen mit verschiedenen Frequenzen zusammensetzen. Die Zusammensetzung der einzelnen Schwingungen wird mit Hilfe der Fourier-Transformation in ein Bild übersetzt, das aus räumlichen Streifenmustern besteht. Die Pixel im k-Raum tragen eine spezifische räumliche Frequenz, die sich im Gesamtbild mit abwechselnd hellen und dunklen Linien darstellt. Der k-Raum ist dabei nicht identisch mit dem späteren Bild eines Gehirnscans. Der Rohdatenwert im k-Raum gibt an, ob und wie stark ein bestimmtes Streifenmuster zum MRT-Bild beiträgt. Welche Daten im k-Raum gespeichert werden und somit das spätere Aussehen des Bildes beinflussen, wird durch kaum überschaubare Voreinstellungen im Scanner festgelegt: „Depending on how and when we choose to activate a particular combination of phase- and frequency-encoding gradients, we have the option of filling k-space in several creative ways" (Gallagher et al. 2008, 1397).

Die im k-Raum abgespeicherten Daten werden nun in einer zweiten Fourier-Transformation in Grauwerte umgerechnet. Diese zweite Transformation wird auch als zweidimensionale Fourier-Transformation bezeichnet. Die 2D-Fourier-Transformation berechnet aus den Rohdatenwerten im k-Raum, deren gesamte Information in den unterschiedlich gewichteten Streifenmustern steckt, die Grauwertverteilung im Bild und ordnet jedem Voxel den zugehörigen Grauwert zu. Neben den Ortsfrequenzen wird im k-Raum ebenfalls die Höhe des Relaxationssignals abgespeichert. Zusammen ergeben die Daten aus dem k-Raum das fertige Computerbild eines Hirnscans. Eine typische Grauwertverteilung im MRT-Bild beschreiben Gérard Crelier und Thomas Järmann:

> „Jeder Bildpunkt bildet ein Volumenelement (etwa 1mm^3) einer virtuellen Schicht durch den Körper ab, genauer den Relaxationsgrad der Magnetisierung eines Volumenelementes. [...] Relaxiert das spezifische Gewebe im Volumenelement schnell (zum Beispiel graue Gehirnmaterie), wird der Bildpunkt hell eingefärbt, relaxiert das Gewebe langsam (zum Beispiel zerebrospinale Flüssigkeit), wird der Bildpunkt dunkel eingefärbt." (Crelier/Järmann 2001, 97)

Die Zuweisung eines spezifischen Grauwerts an die Voxel einer Hirnschicht, im oben stehenden Zitat von Crelier/Järmann für die anatomischen Daten beschrieben, ist ebenfalls die Grundlage für die funktionellen Magnetresonanzdaten, entscheidet doch der zugewiesene Grauwert über die angenommene neuronale Aktivität in diesem Voxel. Die Anzeige der funktionellen Rohdaten, vor ihrer weiteren Auswertung und Kontrastierung mit anderen funktionellen Daten, unterscheidet sich zunächst kaum von der Anzeige eines anatomischen Scans (das heißt: die funktionellen Daten bestehen aus größeren Pixeln und zeigen nur in Ansätzen die Morphologie des Hirns an, etwa die Bereiche in denen kein BOLD-Signal gemessen werden kann, wie die Hirnventrikel). Nach der zweiten Fourier-Transformation steht den Wissenschaftler_innen nur noch eine begrenzte Anzahl an Aktivitätswerten zur Verfügung:

> „Die im Scanner ermittelten Daten werden für die Anzeige auf dem Bildschirm in Grauwerte umgerechnet. *Blau* ist sich nicht ganz sicher, wie die Daten vor der Fourier-Transformation aussehen, sie werden schon im Scanner in Grauwerte modifiziert. Es gibt eine Abstufung von 255 Grauwerten, die einen zugeschriebenen Aktivitätswert beschrei-

ben. Für jede/jeden Proband_in wird ein Durchschnittsgrauwert ermittelt, der den Wert 0 zugeschrieben bekommt – alle helleren Grauwerte bedeuten eine höhere Aktivität als 0, alle dunkleren Grauwerte weniger Aktivität als der festgelegte Durchschnittswert 0." (Teilnehmende Beobachtung 2009, 9)

Die Fourier-Transformation weist also jedem Voxel einen Grauwert zu, der in der Auswertung immer wieder als Aktivitätswert verwendet und in den Berechnungen mit anderen Grauwerten kontrastiert wird. Die Signale werden voxelweise in Grauwerte übersetzt und legen ab diesem Punkt die Eigenschaft der Daten fest. Die Fourier-Transformation ermöglicht es, die unterschiedlichen, sich in der Dimension des Wellensignals ausdrückenden physikalischen Signale (Radiofrequenzwellen) miteinander in Beziehung zu setzen und sie in andere Darstellungsarten zu transformieren.

Die Signalstärke wird nach der Fourier-Transformation in Grauwerten abgebildet. Da die Signalstärke aber nicht absolut, sondern immer nur relational angegeben werden kann, gibt es weder allgemeingültige Normwerte noch eine definierte Einheit für das Signal. Die zugewiesenen Grau- und damit Aktivitätswerte können sich immer nur in Relation zu den Werten des Individuums bestimmen lassen und sind zunächst einmal nicht verallgemeinerbar. Gallagher et al. gehen in ihrer Einführung zur Fourier-Transformation ebenfalls dezidiert darauf ein, dass sie kein Instrument ist, mit dem absolute Frequenzdaten übersetzt werden können:

„The returning MR spectoroscopy echo is a composite signal of many different echos from metabolites in the ROI, which is resolved into individual resonance frequencies and their relative amplitudes (abundance) by the Fourier transform. The term ‚relative' is an important qualifier because the Fourier transform cannot measure the absolute nature of any frequency. The height of a peak in the MR spectroscopy Fourier spectrum makes sense only relative to another peak." (Gallagher et al. 2008, 1399)

Das gilt nicht nur für die Angabe einzelner Proband_innen, sondern ganz generell unterliegen die mit Kernspintomographen aufgenommenen Intensitätswerte unterschiedlichsten Parametern, die sich auf ihr Aussehen auswirken:

„Die Intensitätswerte bei der MRI hängen von zahlreichen Parametern ab, unter anderem auch von der verwendeten Hardware (vor allem Sensitivitätsprofile der zum Senden und Empfangen benutzten RF-Spulen). Daher sind bei der klassischen MRT Intensitätswerte nicht direkt vergleichbar, zumindest wenn die Bilder mit verschiedener Hardware oder in verschiedenen Labors aufgenommen wurden." (Violett 2009, 1 min)

Mit dem Gedanken, dass periodisch auftretende Phänomene in Sinus- und Kosinuskurven übertragen werden können, schafft Fourier einen Abstraktionsschritt, der zu einer Universalisierung physikalischer Signale führt. Durch die Möglichkeit, Signale in ihre Einzelteile aufzugliedern, lassen sich physikalische Phänomene in Gleichungen übersetzen und miteinander vergleichen sowie ineinander übertragen. Damit schafft Fourier eine mathematische Herangehensweise für die Standardisierung von physikalischen Phänomenen. Mit dieser mathematischen Normierung ähneln die Fourier-Reihen der Einführung der Linear-Perspektive wie sie Latour in seinem Artikel *Drawing things together* beschreibt: sie lässt physikalische Phänomene zu „immutable mobiles" (Latour 1990, 27) werden, die transportabel und transferierbar und jederzeit abrufbar sind. Naturphänomene werden über ihre Abstraktion der Fourier-Reihen aufschreibbar/visualisierbar und somit transportierbar gemacht. Durch die Möglichkeit der Übersetzung von Signalen in Bilder durch die Transformation in Grauwerte schafft die Fourier-Transformation (Bild-)Hybride, die Natur als Fiktion und Fiktion als Natur darstellen können, ganz so wie Latour es für die Linear-Perspektive beschreibt:

> „Perspective is not interesting because it provides realistic pictures: on the other hand, it is interesting because it creates complete hybrids: nature seen as fiction, and fiction seen as nature, with all the elements made so homogeneous in space that it is now possible to reshuffle them like a pack of cards." (Latour 1990, 29)

Statistik wird dadurch zum einzigen Zugriff auf die Welt, der sich gleichzeitig durch *Inskriptionen* in unsere Vorstellungen von Natur einschreibt. Mit der Transformation der Frequenzsignale in Grauwerte stellt die Fourier-Transformation ein „Aufschreibesystem" (Kittler 1985) dar, das in seiner Anwendung beim Scannen selbst von den betroffenen Wissenschaftler_innen nicht mehr einsehbar ist und dennoch direkt an den in der funktionellen Bildgebung vorgenommenen *Inskriptionen* (Latour 1990) von Hirnaktivität beteiligt. Die Fourier-Transformation als *Inskription* von Wissen in wissenschaftliche Praktiken ist hier nicht als semiotischer oder theoretischer Übersetzungsakt gemeint, sondern ganz praktisch stellt die Fourier-Transformation ein Instrument zur Verfügung, mit dem physikalische Phänomene in zweidimensionale, transportierbare, reproduzierbare „immutable mobiles" (Latour 1990, 27) hergestellt werden können. Durch die reduzierenden Schritte, die für ihre Visualisierung vorgenommen werden müssen, fusionieren *Inskriptionen* mit der Geometrie (vgl. Latour 1990, 46). Die so entstandenen Zahleneinheiten können leicht in andere

Maßstäbe übergehen, und die gemessene physikalische Größe kann auf andere Objekte übertragen und zum Vergleich herangezogen werden (vgl. ebd., 46).[5]

4.5 DIE RHETORIK DER AUFLÖSUNG – ÜBER GUTE UND SCHLECHTE BILDER

Die Stärke von Magnetfeldern wird in Tesla angegeben. Zur Veranschaulichung lässt sich heranziehen, dass ein Magnetfeld mit einer Feldstärke von einem Tesla zwanzigtausend Mal stärker ist als das Magnetfeld der Erde. Die meisten in der funktionellen Bildgebung verwendeten Magnetfelder sind mit deutlich höheren Magnetfeldstärken ausgestattet. In der Vergangenheit hatten zwar 1,5-Tesla-Scanner die größte Verbreitung in der Forschung; die meisten wurden allerdings mittlerweile von 3-Tesla-Scannern ersetzt. Die neuesten Scanner haben eine Magnetfeldstärke von 7 oder sogar 9,4 Tesla. Ende des Jahres 2008 waren laut Angaben der Siemens AG – einem Hersteller von Kernspintomographen – ca. dreißig 7-Tesla-Scanner weltweit im Einsatz[6]; Tendenz steigend. Hinter den höheren Teslastärken der Scanner steckt der Wunsch, Bilder mit höheren Auflösungen zu produzieren und damit einen ‚besseren' Einblick ins menschliche Gehirn zu ermöglichen. Diesem Wunsch sind allerdings von medizinischer Seite her Grenzen gesetzt, denn Testpersonen können nicht beliebig hohen Magnetfeldstärken ausgesetzt werden. Ungeachtet davon stellen die Entwicklungen in der Kernspintomographie, hin zu höheren Teslastärken und damit zu höheren Auflösungen, einen großen Teil der Rhetorik dar, mit der Forscher_innen ihre Methode auch in Zukunft als wegweisend inszenieren können. So sieht zum Beispiel Nikos Logothetis in seinem Artikel *What we can do and what we can't do with fMRI* (2008) eine große Fehlerquelle in Studien darin, dass diese mit zu kleinen – ‚nur' 1,5-Tesla-Scannern – experimentieren würden:

„Human fMRI can profit a great deal from the use of high-field scanners and by the optimization of the pulse sequences used. Surprisingly, only a minority of the studies in the cognitive sciences seem to exploit the technical innovations reported from laboratories

5 So zeigt sich die geometrische Einschreibung in das „immutable mobile" Gehirn(bild) und die damit entstehende Relativität der Größenverhältnisse, bereits bei jeder Darstellung der Daten auf dem Bildschirm. Die gescannten Hirndaten werden zumeist in einem deutlich größeren Maßstab dargestellt.

6 www.siemens.com/innovation/de/news_events/innovationnews/innovationnewsmeldungen/2008/021_ino_0818_1.htm; letzter Zugriff: 03.10.2011.

working on magnetic resonance methodologies. [...] This combination of low magnetic field and traditional GE-EPI is prone to many localization errors. However, as of the beginning of the twenty-first century the percentage of middlefield (3 T) studies has increased, to reach about 56% in 2007." (Logothetis 2008, 870)

Explizit weist Logothetis auf die Vorteile höherer Teslastärken hin, mit denen bestimmte Fehlerquellen behoben werden können: „High magnetic fields are likely to dominate magnetic resonance research facilities in the future, and this should definitely improve the quality of data obtained in human magnetic resonance studies." (Logothetis 2008, 871ff.)

Die Labore, die sich die Anschaffung eines neuen Kernspintomographen leisten können, haben Logothetis' Ruf vernommen und rüsten nach. Schon 2008, zu der Zeit als Logothetis seinen Artikel verfasste, ist die Zahl der Experimente, die mit 3-Tesla-Scannern vorgenommen wurden, auf 56 Prozent gestiegen. Aber was ist eigentlich genau gemeint, wenn von einer höheren Auflösung gesprochen wird? Was passiert bei höheren Magnetfeldstärken und was bedeutet eine höhere Auflösung in der funktionellen Bildgebung? Gallagher weist auf Folgendes hin:

„Phase-encoding involves quickly activating, then deactivating a gradient. [...] Successively increasing the phase-encoding gradient amplitude will create a varying rate-of-change of phase translates into a kind of frequency that the Fourier transform resolves into different spatial frequencies. The greater number of phase-encoding steps performed, the greater the resulting spatial resolution." (Gallagher 2008, 1397)

Mit höherer Auflösung ist demnach die Verkleinerung der dargestellten Voxel im k-Raum gemeint. Die aktuell höchste am Menschen praktizierbare Auflösung liegt bei 512x512 Bildelementen. Eine Verkleinerung dieser Bildmatrix könnte durch ein schnelleres Schalten der Magnetfeldgradienten erreicht werden, wodurch eine häufigere Phasenkodierung der Signale während eines einzigen Scans erzielt würde.

Die Schwärmerei von Zahlen, die eine höhere Auflösung neuer Kernspintomographen versprechen, mag für die anatomische Darstellung des menschlichen Gewebes sinnvoll sein. Das größte Hindernis bei der Messung physiologischer Daten liegt laut Logothetis zufolge nicht in der unzureichenden Technik, sondern in der funktionellen Organisation des Gehirns. Die funktionellen Scans stellen die Methode und das Versprechen der größeren Auflösung vor allem vor zwei Probleme: Zum einen stellen die Blutgefäße, deren Wasserstoffatome im funktionellen Scan gemessen werden sollen, selbst bei einem 3-Tesla-Magnetfeld –

und somit einem schon verkleinerten Voxelvolumen – nur drei Prozent des Gesamtinhaltes dar:

„Mit einem Voxel, einer Art Messpunkt, werden heute, trotz höherer Auflösung der Scanner ab drei Tesla und mehr, immer noch knapp fünfeinhalb Millionen Nervenzellen, mehr als zwanzig Milliarden Synapsen, rund 22 Kilometer Dendritenausläufer und 220 Kilometer Axone erfasst. Nur knapp drei Prozent in diesem Hirnvolumen werden von den Blutgefäßen eingenommen, deren Spur im Kernspintomographen verfolgt wird." (Müller-Jung 2008, N1)

Zum anderen bietet auch die höhere zeitliche Auflösung nur in einem gewissen Rahmen Vorteile, geht man doch davon aus, dass zwischen zwei gezeigten Stimuli eine gewisse Zeit vergehen muss, damit die einzelnen BOLD-Antworten sich nicht überlagern. Auch in der Auswertung zeigt sich die zeitlich schlechte Auflösung der Messung des BOLD-Signals. Die kanonische Vorstellung eines optimalen BOLD-Signals geht von einer Neuronenaktivität aus, die erst 4 bis10 Sekunden nach einer Reizstimulation stattfindet. Die Qualität der fMRT-Bilder ist nicht nur von den verwendeten Teslastärken abhängig. Damit ein Bild ein ‚schönes' Bild werden kann, müssen zuvor einige Fehlerquellen, die zu Artefakten in den Visualisierungen führen können, ausgeschlossen werden.

4.6 Die Widerständigkeit des Materials in der Vermessung

Der Wunsch, das menschliche Gehirn im Kernspintomographen zu untersuchen, stößt auf verschiedene technische Schwierigkeiten. Für einige der (momentan) bekannten Fehlerquellen, die auf körperlichen und technischen Bedingungen beruhen, wurden bereits Gegenmaßnahmen zur Bereinigung der Daten von diesen Fehlerquellen in die Methode eingeführt. Eine technische Bedingung ist zum Beispiel die Spulengeometrie:

„Bei den funktionellen Daten gibt es innerhalb eines Scans einen Helligkeitsverlauf, vorne dunkler als hinten. Das liegt an der Spulengeometrie, der Anordnung der Spulen im Bird Cage [so nennt man die Kopfspule in fMRT-Scannern wie Allegra oder Trio der Firma Siemens, hf]." (Teilnehmende Beobachtung 2009, 10)

Körperbedingte Verzerrungen und Signalverluste gibt es definitiv in den Bereichen, in denen das Gehirn an mit Luft gefüllte Bereiche anschließt. Dazu gehören etwa die Nasengänge, die sich auf den orbitofrontalen Kortex auswirken und die Gehörgänge, die sich auf den Temporallappen auswirken. Bei der funktionellen Messung des Kopfes treten neben mit Luft gefüllten Bereichen ebenfalls Probleme mit der Sättigung des Blutes auf. Beim Scannen des Kopfes umfasst die Spule nur den Bereich des Kopfes. Das führt dazu, dass die Wasserstoffmoleküle nur in eben jenem Bereich ‚vorbereitet' werden (vorbereiten meint hier, dass der Magnet nur in diesem Bereich die Wasserstoffmoleküle in eine Richtung ausrichtet). Das heißt, das frische Blut von der Halsschlagader ist nicht ‚ausgerichtet', aber sehr stark magnetisch (weil es frisches Blut ist) und verursacht dadurch Artefakte. Es gibt weitere körperliche Merkmale, die Schwierigkeiten bei der Messung verursachen, beispielsweise wird Fett im Gehirn überproportional angezeigt. Weitere Probleme sind Bewegungsartefakte, die schon durch minimale Bewegungen der im Scanner befindlichen Person hervorgerufen werden und die Daten unbrauchbar werden lassen.

Nicht nur bei der Erhebung der Daten kann es zu Artefakten kommen, sondern auch in der Bildverarbeitung der Daten. Schon geringe Störungen im k-Raum können zu weitgreifenden Auswirkungen auf den daraus resultierenden Aufbau des Bildes haben und zur Produktion von Artefakten führen: Da der k-Raum keine direkte Abbildung des Bildes ist, entsprechen die Pixel im fertigen ‚Bild' nicht den Pixeln im k-Raum; im k-Raum trägt jedes Pixel die Information des gesamten Bildes in sich, also das Verhältnis der gescannten räumlichen Frequenzen.

4.7 DAS GEHIRN IN ZEITEN SEINER TECHNISCHEN REPRODUZIERBARKEIT

In diesem Kapitel konnte gezeigt werden, dass die Vermessung des Gehirns im cartesianischen Raum bereits auf seine (spätere) Visualisierung verweist. Mit Hilfe der Fourier-Transformation können die Signale einer Koordinate im digitalen Hirnraum zugeordnet und mit einem in Grauwerten angezeigten Aktivitätswert dargestellt werden. Die Fourier-Transformation zerlegt die generierten Signale aus dem Scanner in ihre Einzelfrequenzen und ermöglicht es dadurch, sie neuen Gleichungen zuzuführen. Durch die Abstraktion der Signale in ihre Einzelteile können die Signale neu in Beziehung zueinander gesetzt werden, sie können klassifiziert, in andere Kontexte übertragen und verglichen werden. Die so geschaffene Klassifizierbarkeit, Übertragbarkeit und Vergleichbarkeit der Signaldaten erschließt die Zahlenwerte für die statistische Auswertung. Der fouriersche Gedanke der vollständigen Messbarkeit aller physikalischen Größen in der Natur durch ihre Reduktion wird durch die Fourier-Transformation in die Hirnkarten getragen und macht das Gehirn und seine medial hergestellte Abbildung so zu den beiden Termen einer Gleichung.

Die technische Zurichtung des menschlichen Körpers auf den Zugriff der statistischen Messbarkeit durch neue bildgebende Verfahren führt zur Transformation des materiellen Körpers in ein visuelles Medium (vgl. Balsamo 1999, 223). In den Prozess der Transformation des menschlichen Körpers in ein visuelles Medium sind verschiedene Vorstellungen über die menschliche Biologie involviert. Die zur Vermessung „herangezogenen Modelle sind medizinischer, statistischer, mathematischer und informatischer Natur“ (Schinzel 2004, 3). Um die Körper der Vermessung zuzuführen, schreibt Schinzel, müssen diese in

> „systematischer Weise diszipliniert werden [...], um sie der instrumentellen Fabrikation zuzuführen, sie überhaupt visuell repräsentieren zu können. Die Verdinglichung geschieht also nicht erst im standardisierenden Bild, sondern bereits am Körper selbst im Rahmen der instrumentellen Zurichtung auf den Produktionsprozess der Verbildlichung.“ (Schinzel 2010, 6)

Das Zitat von Britta Schinzel macht deutlich, dass die Vermessung und Darstellung eines Objektes in der medizinischen und naturwissenschaftlichen Forschung nicht voneinander zu trennen sind. Die Art der Darstellung ist nicht nur eng mit der Art seiner Vermessung verbunden, sie bedingen sogar einander. Die funktionelle Magnetresonanztomographie öffnet mit Hilfe des cartesianischen Koordinatensystems und der Fourier-Transformation den menschlichen Denkraum, in dem der ordnende Blick insbesondere der Lokalisierung dient. Durch die Verlagerung standardisierter Modelle in die Herstellungsapparaturen der bildgebenden Verfahren wird die Souveränität des ärztlichen Blicks den Apparaturen immanent. Im ordnenden Blick des Arztes, wie ihn Foucault definiert, stimmt der ‚Körper‘ der Krankheit mit dem Körper des kranken Menschen überein, schreibt David Gugerli (vgl. Gugerli 1998, 3) und erkennt in den neuen Visualisierungstechnologien dieses Schema wieder. Visualisierungstechnologien greifen auf Modelle des Körpers und, im gleichen Schritt, auch auf Modelle des ‚abnormalen‘/kranken Körpers zurück und stellen somit eine *Automatisierung des ärztlichen Blicks* dar, wie Gugerli in seinem gleichnamigen Artikel betont. Der in den *apparatuses* integrierte automatisierte ärztliche Blick verweist auf die visualisierten Modelle des menschlichen Körpers, die den Menschen „nicht mehr reduzieren, sondern das Individuum erst begründen“ (vgl. Foucault 1973, 9).

5. Der Apparatus der Standardisierung

Nach der vorgenommenen Beschreibung des Scanners und der Datengenerierung umfasst das folgende Kapitel die Weiterverarbeitung dieser fMRT-Daten, die in drei Hauptarbeitsschritte eingeteilt werden kann: Preprocessing (also die Vorverarbeitungsschritte), Normalisierung und Koregistrierung. Die von mir aufgestellte These ist, dass in diesen Schritten die Visualisierungen der Hirndaten eine ausschlaggebende Rolle spielen, da sie von den Wissenschaftler_innen oftmals als Referenz herangezogen werden. Je nach Analysefortschritt findet der szientifische Rekurs auf die Bilder allerdings zu unterschiedlichen Zwecken statt. Davon ausgehend gilt es auf der einen Seite herauszuarbeiten, wie in den oben aufgeführten Schritten die Visualisierungen der Hirndaten eine Verobjektivierung erfahren. Auf der anderen Seite sollen die Schritte auf ihre inhärenten subjektiven Herangehensweisen untersucht werden, die es braucht, um dem widerständigen Material vereindeutigte Ergebnisse abzuringen. Den Rahmen für diese Prozesse bietet im MPIH die Software BrainVoyager, die hier ebenfalls kurz vorgestellt werden soll.

5.1 Preprocessing – Bereinigung der Daten zum Zwecke ihrer Objektivierung

Als Einstieg in die Beschreibung der Vorverarbeitungsschritte, denen die Daten nach der Generierung im Scanner unterzogen werden, möchte ich einen Auszug aus meinen Forschungsnotizen vorstellen, der die Beobachtung der ersten Schritte des Preprocessings zum Inhalt hat:

„Die Vorbereitung der Daten für den Auswertungsprozess ist bei *Blau* sehr strukturiert: *Blau* macht verschiedene Fenster mit BV (BrainVoyager) auf, öffnet darin die erhobenen Daten, um diese zuallererst umzubenennen, nach dem Kürzel des jeweiligen Probanden/der Probandin. Im nächsten Schritt werden die funktionellen Daten geöffnet, um die Qualität des Signalverlaufs zu checken und sicher zu gehen, dass keine Artefakte in den Daten stecken. Artefakte in den Rohdaten, wie z.B. Signalabfallartefakte, erkennt man an extremen Ausfällen nach oben oder nach unten. Allgemein ist bei allen fMRT-Signalen eine Abweichung der Aktivierungssignale in der zeitlichen Abfolge zu sehen. Das kommt daher, dass der Scanner sich erwärmt. Dieser Drift wird unter anderem im nächsten Schritt, dem in der Software automatisierten Preprocessing, korrigiert. [...] Bewegungsartefakte sieht man schon im Bild selbst, die sind sehr verwaschen und sehen aus, als sei man mit einem Weichzeichner über das Bild gegangen. „Das“, so *Blau,* „springt einem ins Auge“. Die ‚Korrekturen‘ des Preprocessing werden automatisiert, mit Hilfe dafür programmierter Algorithmen, an die Daten angelegt. Alle diese Korrekturen werden per Hand sozusagen innerhalb von BrainVoyager in Auftrag gegeben und in einem Rechenvorgang werden die Algorithmen an die Daten angelegt.“ (Teilnehmende Beobachtung 2009, 9ff.)

Die Preprocessing-Schritte, die zur Korrektur der Daten durchgeführt werden müssen, können je nach Experiment und Art der Auswertung variieren. Zu den wesentlichen Preprocessing-Schritten gehören alle Maßnahmen, die methodisch bedingtes Rauschen aus den Signalen herausrechnen sollen. Unter anderem gehören dazu erstens die Bewegungskorrektur oder auch Motion Correction (räumliche Glättung der Daten), zweitens das Linear Trend Removal (zeitliche Glättung der Daten), die unter anderem durch die Erwärmung des Scanners und die Adaption der Stimuli notwendig wird, und drittens die Slice Scan Time Correction (zeitliche Korrektur der Schichtakquisition). Ich werde die Preprocessing-Schritte im Folgenden kurz erläutern.

5.1.1 Die Bewegungskorrektur: Motion Correction

Die 3D-Bewegungskorrektur korrigiert die Bewegungen der Testperson im Scanner. Abbildung 5 zeigt die errechneten Bewegungen, die Proband_in X während eines Testverlaufs getätigt hat. Die Korrektur erfolgt in Richtung der x-, y-, und z-Achse. Null stellt die Ausgangslage der Körperachse dar und setzt damit den Ausgangspunkt, auf den alle Bewegungen korrigiert werden sollen. Die linke, seitliche Skala beschreibt den Radius der Bewegung, die untere Skala den zeitlichen Fortlauf des Scanvorgangs.

Als ungeschriebenes Gesetz gilt, dass alle Bewegungen, die im Bereich einer Voxelgröße liegen, vertretbar sind.

Abb. 5: Anzeige der Bewegungen des/der Probanden/Probandin zwischen plus 2 und minus 2 Voxel von der Ausgangslage im Scanner

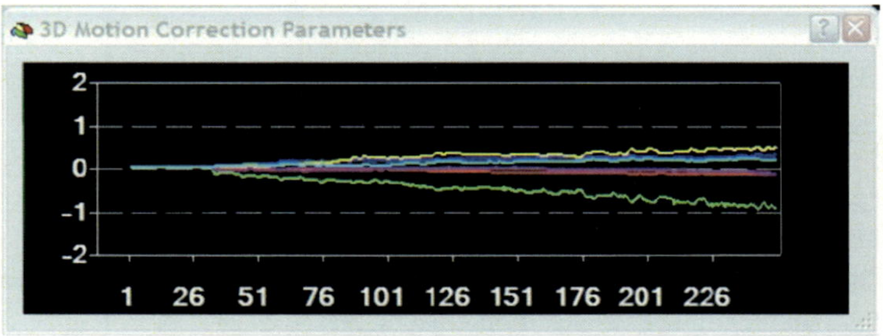

Rot: Verschiebung in x-Achse | Grün: Verschiebung in y-Achse | Blau: Verschiebung in z-Achse | Gelb: Rotation um x-Achse | Magenta: Rotation um y-Achse | Cyan: Rotation um z-Achse

Bewegungen, die über die Größe eines Voxels hinausgehen, können das Testergebnis stark beeinflussen und sollten deshalb ausgeschlossen werden.

5.1.2 Zeitliche Glättung der Daten

Die Linear Trend Removal oder auch ‚zeitliche Glättung' rekurriert auf verschiedene zeitabhängige Phänomene, die im Verlauf des Tests auftreten können. Dazu gehört zum einen die Erwärmung des Scanners, die als zeitlicher Trend in den Daten auftaucht und herausgerechnet werden muss. Eine weitere Berechnung betrifft das BOLD-Signal. Das BOLD-Antwortsignal wird durch die stetige Adaption der Stimuli, die im Laufe eines Experiments zu verzeichnen ist, weniger. Das bedeutet, dass die Aktivitätskurve nach mehreren Durchgängen mit dem gleichen Stimulus nicht mehr so stark ansteigt wie noch bei den ersten Durchgängen (Adaption); diese Veränderung des Antwortsignals muss in die Daten hineingerechnet werden, da sonst die gesamte Verrechnung der einzelnen Stimulationsdurchgänge zu keiner signifikanten Trennung mehr zwischen Ruhe- und Aktivierungsphase führt.

5.1.3 Slice Scan Time Correction

Die zeitliche Korrektur der schichtweisen Datenerhebung (Akquisition) wird deshalb notwendig, da die vom Scanner gemessenen Gehirnschichten zeitverzögert gescannt werden. Um die erste und letzte gescannte Schicht eines Volumens zeitlich anzugleichen, müssen die Schichten in Relation zueinander gesetzt werden. Um diese unterschiedlichen Akquisitionszeiten für die Analyse zu korrigieren, wird eine Schicht als Referenzschicht ausgewählt und jede weitere Schicht um die zeitliche Differenz korrigiert (vgl. Jäncke 2005, 103).

Die Vorverarbeitungsschritte der Daten sind also jene Korrekturen, die die impliziten Unzulänglichkeiten der funktionellen Magnetresonanztomographie ausgleichen sollen. Die meisten der oben vorgestellten Preprocessing-Berechnungen, die der Validierung der Daten dienen, nehmen eine Glättung der Daten, bezogen auf einen errechneten Mittelwert, vor.

Die Reinigung der Daten vom ‚Rauschen der Technik' ist ein Prozess, der auf statistischen Berechnungen beruht. Die Notwendigkeit, die Daten von den Fehlern der Technik zu befreien, ist zum einen statistischer Natur, zum anderen stellt sie einen grundlegenden Schritt zur Plausibilisierung der Daten dar. Mit diesen Schritten wird signalisiert, dass die Forscher_innen um die von der Technik hervorgerufenen Artefakte wissen und mit Hilfe einer weiteren Technik in der Lage sind, diese Fehleranfälligkeit zu beheben. Mit den Vorverarbeitungsschritten konnte nicht nur eine standardisierte Verfahrensweise für die Daten etabliert werden, sondern gleichfalls eine statistische Objektivierung der Daten.

5.1.4 In die Daten reingehen. Das ‚Durchschauen' der Daten auf Artefakte

Das Absuchen der Daten auf Artefakte stellt einen weiteren Schritt in der Vorbereitung der Daten für die Auswertung dar. Dafür werden stichprobenartig Schichten (Slices) aufgerufen und auf dem Bildschirm angezeigt. Um sich den Signalverlauf der einzelnen Schichten anzeigen zu lassen, müssen die Wissenschaftler_innen den Signal Time Course aufrufen (siehe Abbildung 6). Der dargestellte Signalverlauf, der am rechten unteren Rand abgebildet ist, zeigt einen deutlichen Einbruch des Signals und somit ein Artefakt. Ein ‚normaler' Signalverlauf zeichnet sich nach Einschätzung der von mir beobachteten Wissenschaftlerin durch seine Regelmäßigkeit aus. Der schnelle Abfall des neuronalen Signals wird als untypisch bewertet und als Artefakt ausgemacht. Somit muss das auftretende Phänomen einen anderen Grund beziehungsweise einen anderen Referenten als das Gehirn haben und wird aus den weiterzuverarbeitenden Daten ausgeschlossen.

Untypische Aktivitätsschwankungen im neuronalen Signal können ausschließlich über die Visualisierung der Daten aufgespürt werden.

Abb. 6: Artefakt im Signalverlauf

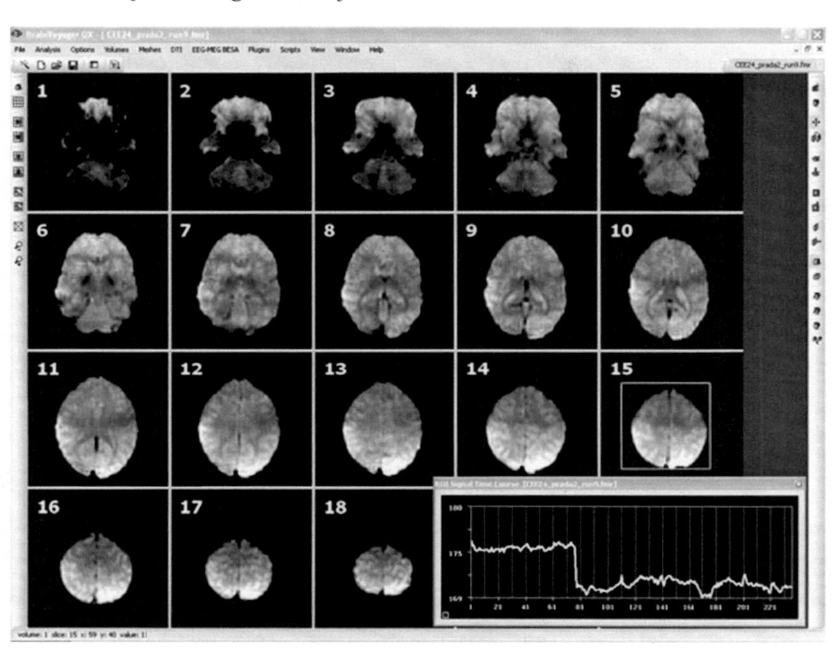

Screenshot vom Bildschirm einer/eines Mitarbeiterin/Mitarbeiters aus dem MPIH, das einen deutlichen Signaleinbruch zeigt.

Um sich mögliche Bewegungsartefakte der Testpersonen im Scanner anzeigen zu lassen, greifen manche Wissenschaftler_innen auf den Time Course Movie zurück. Das kleine Filmchen über das Gehirn zeigt, einem Daumenkino gleich, die einzelnen Schichtbilder des Gehirns hintereinander an. Diese schnelle Aneinanderreihung der Schichten ermöglicht dem menschlichen Auge eine Einschätzung, ob die einzelnen Schichten ‚springen' und somit auf eine Bewegung der Testperson im Scanner hinweisen.

Wie akkurat das Durchkämmen der Daten nach aufgetretenen Artefakten durchgeführt wird, hängt von der/dem einzelnen Wissenschaftler_in ab. Was für die einen die wichtigste Voraussetzug zur Weiterverarbeitung ihrer Daten darstellt, ist für die anderen nur ein lästiges Prozedere, das es abzuhaken gilt. Dem Zweck der Standardisierung und Objektivierung dienen auch die zwei nächsten vorgestellten Schritte: die ‚Normalisierung' der Daten – die Talairach-Angleichung an ein Normgehirn – und die räumliche Koregistrierung der funktionellen auf die anatomischen Daten.

5.2 NORMALISIERUNG DER HIRNDATEN

Die ‚Normalisierung' ist ein gebräuchlicher Objektivierungsvorgang in der fMRT. Er beschreibt den Schritt, in dem die unterschiedlichen Gehirne an ein Normgehirn angepasst werden, um die verschiedenen Daten der Proband_innen miteinander vergleichen zu können. Die Hirnforschung verfügt über unterschiedliche stereotaktische Referenzsysteme. Ein verbreitetes und gängiges Referenzsystem ist unter anderem der MNI (Montreal Neurological Institute)-Koordinatenraum[1]. Ein weiteres Referenzsystem, mit dem im MPIH gearbeitet wird und auf das ich im Folgenden dezidiert eingehen werde, ist das Talairach-System. Es wird zum Beispiel auch im Human Brain-Project[2] (Schmitz 2002) verwendet. Das Talairach-System stellt einen Hirnatlanten zur Verfügung, auf dessen Basis die funktionellen Daten interpretiert und verglichen werden können.

5.2.1 Die Entstehung der Stereotaxie

Die Geschichte der Hirnvermessung mit Hilfe der Stereotaxie geht auf ein grundlegendes Vermessungs- und Darstellungsprinzip zurück, auf das in dieser Arbeit schon des Öfteren rekurriert wurde: das Koordinatensystem von René Descartes. Descartes entwickelte ein Koordinatensystem, mit dessen Hilfe jeder Punkt in einem Raum bestimmt werden kann. Die Aufgabe für die Hirnanatomie bestand darin, einen Weg zu finden, die x-, y-, und z-Achsen auf den Schädel und letztlich auf den gesamten Gehirnraum übertragen zu können. Daraus ging das Enzephalogramm hervor, das in Tierversuchen, vor allem an Affen, entwickelt wurde. Die Übertragung des cartesianischen Koordinatensystems auf das menschliche Gehirn wurde Mitte des 20. Jahrhunderts vor allem für operative Zwecke forciert. Der erste Artikel, der die Übertragung des stereotaktischen Systems auf den Menschen beschreibt, stammt von Ernest A. Spiegel und Henry T. Wycis (Spiegel/Wycis 1947, 349) und behandelt den stereotaxischen Apparat für Operationen am menschlichen Gehirn. Das von Spiegel und Wycis beschriebene System wurde seither weiterentwickelt, verändert und für die räumliche Vermessung des Gehirns durch die fMRT produktiv gemacht. Denn eine grundlegende Veränderung in der Vermessung des Gehirns mit funktioneller Magnetreso-

---

1 „So wurde ein auf der MRT-Aufnahme von 305 Gehirnen basierendes MNI-brain eingeführt, welches unter anderem zur Datenanalyse von fMRT-Datensätzen verwendet wird." (Hennig 2001, 83)

2 Vgl. www.humanbrainproject.eu; letzter Zugriff: 15.11.2011.

nanztomographie besteht darin, dass das Koordinatensystem zur Lokalisierung einzelner Punkte im Hirnraum nicht mehr nur äußerlich an den Schädel angelegt wird (wie es lange Zeit in der Medizin und der Hirnforschung üblich war), sondern mit Hilfe physikalischer Signale das Koordinatensystem in das Gehirn hinein verlagert und jedem gemessenen Wert einen Ort und jedem Ort einen Wert zuweist. Der *visuellen Logik* der funktionellen Magnetresonanztomographie ist die stereotaktische Vermessung des Gehirns demnach implizit.

Explizit wird sie durch die ‚Normalisierung' der Daten, bei der die gescannten und untersuchten Gehirne anhand von oberflächlich angelegten Landmarken an ein Standardgehirn angepasst werden. Ich werde im Folgenden das talairachsche Referenzsystem vorstellen, da die Koordinaten, wie Jürgen Hennig festhält, die allgemeine Basis der Hirnforschung darstellen:

„Talairach-Koordinaten gelten damit sozusagen als Esperanto des kleinsten gemeinsamen Nenners, eine Sprache, die zwar von neurowissenschaftlichen Disziplinen verstanden wird, der es aber zur genauen Beschreibung von Ergebnissen an Genauigkeit mangelt." (Hennig 2001, 84)

5.2.2 Das Talairach-System

Jean Talairach und Pierre Tournoux entwickeln in ihrem Buch *Co-planar Stereotaxic Atlas of the Human Brain* von 1988 ein eigenes und bis heute weit verbreitetes stereotaktisches System[3]. Die verbreitete Anwendung dieses Systems geht weniger auf ihre besondere Qualität zurück als auf fehlende Alternativen (vgl. Massaneck 2001, 92).

Als Vorlage des Talairach-Atlas' diente das Gehirn einer einzigen Person, einer sechzigjährigen Französin[4], deren Gehirn post mortem vermessen wurde. Die Schichtdicke der für den Atlas untersuchten Hirnschichten lag zwischen 3 mm

3 Ich werde hier allein das von Talairach und Tournoux entwickelte stereotaktische Vermessungssystem vorstellen und nicht den auf diese Grundlagen basierenden Hirnatlas, in dem sie einzelne kortikale Areale bestimmen und Funktionen bemessen. In ihrem Hirnatlas findet sich eine durchnummerierte Topographie der Gehirnareale, bestehend aus zweiundvierzig verschiedenen Bereichen, die alle eine spezielle Funktion zugeschrieben bekommen.

4 Das ist vor allem deswegen wichtig, da es sich vom oben genannten MNI-System dadurch unterscheidet, dass hier keine Mittelung vieler Gehirne vorgenommen wurde.

und 4 mm. Talairach und Tournoux beschreiben das Referenzsystem in ihrem Klassiker der stereotaktischen Vermessung anhand dreier Referenzlinien:

„Three reference lines form the basis for our three-dimensional proportional grid system:
1. CA-CP line
This line passes through the superior edge of the anterior commissure and the inferior edge of the posterior commissure. It follows a path essentially parallel to the hypothalamic sulcus dividing the thalamic from the subthalamic region. This line defines the horizontal plane.
2. Vca line
This line is a vertical traversing the posterior margin of the anterior commissure. This line is the basis for the vertical frontal plane.
3. Midline
This is the interhemispheric sagittal plane.“ (Talairach/Tournoux 1988, 5)

Anhand Abbildung 7 können die drei von Talairach und Tournoux aufgestellten Hauptreferenzlinien, die das dreidimensionale Vermessungsraster vorgibt, erläutert werden. Zu sehen ist die horizontale Linie (im Bild mit CA-CP bezeichnet), die den Punkt CA (Commissure Anterior) und den Punkt CP (Commissure Posterior) miteinander verbindet und die horizontale Null-Ebene der axialen Schichten beschreibt. Des Weiteren erkennbar sind zwei vertikale Linien, hier auf dem Bild mit Vca und Vcp benannt. Vca beschreibt den Schnitt durchs Gehirn, der die Null-Ebene der koronalen (frontalen) Schichten festlegt. Die Mittellinie ist in der Abbildung nicht erkennbar, sie beschreibt die sagittale Ebene (in diesem Falle die Abbildungsebene). Die Vcp-Linie verläuft parallel zur Vca-Linie durch das Gehirn und gibt damit eine weitere Referenz zur Anpassung des Zentimetermaßstabs an das Gehirn vor. Dank des auf der Abbildung äußerlich ans Gehirn angelegten Zentimetermaßstabes lassen sich ebenfalls die Größenverhältnisse gut erkennen. Denn was anhand des angehaltenen Zentimetermaßstabes noch auffällt, ist die eigentliche Größe des Gehirns. Ein Nebeneffekt der bildgebenden Verfahren ist, dass die Gehirne immer größer auf dem Bildschirm dargestellt werden, als sie in Wirklichkeit sind.

Um den Zweck eines Standardgehirns gerecht zu werden, ist es wichtig, nicht nur generell einen Maßstab ans Gehirn anlegen zu können, sondern auch einen standardisierten Maßstab für das Gehirn festzulegen.

Abb. 7: Das Talairach'sche Referenzsystem mit Zentimeterangabe

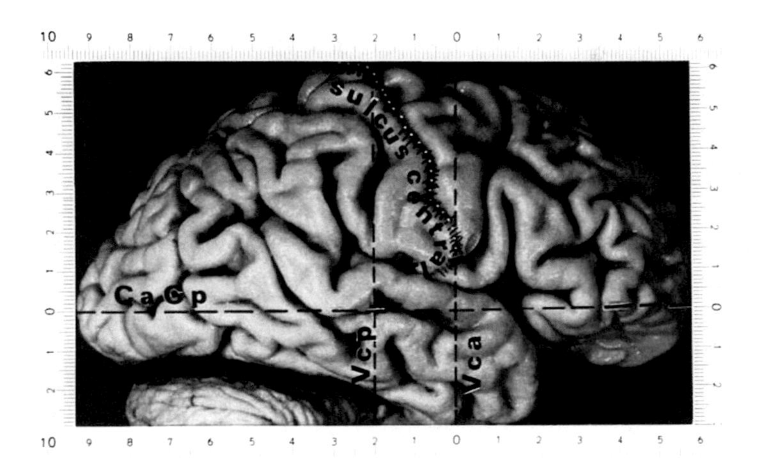

Die exakten Werte gibt das von Talairach und Tournoux mit Hilfe ihres stereotaktischen Systems vermes-sene Gehirn der Französin vor. Anhand der oben beschriebenen Linien und den hieran festgelegten Zahlenwerten werden in der Talairach-Anpassung (oder Talairach-Transformation) alle gescannten Gehirne zumindest von ihrem Volumen her in Übereinstimmung gebracht, um miteinander verglichen werden zu können.

Das von Shaywitz et al. veröffentlichte Paper beschreibt den von ihnen praktizierten Vorgang der ‚Normalisierung' der Daten recht anschaulich:

„On each anatomical image, the positions of the anterior commissure and posterior commissure and the direction of the midline were found manually. These reference points and the edges of the brain let us define the standard Talairach coordinate system for each subject. Each brain (anatomical image and activation map) was then rescaled to the standard Talairach form using cubic proportional fitting for each block defined by the anatomical landmarks." (Shaywitz et al. 1995, 608)

Die Beschreibung im Artikel von Shaywitz et al. trifft den Kern der Talairach-Anpassung: eine Voraussetzung für die Angleichung der Daten ist, dass diese als visuell aufbereitete Karten vorliegen, da es sonst nicht möglich ist, die Gehirne miteinander in Beziehung zu setzen. Unter Vorlage der Datenbilder werden manuell die Referenzpunkte der in Beziehung zu setzenden Gehirne festgelegt. Die Festlegung dieser Punkte wird an den zweidimensional angezeigten Bildern auf dem Bildschirm vorgenommen. Schon in der Entwicklung des Koordinatensystems und in der Abgrenzung der darin enthaltenen Landmarken verwendeten Talairach und Tournoux ausschließlich visuell vermittelte Bestimmungspunkte, wie Hennig festhält: „Bereits Talairach hat die Korrespondenz zwischen funktioneller Anatomie und kortikaler Histologie ausschließlich durch visuelle Inspektion der Anatomie vorgenommen und auf eine genaue histologische Verifizierung verzichtet.“ (Hennig 2001, 84) Nach der Definition der Referenzpunkte in den neu zu skalierenden Gehirnen läuft die Angleichung der Gehirne automatisiert im Computer ab, da für die Angleichung jedes einzelne Voxel mit Hilfe spezieller Algorithmen neu berechnet werden muss.

5.2.3 Probleme der Talairach Anpassung

Für die Methoden, die nach kortikalen Arealen im menschlichen Gehirn suchen – wie es etwa die funktionelle Magnetresonanztomographie versucht –, ist das stereotaktische Talairach-System nicht besonders vorteilhaft. Bereits im Vorwort ihres Buches *Co-planar Stereotaxic Atlas of the Human Brain* aus dem Jahr 1988 problematisieren Talairach und Tournoux die Übertragbarkeit ihres Koordinatensystems, da die individuelle Variabilität der Gehirngrößen, vor allem auf der Ebene des Großhirns, sehr hoch ist.

> „Distances from these planes may be measured in millimeters. Because of the individual variations in height, length, and width of human brains these measurements are only applicable to one individual. This becomes increasingly true with greater distance from the basal lines.“ (Talairach/Tournoux 1988, 5)

Talairach und Tournoux sprechen dabei ein weiteres Problem des talairachschen Systems an: ihr stereotaktisches System ist nicht originär für die Lokalisation kortikaler Strukturen entwickelt worden, sondern als Referenzsystem tieferer, subkortikaler Hirnstrukturen in der Nähe zur CA-CP-Linie. Für das talairachsche System lässt sich festhalten, dass die Vergleichbarkeit der Strukturen insbesondere in der Nähe der drei Referenzlinien am höchsten ist. Die genauen Lokalisierungen im Bereich des menschlichen Kortex indes sind durch die hohe Variabilität der kortikalen Vernetzungen nur schwerlich verallgemeinerbar. „Für corticale (sic!) Lokalisation ist der Talairach Atlas zwar grundsätzlich auch anwendbar, die verbleibende Variabilität ist aber so groß, dass fast jeder Gyrus mit seinen ‚Nachbarn‘ verwechselt werden kann.“ (Rademacher 2001, 25)

Wie weiter oben bereits erwähnt, basiert das Talairach-System auf makroskopischen – mit ‚bloßem' Auge sichtbaren – Eigenschaften des Gehirns, nicht auf cytoarchitektonischen oder histologischen Beobachtungen (vgl. Massaneck 2001, 92). Somit wird allein die Anatomie des Gehirns als Vermessungsgrundlage herangezogen, und die kortikalen Areale mit ihren Funktionszuschreibungen werden über die anatomische Karte gelegt.

Ein weiteres Problem, das das Talairach-System immer mehr in Frage stellt, sind die höheren Auflösungen der neueren bildgebenden Verfahren, die zur Folge haben, dass die darstellbaren Voxelgrößen sich mittlerweile im Millimeterbereich befinden und somit vom grobmaschigen talairachschen Referenzsystem nicht adäquat repräsentiert werden können (vgl. Hennig 2001, 84). Das oben bereits erwähnte MNI-System stellt den Versuch dar, die neueren bildgebenden Verfahren für die Entwicklung eines zweckmäßigeren Referenzsystems zu verwenden. Bisher aber findet das Talairach-System weiterhin eine breite Verwendung.

5.2.4 Talairach-Anpassung am Computer

Der talairachsche Zentimetermaßstab wird in den bildgebenden Verfahren nicht mehr von außen an das Gehirn angelegt, wie es noch für die posthume Gehirnvermessung notwendig war, sondern anhand der anatomischen Datenbilder. Die Größenangaben, die mit Hilfe der drei Linien an das Gehirn angelegt werden, basieren ungeachtet der veränderten Darstellung auf dem gleichen Zentimetermaßstab, wie ihn Talairach und Tournoux 1988 entwickelt haben. Die Angleichung an ein Norm-Hirn wird ebenso wie die Preprocessing-Schritte zumeist in der Software vorgenommen, in der auch die restlichen Auswertungsschritte bearbeitet werden, in unserem Fall im BrainVoyager. Der BrainVoyager verwendet das stereotaktische Talairach-System als Standardgehirn, an dessen Maßstab alle gescannten Gehirne normiert werden, um sie hernach besser in Relation zueinander setzen zu können. Eine Anleitung für die Anwendung des Talairach-Systems in einer Computersoftware unterteilt den Vorgang der Transformation in zwei Schritte:

„Talairach transformation is performed in two steps. In the first step, the cerebrum is translated and rotated into the ACPC plane (AC = anterior commissure, PC = posterior commissure). In the second step, the borders of the cerebrum are identified; in addition with the AC and PC points, the size of the brain is fitted into standard space. These steps are performed in the ‚Talairach' tab of the ‚3D Volume Tools' dialog." (Getting Started Guide 2.6 2008, 46)

Um die Standardmaße an das zu transformierende Gehirn anzulegen, müssen die drei von Talairach und Tournoux beschriebenen Linien von den Wissenschaftler_innen in den anatomischen Hirnschichten anhand ihrer äußersten Punkte markiert werden. Die Wissenschaftler_innen bestimmen auf dem Bildschirm am Bild des Gehirns die äußeren Punkte der AC-PC-, der Vca- sowie der Mittel-Linien, die dann von der Software auf die Größe der Talairach-Koordinaten runtergerechnet werden. Nun müssen die Wissenschaftler_innen noch bestimmen, welche Interpolation bei der Berechnung der Voxel angelegt wird. Nach dem Drücken des GO Buttons wird ein neues 3D-Volumen für das zu transformierende Gehirn berechnet.

Abb. 8: Talairach-System in der BrainVoyager-Anzeige

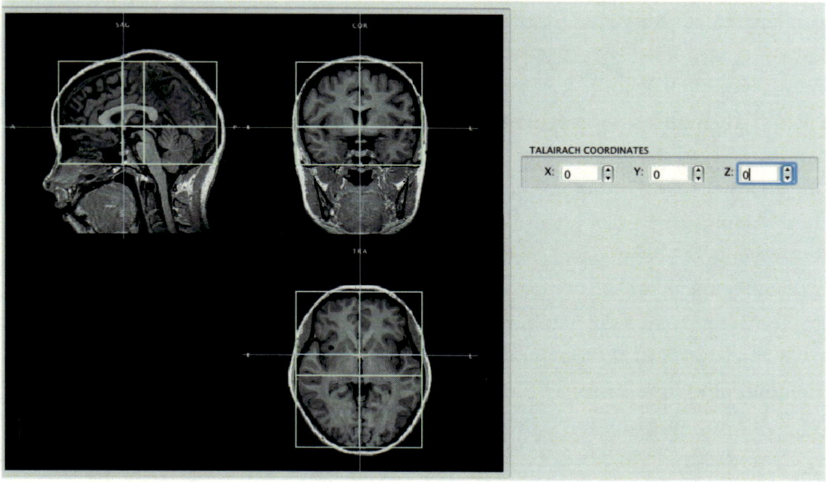

Screenshot aus BrainVoyager Brain Tutor 2.0 mit den drei Talairachschen Referenzlinien

Abbildung 8 zeigt die Talairach-Koordinaten, die an die Gehirnstrukturen im BrainVoyager angelegt werden. Auf der rechten Seite des Bildes werden die Koordinaten, an denen sich der Cursor zum Zeitpunkt des Screenshots befindet, angezeigt[5]. Da sich der Cursor genau auf allen drei Referenzlinien des dreidimensionalen Koordinatensystems befindet, werden die Werte mit Null angegeben. Alle anderen Voxel im Gehirn werden von diesem Nullpunkt aus definiert.

---

5 Auf den Bildern von Talairach und Tournoux ist das Gehirn spiegelverkehrt dargestellt.

5.3 KOREGISTRIERUNG DER HIRNDATEN

Wo nun die räumliche Normalisierung der Daten – die soeben beschriebene Talairach-Anpassung – auf den intersubjektiven Vergleich von Daten abzielt, verfolgt die Koregistrierung das Ziel der intrasubjektiven Einschreibung. Ich werde auf diesen Schritt im folgenden Abschnitt eingehen, als Beispiel einer Praxis, die zwischen standardisierten Regeln und letztendlich subjektiven Entscheidungen schwankt.

Der nächste wichtige Schritt in der Datenvorbereitung ist das Zusammenfügen der anatomischen und der funktionellen Daten. Anatomische und funktionelle Daten werden in getrennten Scandurchgängen zu unterschiedlichen Zeitpunkten gesammelt. Die funktionellen Daten werden in Scandurchgängen ‚aufgenommen', in denen die Proband_innen Aufgaben zu bewältigen haben, die anatomischen Daten werden in einem extra dafür vorgesehenen zehnminütigen Scan ohne Aufgabenstellung generiert. Die Zusammenführung der Daten basiert ebenfalls auf den stereotaktischen Landmarken, die im Gehirn festgelegt werden. Die Koregistrierung der Daten ähnelt somit der Talairach-Anpassung, wie sich an Raichles Zitat erkennen lässt:

„How do you objectively relate functional imaging data to brain anatomy? This problem was neither new to functional brain imaging with PET nor previously unexplored. The solution came in the form of a technique called ‚stereotaxy', which was first developed by Horsley and Clarke for animal research in 1908 and much later applied by to humans by neurosurgeons [...]. Stereotaxy in humans is usually based on the assumption that all points in the cerebral hemispheres of an individual have a predictable relationship to a horizontal plane running through the anterior and posterior commissures." (Raichle 2008, 123)

Um die funktionellen und anatomischen Daten für die Auswertung wieder zusammenzubringen, müssen sie mit Hilfe einer Software übereinander gelegt werden. Dass dieser Vorgang nicht unproblematisch, aber von äußerster Wichtigkeit ist, lässt ein Eintrag aus meinem Feldtagebuch nach einem Gespräch mit *Blau* erahnen:

„Im nächsten Schritt werden die funktionellen Daten über die anatomischen Daten gelegt. Dafür gibt es in BrainVoyager fertige Algorithmen, die für den Vorgang des Übereinanderlegens zuständig sind. Die sind aber, laut *Blau*, nicht allzu gut und bergen ein hohes Fehlerpotential. Deshalb sollte man diese Anpassung ebenfalls manuell vornehmen. Laut *Blau* „schafft man nie den perfekten fit, aber man muss so nah wie möglich an der Wahrheit bleiben". Für *Blau* ist dieser Vorgang sehr wichtig, was sich darin zeigt, dass *Blau* davon erzählt, wie er_sie manchmal noch Tage später darüber rätselt, ob er_sie denn auch wirklich genau genug versucht hat, die beiden Datensätze adäquat übereinander zu legen. Wenn in diesem Vorgang nicht exakt darauf geachtet wird, dass „man so nah wie möglich an der Wahrheit bleibt", dann versaut man sich alle danach folgenden Auswertungen der Daten, da diese auf diesen Vorgang rekurrieren." (Teilnehmende Beobachtung 2009, 10ff.)

Die Koregistrierung kann entweder manuell vorgenommen werden oder indem die im Scanner für diesen Vorgang vorprogrammierten Algorithmen benutzt werden. Alle von mir interviewten Wissenschaftler_innen waren sich darin einig, dass die vorgegebenen Algorithmen im Programm zu ungenau arbeiten, weshalb das Übereinanderlegen der Daten lieber per Hand vorgenommen wird:

„Also wenn ich jetzt bei meinen Daten seh, wie oft, also da gibt's auch nen Algorithmus, aber wie schlecht da oft die Koregistrierung ist zwischen funktionellen und anatomischen Daten, würde ich bei keiner Art von Algorithmus oder Analyse darauf vertrauen, dass das einfach hinhaut, ich würde immer die Sachen sehen wollen." (Rot 2009, 19 min)

Einige der von mir interviewten Wissenschaftler_innen präferierten die Kombination aus Algorithmus, den man über die Daten laufen ließ und einer nachträglich manuell beziehungsweise visuell vorgenommenen Korrektur des Vorgangs. Das Übereinanderlegen der Datenformate dient dabei insbesondere der Kartierung der funktionellen Daten. Diese können erst durch die Anpassung an die anatomischen Daten und damit an die Kartierung der Hirnfunktionen Bedeutung produzieren. Allein durch diesen Vorgang können die funktionellen Daten lokalisiert und bestimmbaren Arealen zugeordnet werden.

5.4 DIE SOFTWARE – DER COMPUTER ALS ERFÜLLUNGSGEHILFE

Funktionelle Magnetresonanztomographie wäre ohne verarbeitungsschnelle Computer nicht denkbar. Die hohe Menge an Daten – pro Versuchsperson mehrere Gigabyte –, die während des Scanvorgangs aufgenommen werden, kann allein durch Computer gespeichert, weiterverarbeitet und analysiert werden. Speicherplatz und hohe Rechenleistung heißen die Zauberwörter der modernen Bildgebung, ohne die die aufwendigen Datenverarbeitungsschritte nicht geleistet werden könnten. Allein jeder Vorverarbeitungsschritt verdoppelt jeweils die Datenmenge. Schon das Umrechnen der Scannerdaten in das gewählte Softwareformat bringt eine Verdoppelung des Datensatzes mit sich. Jäncke beleuchtet die Datenakkumulation der weiteren Auswertungsschritte:

„Im Rahmen der SPM-basierten Analyse resultiert diese Bewegungskorrektur in einen weiteren eigenständigen Datensatz (Verdreifachung der Speichermenge). Hiernach erfolgt die räumliche Normalisierung (Vervierfachung der Speichermenge) und räumliche Glättung (Verfünffachung der Speichermenge). Dann beginnen die statistischen Analysen, die auch nicht zu unerheblich großen Dateien führen." (Jäncke 2005, 127)

Nicht nur braucht es entsprechend großen Speicherplatz, auch muss der Arbeitsspeicher die Berechnungen der großen Datenmengen meistern können. Die Auswertungsprogramme sind fundamentale Werkzeuge in der Analyse der Hirndaten. Eine Internetseite für Neurowissenschaftler bringt die Bedeutung der Programme auf den Punkt:

„You've just finished doing some research using fMRI to measure brain activity. You designed the study, recruited the volunteers, and did all the scans. Phew. Is that it? Can you publish the findings yet? Unfortunately, no. You still need to do the analysis, and this is often the trickiest stage. The raw data produced during an fMRI experiment are meaningless - in most cases, each scan will give you a few hundred almost-identical grey pictures of the person's brain. Making sense of them requires some complex statistics. The very first step is choosing which software to use." (neuroskeptic 2010[6])

Die sorgfältig ausgewählte Software sollte vor allem zweierlei können: die generierten Daten unter statistischen Paradigmen gegenrechnen und den ermittelten Kontrast visuell darstellen. Im MPIH wird dafür zumeist auf das Auswertungsprogramm BrainVoyager zurückgegriffen.

5.4.1 BrainVoyager – Photoshop fürs Gehirn?

Programme zur Auswertung der Scannerdaten gibt es viele, oft entwickeln die einzelnen Forschungslabore ihre eigenen Programme oder passen gängige Software auf ihre Auswertungsbedürfnisse – etwa über spezielle Algorithmen – an. Da sich die Science Communities in der Hirnforschung zumeist aus verschiedenen Fachbereichen zusammensetzen, ist die Entwicklung einer Auswertungs-

6 Vgl. neuroskeptic.blogspot.com/2010/01/brain-scanning-software-showdown.html; letzter Zugriff: 12.09.2011.

software ebenso Teil der Forschung wie die Weiterentwicklung des Kernspintomographen und der darin enthaltenen Algorithmen durch die angestellten Physiker_innen. Eine Handvoll von Programmen schafft den Sprung aus der regionalen Science Community und wird über diese hinaus bekannt. Jäncke sieht in dieser öffentlichen Verfügbarkeit ein wichtiges Merkmal, das in die Entscheidung, welches Programm zu wählen sei, mit einfließen sollte:

> „Die öffentliche Verfügbarkeit von Software ist das wesentlichste Merkmal, das der Entscheidung für oder gegen ein bestimmtes Programm zugrunde liegen sollte. Zwar existieren einige Auswertungsprogramme, die über Jahre hinweg in verschiedenen Laboratorien entwickelt wurden, aber nie für den Einsatz außerhalb der jeweiligen Forschungseinrichtung konzipiert waren. Somit kommen bei solchen Programmen zwar oftmals gut durchdachte Algorithmen und Verfahren zum Einsatz, die aber möglicherweise einen eingeschränkten Einsatzbereich haben und eventuell auf Daten, die in bestimmten Aspekten andersartig sind, als in dem Entwicklungsbüro üblich, nicht mehr sinnvoll angewandt werden können." (Jäncke 2005, 128)

BrainVoyager – das Programm, das hier kurz skizziert werden soll – ist vor allem eins: Anwender_innen freundlich. Durch das gute Verkaufsmarketing hat man als User_in einen sehr leichten Zugang zur Software, den jeweiligen Updates und anderen Spielereien, wie etwa einem App für das iPhone. Die „öffentliche Verfügbarkeit" (ebd., 128) ist zum Beispiel durch den preisgekrönten Tutor des Programms gewährleistet. Der *BrainVoyager Brain Tutor* ist ein „award-winning educational program that teaches knowledge about the human brain the easy way" (Selbstbeschreibung von der Homepage[7]). Für einen ersten Zugang zum Programm sorgt ein 116-seitiger Getting Started Guide v2.6 (Stand 2008)[8] der in das Programm einführt. Was gegen eine öffentliche Verfügbarkeit spricht, ist der hohe Preis des BrainVoyager-Pakets (5.100 Euro für eine Lizenz des Basismoduls BrainVoyager Standard[9]). Der unbestrittene Vorteil von BrainVoyager sind seine Algorithmen zur schnellen Anfertigung von Visualisierungen der Hirndaten. Auch Jäncke streicht diese Eigenschaft des Programms heraus: „Die Stärken von BrainVoyager liegen allerdings in der Visualisierung der Ergebnisse

7 Vgl. www.brainvoyager.com/products/braintutor.html; letzter Zugriff: 25.09.2008.

8 Neuere Versionen zum downloaden unter www.brainvoyager.com/downloads/ downloads.html; letzter Zugriff: 21.12.2011.

9 Vgl. BrainVoyager price list (www.brainvoyager.com/pricelist_overview.htm; letzter Zugriff: 21.12.2011). Preise gültig für Europa.

und Gehirne. [...] Wer Interesse an sehr schönen 3-D-Abbildungen hat, sollte sich BrainVoyager zusätzlich anschaffen" (Jäncke 2005, 131).

Die Geburtstätte der Analysesoftware BrainVoyager ist das Max-Planck-Institut für Hirnforschung in Frankfurt am Main. Es wurde dort 1996 von Rainer Göbel programmiert und eingeführt. Seit 1999 ist Rainer Göbel nicht mehr am MPIH, die Software ist aber nach wie vor das meist verwendete Auswertungsprogramm bei den Forscher_innen am MPIH, die mit funktionellen Hirndaten arbeiten. Allen Forscher_innen, die am MPIH mit funktioneller Magnetresonanztomographie arbeiten, wird ans Herz gelegt, sich mit dem Programm vertraut zu machen, und alle von mir interviewten Wissenschaftler_innen konnten das Programm mindestens rudimentär bedienen.

Mit BrainVoyager können Preprocessing-Schritte, die statistische Auswertung sowie die Anfertigung der statistischen Karten ausgeführt werden. Alle vorbereitenden Maßnahmen wie das Programmieren des Experimentdesigns oder der Stimuli sowie das Scripten der Daten sind mit dem Programm nicht möglich. Für diese Anwendungen müssen die Wissenschaftler_innen auf andere Programme, zumeist auf SPM (Statistical Parametric Mapping), zurückgreifen. Als besonderes Merkmal bietet BrainVoyager eine Vielzahl an Visualisierungsmöglichkeiten für die Präsentation der statistischen Karten. Vom Aufziehen der Daten auf einen Ball (zur leichteren Mittelung und Abgleichung anatomischer Daten) bis zur Aufwölbung der Sylci und Gyri auf eine zweidimensionale Fläche (so genannte Flat Maps)[10] hat BrainVoyager einiges zu bieten.

Um sich dem Programm zu nähern, beginne ich mit der Frage, welche Angaben man benötigt, um die Daten im BrainVoyager auszuwerten. Als Beispiel greife ich auf die Angaben im Getting Started Guide Version 2.6 für BrainVoyager aus dem Jahr 2008 zurück.

Der Getting Started Guide gibt folgende Informationen zum leichteren Verständnis der Auswertungsschritte vor: Den Experimentaufbau, das heißt Angaben darüber, welche Stimuli wie und wann präsentiert wurden. Im Getting

10 „Eine besondere Form der Landmarken-basierten Analyse corticaler (sic!) Geometrie und funktioneller Organisation repräsentieren die corticalen Oberflächenrekonstruktionen und „flat maps" [...]. Dieser Ansatz berücksichtigt in besonderer Form die Tatsache, dass der menschliche cerebrale Cortex stark gefaltet ist und dadurch ein schnelles Erfassen topographischer Zusammenhänge erschwert. Zur Lösung dieses Problems wurden so genannte „flat maps" berechnet, die die gesamte corticale (sic!) Hirnoberfläche als 2-D Karte mit aufgefalteten Gyri und Sulci in einer einzigen Ansicht visualisieren." (Rademacher 2001, 29)

Started Guide sind das farbige Bilder von Obst und Gemüse, die abwechselnd im Block-Design einmal im linken Sichtfeld, einmal im rechten Sichtfeld und einmal in beiden Sichtfeldern gezeigt werden. Jeder Stimulationsblock dauert dreißig Sekunden und wiederholt sich viermal in einem Durchgang. Die Kontrollbedingung, das Fixationskreuz, wird nach jedem Stimulusblock gezeigt (vgl. Getting Started Guide v2.6 BrainVoyager 2008). Auf die Funktion des genauen zeitlichen Ablaufs der Stimuluspräsentation werde ich später noch einmal zurückkommen. Während des Experiments, das uns hier als Beispiel dient, wurden zwei unterschiedliche Datenformate generiert, die Datenvolumen aus den anatomischen Scans und die Datenvolumen aus den funktionellen Durchgängen. Die funktionellen Volumen bestehen aus fünfundzwanzig Schichten, jede Schicht ist 3 mm breit. Zwischen den Schichten bleibt ein Abstand von 3,99 mm. Dass die Wahl der Schichtdicke nicht willkürlich ist, sondern bereits Einfluss auf die generierten Daten nimmt, beschreiben Lee et al.:

„Slice thickness, measured in mm, is the volume of tissue in the slice selection direction that absorbs the rf [radio frequency, hf] energy during irradiation and generates the signal. [...] Thicker slices provide more signal per voxel whereas thinner slices produce less partial volume averaging. Slice gap, measured in mm, is the space between adjacent slices. The slice gap may also be expressed as a fraction of the slice thickness, depending on the operating software. The slice gap allows the user to control the size of the total imaging volume by increasing or decreasing the space between slices.“ (Lee 2006, 58)

Das an das Gehirn angelegte Raster, das auch als Field of View (FoV) bezeichnet wird, ist in diesem Beispiel 224 mm auf 224 mm groß und hat eine Rastergröße von 64x64. Sind diese Angaben bekannt, lässt sich daraus die spezielle Voxelgröße errechnen: Die Schichtfläche von 224 mm teilt man durch die 64 Rasterlinien, woraus sich die Voxelgröße von 3,5 mm ergibt. Auf Abbildung 9 kann der Zusammenhang von Schichtdicke, dem angelegten Raster und der Voxelgröße nachvollzogen werden.

Abb. 9: Voxelberechnung

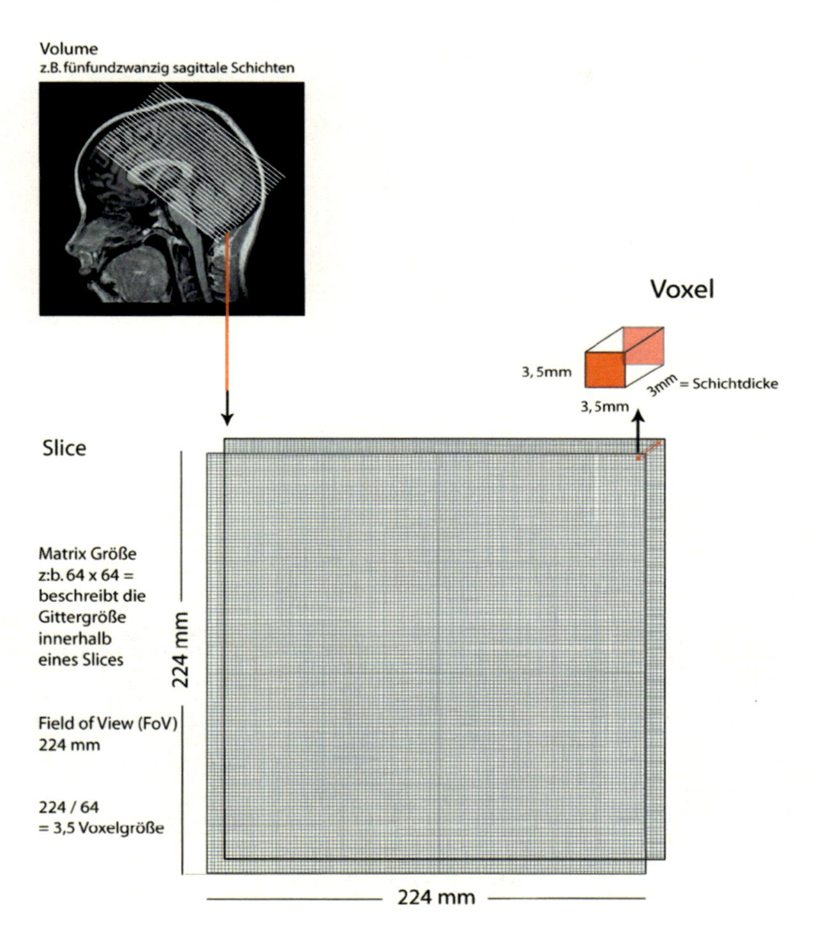

Der erste Schritt für die Weiterverarbeitung der Daten besteht in ihrer Umbenennung. Um die Daten wiederzuerkennen und sie richtig zuzuordnen, werden die wichtigen Informationen im Dateinamen untergebracht: Datum des Scans, Name der Proband_innen (meist anonymisiertes Kürzel[11]), Run, Volumennummer, Schicht. Das ist deshalb wichtig, da für die Verarbeitung der Daten das erste Vo-

11 Das im Getting Started Guide v2.6. verwendete Namenskürzel CG ist unschwer als Claudia Göbel, die Frau von Rainer Göbel, erkennbar.

lumen definiert werden muss, um die folgenden Dateien in die richtige zeitliche Reihenfolge zu bringen.

Nach der Umbenennung der Daten müssen die gescannten Volumen mit Hilfe eines Stimulationsprotokolls dem zeitlichen Ablauf des Experiments zugeordnet werden. Im Stimulationsprotokoll ist vermerkt, welche Konditionen den gescannten Volumen zugrunde liegen. Die Stimulationskonditionen sind in dem hier aufgeführten Fall ‚Fixationskreuz', ‚Objekte werden dem linken visuellen Feld präsentiert', ‚Objekte werden dem rechten visuellen Feld präsentiert' und ‚Objekte werden beiden visuellen Feldern präsentiert'.

Weist man jedem dieser Konditionen eine Farbe zu, kann man das Stimulationsprotokoll in ein Diagramm umwandeln. Das farbig kodierte Stimulationsprotokoll nennt sich im BrainVoyager *Time Course Plot*. Die Farbkodierungen sind: Grau (repräsentiert das Fixationskreuz), grün (die Stimuli, die nur dem linken Auge gezeigt werden), rot (die Stimuli, die nur dem rechten Auge präsentiert werden) und blau (bezeichnet die Kondition, wenn die Stimuli beiden Augen vorgeführt werden). Der Time Course für dieses Stimulationsprotokoll sieht folgendermaßen aus:

Abb. 10: Time Course Plot [Stimulation Protocol]

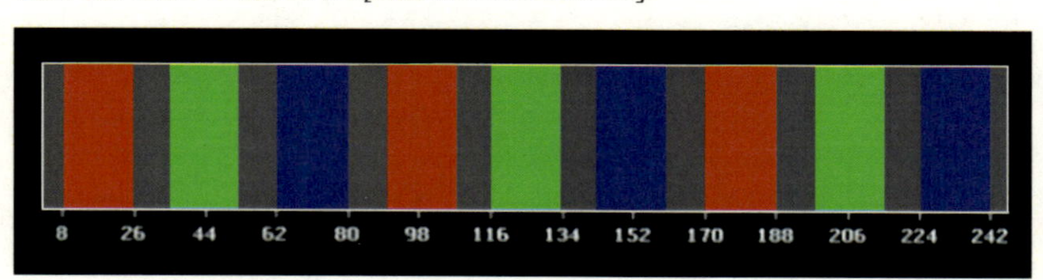

Das Stimulationsprotokoll markiert den Zeitverlauf der gezeigten Stimuli in einem Experiment.

Der Time Course ist die Basis jeder weiteren Auswertung. Zum einen beruhen alle Berechnungen auf dieser Zeitleiste. Zum anderen werden anhand des Time Courses die zu erwartenden Aktivitätssignale modelliert, das heißt, er legt die Konditionen fest, auf die sich alle Signale letztendlich beziehen lassen müssen. Lutz Jäncke beschreibt das in seinem Buch folgendermaßen:

„Das Grundprinzip der statistischen Auswertung der fMRI-Daten besteht darin, dass der Zeitverlauf der MRI-Signalveränderung mittels des ALM[12] modelliert wird. Unter ‚Modellieren' versteht man, dass das experimentelle Paradigma als lineares Model definiert wird. Daraus wird eine Modell-Zeitreihe definiert, die mit dem tatsächlichen Signalverlauf eines jeden Voxels korreliert. Wie beim ALM üblich, wird die aus dem Modell vorhergesagte Zeitreihe mit der tatsächlichen Zeitreihe verglichen. Je größer die Abweichung ist – je größer also die Residuen sind – desto schlechter beschreibt das Modell den Signalverlauf." (Jäncke 2005, 108)

Für die weitere Auswertung muss, ausgehend vom Time Course, in BrainVoyager ein Modell des zu erwartenden Signalverlaufs erstellt werden, das dann mit dem ‚tatsächlichen' Signalverlauf verglichen wird. Die modellbasierte Auswertung rekurriert in ihren weiteren Berechnungen allerdings auf die erstellten Modelle. Hennig weist dabei auf mögliche Auswertungsprobleme hin:

„Unabhängig davon, mit welchen mehr oder weniger raffinierten Mitteln die Modellfunktion für die Aktivierung gefunden wird, muss immer berücksichtigt werden, dass die statistische Auswertung lediglich eine Aussage darüber erlaubt, wie gut die Daten zu dem Modell passen. Die Schlussfolgerung, dass eine signifikante Korrelation wirklich einer Aktivierung auf das Stimulationsparadigma entspricht, ist damit nicht zwangsläufig richtig und wird immer dann problematisch, wenn auch andere, nicht aktivierungsbedingte Effekte ähnliche Signalverläufe erzeugen." (Hennig 2001, 79ff.)

Für die Modellierung des Zeitverlaufs eines Event-Related-Designs braucht es neben den Angaben über die gezeigten Stimuli ebenfalls Auskunft über die Antworten, die im Experiment auf die gestellten Aufgaben abgegeben wurden. Die Speicherung der Informationen findet in Scripten statt, deren Information via Textdateien in BrainVoyager nachträglich integriert werden können:

„Die Textdateien wurden von dem Programm erstellt, das auch für die Stimuli-Anzeige und -Programmierung verwendet wird und deswegen den sprechenden Namen ‚Presentation' trägt. In dieser Text Datei stehen wichtige Informationen, die genauen Zeitpunkte, wann welcher Stimuli präsentiert wurde, wann richtig oder falsch geantwortet wurde usw. Alle Informationen sind mit einem Code versehen, der immer aus ganzen Zahlen besteht. ‚Presentation' legt sofort ein Text Datei an, wann welcher Stimulus präsentiert wurde und

12 Allgemeines Lineares Modell. Da in der Hirnforschung nur sehr selten deutsche Begriffe verwendet werden, ist das Modell eher bekannt als GLM – General Linear Model.

wann der/die Proband_in richtig bzw. falsch geantwortet hat." (Teilnehmende Beobachtung 2009, 12)

Aus den oben beschriebenen Angaben müssen die Wissenschaftler_innen im Weiteren ihre statistischen Karten, die Produkt der Kontrastierung dieser ‚Wenn-Dann'-Informationen sind, generieren.

5.5 NORMALISIERUNG DURCH OBJEKTIVIERUNG DES STANDARDGEHIRNS

„All individual datasets were transformed into Talairach space."
ARJEN ALINK ET AL. 2008, 2692

Funktionelle Magnetresonanztomographie hat die Kartierung des Gehirns zum Ziel. Mit Hilfe der funktionellen Daten sollen moderne Hirnatlanten erstellt werden. Die anatomischen Hirnatlanten, die Grundlage für die funktionelle Kartierung, bieten den Vorteil, unterschiedliche Hirndaten miteinander vergleichen zu können. Sie tragen damit aber, wie Sigrid Schmitz am Beispiel des Human Brain Project herausarbeitet, durch die scheinbare ‚Neutralisierung' von Unterschieden zu einer Normierung von Gehirnen bei:

„Digitale Hirnatlanten verfolgen das Ziel, mit Hilfe von Standardisierungsalgorithmen (mathematisch und statistisch) die Daten verschiedener Individuen und verschiedener Modalitäten (Anatomie, funktionelle Aktivierung, Mikrostruktur) in ein 3D-Koordinatensystem zu integrieren und in einheitlichen Bildern zu repräsentieren. [...] Gleichzeitig birgt dieses Vorgehen aber auch Gefahren der Determination und einer scheinbaren Objektivität der Wissensrepräsentation, welche die Variabilität, die zeitliche Dynamik und auch Widersprüche der zugrunde liegenden Befunde, verschleiert." (Schmitz 2003, 140)

Stellt man sich ein Referenzsystem als Landkarte vor, wird das Problem schnell klar: denn kartographisiert werden soll hier nicht nur <u>eine</u> Landschaft (auch schon ein Unterfangen, das die Schwierigkeiten der Grenzziehungen aufzeigt), sondern viele Gehirne, deren Formen sich stark voneinander unterscheiden. Allein auf der makroskopischen Ebene kann man festhalten, „dass die Form der

Kortexoberfläche z.B. sehr variabel ist, so dass Gyri und Sulci nur unzureichend die Anatomie beschreiben können und Untersuchungen an nur einem Individuum begrenzte Aussagen zulassen" (Masanneck 2001, 92). Dennoch braucht die Wissenschaft, die Aussagen über die Gesamtheit der Gehirne machen will, die Standardisierung für den Vergleich der einzelnen Gehirne untereinander. Aber wo es Standardisierung gibt, gibt es auch Normierung, die darüber entscheidet, welche Gehirne ‚dem Standard entsprechen' und welche zu sehr vom Standard abweichen. Die Problematik, ein Regelsystem aufzustellen, das bei der Standardisierung von Gehirnen helfen soll, habe ich anhand der Talairach-Anpassung beschrieben. Die Beschränkungen und Normierungen, die die talairachsche Standardisierung unter anderem beinhaltet, weil sie nur ein Individuum zur Vorlage hat, setzen sich in den Studien, in denen auf sie rekurriert wird, weiter fort. Aus diesem Grund schließt sich an die Problematik der Vergleichbarkeit und Standardisierung die Frage an, was für diese Vorgänge als Standard angenommen und angelegt wird.

5.5.1 Die Problematik der Standardisierung

Das Talairach-System folgt zunächst nicht der Logik der Mittelung einer Vielzahl von Gehirnen, wie es zum Beispiel das MNI-System tut, sondern erhebt einen individuellen Maßstab zur Norm. Auf die Standardisierung des einen Gehirns wird reagiert, indem andere Gehirne in Relation dazu gesetzt werden. Dass die Talairach-Transformation in der Praxis der Datenauswertung keine reine Formsache ist, die von den Wissenschaftler_innen automatisiert an die Daten herangetragen wird, sondern im Gegenteil einen Maßstab vorgibt, der Gehirne in Kategorien einteilt und diese in Relation setzt, zeigt ein Ausschnitt aus dem Forschungstagebuch:

„Der nächste Schritt ist die Talairach-Angleichung. Die Entstehung des talairachschen Normgehirns erklärt *Grün* folgendermaßen: Es gab da mal eine Frau Talairach, die hatte einen besonders schönen mediterranen Kopf (mediterran zeichnet sich bei *Grün* dadurch aus, dass er besonders rund ist). Auf meine Nachfrage, dass doch nicht die Frau so hieß, die nach ihrem Tod vermessen wurde, sondern der ‚Arzt', der die Vermessung vorgenommen hat, berichtigt *Grün* seine/ihre Erzählung. Aber sie/er kommt noch öfter darauf zurück, dass diese Frau Italienerin war und sie deswegen diesen ‚mediterranen Kopfumfang' hatte. Aber bei Frauen sei das auch häufiger verbreitet, dass sie einen runden Kopf haben, Männer seien eher gestreckter, langgezogener. *Grün* erfreut sich an dem Wort schrumpfen, das er/sie häufiger verwendet, sagt nicht mehr Talairach-Anpassung, sondern Schrumpfen. Vor allem männliche Gehirne seien zumeist größer als das Standardgehirn und müssten deshalb geschrumpft werden. Die Probandin, deren Daten wir ausgewertet haben, ist laut *Grün* ja auch Mexikanerin, was wahrscheinlich dazu beitrage, dass die Anpassung ohne viel Schrumpfen oder Verzerren geschieht, da sie ja auch einen runden (weil Mexikanerin) und kleinen (weil Frau) Kopf haben müsse." (Teilnehmende Beobachtung 2009, 14)

Blaus Einschätzung über das talairachsche Standardgehirn steht dem konträr gegenüber und zeigt die subjektiven Wahrnehmungen, die sich in der Praxis mit den Daten einschleicht:

„Gleichzeitig zum Preprocessing der funktionellen Daten wird mit den anatomischen Daten die Talairach-Angleichung vorgenommen. [...] Bezeichnenderweise erklärt *Blau*, dass die Köpfe von Frauen immer vergrößert und damit verzerrt werden, dabei ist das standardisierte Gehirn ja das einer Frau. *Blau* meint dazu, dass das dann ausnahmsweise ein großes Frauengehirn war." (Teilnehmende Beobachtung 2009, 10ff.)

Woher das Wissen über die Form und Größe der Gehirne der von den Wissenschaftler_innen charakterisierten Gruppen stammt, kann hier nur vermutet werden. Eine These ist, dass die verwendeten Klassifizierungen konservative Vorstellungen von Gehirntypen sind, die sich im Laufe der Geschichte der Hirnforschung angesammelt haben und sich bis heute als Erklärungsmuster und Charakterisierungen anbieten: Größe und Form bestimmt sich nach Geschlecht und Ethnizität. Dabei kann man, wie Anelis Kaiser betont, davon ausgehen, dass die Wissenschaftler_innen keine dezidierten Essentialist_innen sind, die von einer ‚vom-Gen-zum-Verhalten'-Theorie ausgehen:

„In brain research as well, it is becoming increasingly evident that biological components of reported differences in brain structures and functions cannot be separated from social experience. Most neuroscientists nowadays endorse the concept of neuronal plasticity, i.e. that experience drives the development of the brain during childhood and adolescence and, in addition, continues to shape the brain and its networks well into senescence." (Kaiser et al. 2009, 50)

Dennoch lassen sich solche, auf biologischen Grundlagen vorgenommenen Stereotypisierungen in der Wissenschaftspraxis und vor allem, wenn mit visuellen Darstellungen gearbeitet wird, immer wieder finden. Die scheinbar direkte Erfahrung mit den Hirnbildern am Bildschirm lässt die Wissenschaftler_innen mit dem Gefühl zurück, die Gehirne zu kennen und auch zu erkennen:

> „*Blau* wertet mit mir zusammen zwei Proband_innen aus: eine Frau und einen Mann. Dabei kommt *Blau* immer wieder auf die Unterschiede zu sprechen: Frauengehirne seien kleiner als die von Männern, und sie lägen ruhiger im Scanner, was an den Preprocessing-Werten zu sehen sei, der Anzeige nämlich, in der die von der Proband_in verübten Bewegungen aufgeschlüsselt nach Richtungen angezeigt würden. *Blau* ist sich ziemlich sicher, dass er/sie Männer- und Frauengehirne in der anatomischen Anzeige unterscheiden könne, meint aber, dass das ein interessanter Versuch wäre, diese Zuordnungen bei anatomischen Daten durchzuführen, wo sie/er sich nicht mehr an die Proband_innen erinnern kann (ergo nicht weiß, um welches Geschlecht es sich handelt).“ (Teilnehmende Beobachtung 2009, 10)

Für die Anonymität der Proband_innen sorgt zwar im Allgemeinen ein codiertes Kürzel (zusammengesetzt aus dem ersten Buchstaben des Vor- und Nachnamens und dem Geburtsdatum), das den Daten der an den Studien teilnehmenden Proband_innen schon beim Scannen zugewiesen wird. Da die Anzahl der Studienteilnehmer_innen zumeist jedoch sehr übersichtlich ist, ist es nicht unüblich, dass sich die Wissenschaftler_innen die Personen zu den Daten merken können. Stimmt die subjektive Einschätzung über denProbanden/die Probandin mit den Daten überein, kommt es zu einer Verifizierung der eigenen Einschätzung. Falsifizierungen werden weniger wahrgenommen und negiert, zumindest spielen sie eine zu geringe Rolle für den Gesamteindruck. Die eigene Überzeugung kann mit Hilfe der stereotaktisch vermessenen Gehirne, die als Bilder und Atlanten jederzeit abrufbar sind, bestätigt und wissenschaftlich verbrieft werden. Die Verknüpfung von Standardisierung in ein Referenzsystem und Normierung arbeitet Carmen Masanneck heraus:

> „Wie bereits bei der Beschreibung der Atlanten gezeigt wurde, stellte die zu beobachtende Variabilität ein großes Problem bei der Erstellung eines einheitlichen Referenzsystems dar. Durch die mathematische Quantifizierung dieser Variabilität auf der Basis populationsbedingter Ansätze wurde eine Lösung gefunden, um eine normale von einer abnormalen Variation unterscheiden zu können. Dies erfordert das Definieren einer Schwelle mittels statistischer Berechnungen. Norm im statistischen Sinne kann als errechenbarer Durchschnitt bestimmt werden und Normalität bedeutet dann eine zentrale Tendenz mit bestimmten Variationsgrenzen. Als anormal werden Struktur-, Funktions- und Verhaltensabweichungen bezeichnet, die in quantitativer Hinsicht über eine definierte Mittelwertstreuung hinausreichen.“ (Masanneck 2001, 98)

Die durch das Referenzgehirn vorgenommene Standardisierung ist zunächst eine statistische, wird aber durch die Atlanten zu einer visuellen. Der visualisierte

Standard in den Atlanten lehrt den Wissenschaftler_innen das Sehen. Lorraine Daston und Peter Galison beschreiben die Verknüpfung von Normierung und Standardisierung in den visuellen Medien der Fotographien und Röntgenaufnahmen. Durch den „bildlichen Objektivismus“ (Daston/Galison 2002, 65), der sich im 19. Jahrhundert durch die technischen Aufzeichnungsmöglichkeiten individueller Objekte etablierte, waren die Bilder keine Zeugnisse der Normalität mehr, sondern sollten den Rezipient_innen als Wegweiser zur Entdeckung von Normen in der ‚Natur‘ dienen. Den naturwissenschaftlichen Fotographien und Röntgenaufnahmen in den Atlanten ist somit das Problem der Abgrenzung vom Normalen zum Pathologischen bereits immanent. Nicht mehr ideale, typisierte oder charakteristische Darstellungen waren das Ziel der Atlanten Ende des 19. und Anfang des 20. Jahrhunderts, sondern individuelle Konfigurationen im Bereich des Normalen. Den Rezipient_innen oblag es nun, die visuellen Normierungsmuster zu sehen, die durch die Bilder hervorgerufen werden (vgl. Daston/Galison 2002, 71). Daston/Galison beschreiben den Vorgang des „bildlichen Objektivismus“ und die Rolle der Wissenschaftler_innen folgendermaßen:

> „Der Zweck dieser Atlanten war und ist die Standardisierung des beobachtenden Subjekts und des beobachteten Objekts der jeweiligen Disziplin durch den Ausschluss von Eigenarten – nicht nur jene der einzelnen Beobachter, sondern auch jene der einzelnen Phänomene. [...] Aber außergewöhnliche Objekte stellen eine mindestens ebenso große Gefahr für die gemeinschaftliche und kumulative Wissenschaft dar, da die Natur selbst sich selten wiederholt und Veränderlichkeit und Individualität eher die Regel als die Ausnahme sind. Der Atlas zielt darauf ab, die Natur zu einem sicheren Gegenstand der Wissenschaft zu machen und die rohe Erfahrung – die zufällige und kontingente Erfahrung spezifischer Einzelobjekte – durch gefilterte Erfahrung zu ersetzen.“ (Daston/Galison 2002, 36)

Die Entwicklung eines Standardgehirns produziert zuallererst das Bild eines objektivierbaren Gehirns. Werden die individuellen Gehirne an dieses Standardgehirn angepasst, erhalten auch diese Gehirne den Status des objektivierten und kanonisierten Untersuchungsgegenstandes, der es erlaubt, allgemeingültige Aussagen über alle Gehirne zu erbringen. Dabei spielt es eine große Rolle, dass das standardisierte Gehirn als Bild vorliegt. Die Bilder, konstatieren Bernt Schnettler und Frederik Pötzsch in ihrem Text *Visuelles Wissen*, befördern durch ihre visuelle Eindeutigkeit eine „Konkretheit und Ganzheitlichkeit der Repräsentationsformen“ (Schnettler/Pötzsch 2007, 476), die dem Dargestellten einen direkten Sinn zusprechen „Das Bild ist ‚Körper‘, in ihm ist alles koexistent, es ordnet Dinge in der Fläche eines fest definierten Rahmens an“ (ebd., 476) und bestimmt damit die Interpretation dessen, was abgebildet wird. Die Rückbindung der individuellen Daten an ein standardisiertes System ermöglicht ihre subjektive Interpretation entlang ‚objektiver Normierungen', die das, mit Hilfe der Atlanten, geschulte Auge der Wissenschaftler_innen an die Daten anlegt.

5.5.2 Die zu vermessende Frau und der Normwert Mann

Rainer Göbel verwendete für die Programmierung von BrainVoyager und für den Getting Started Guide 2.6 die Hirndaten seiner Frau. Was auf der einen Seite als Liebesbeweis gelesen werden kann – durch die Verwendung der Hirndaten wird seiner Frau ein skurriles Denkmal gesetzt – ist auf der anderen Seite eine gängige Methode in der Medizin und der Psychologie: die Vermessung, Disziplinierung und Entblößung des weiblichen Körpers. Nicht nur Claudia Göbels Daten werden in BrainVoyager als Folie verwendet, in die normierende Einschreibungen vorgenommen werden. Auch die Talairach-Anpassung basiert, wie von mir weiter oben beschrieben wurde, auf der Vermessung eines Frauengehirns. BrainVoyager ist also vordergründig zunächst nicht als rein androzentrisches Projekt angelegt, wie es etwa Sigrid Schmitz in den *Freiburger Universitätsblättern* 2001 beschreibt. Von einer „Ignoranz des weiblichen Körpers und [der, hf] normative[n] Präsentation des männlichen in der Darstellung" (Schmitz 2001, 135) kann hier auf den ersten Blick nicht die Rede sein.

Dennoch bleibt die Frage nach geschlechtlichen und anderen Subjektivierungsweisen in der funktionellen Magnetresonanztomographie höchst aktuell. Auf welche Weise wird dort Geschlecht als Auswertungskriterium in die Daten hineingetragen? Wie wird Geschlecht in der normierenden Stereotaxie, die als Teil des Visualisierungsprozesses verstanden werden muss, verhandelt?

Diese Fragen sind schwer zu beantworten, ist doch Geschlechterdifferenzforschung kein einheitliches Unternehmen, das von allen Hirnforscher_innen verfolgt wird. Einen Ansatzpunkt, sich diesen Fragestellungen zu nähern, liefert Susanne Lettow mit der These, dass sich das moderne Gehirn nicht mehr unbedingt unter die Prämisse eines vereinheitlichenden männlichen oder weiblichen Gehirns subsumieren lassen muss, sondern dass die postfordistische Forderung nach effizienten Gehirnen im Detail zu vergeschlechtlichten Einschreibungen in die Gehirne führt (vgl. Lettow 2004).

Eva Illouz beschreibt die problematische Konsequenz, dieser nach Effizienz drängenden Normierungsweisen auf die Entwicklung von Subjekten als eine Zwickmühle, denn praktisch jede Handlungsweise steht im Verdacht, nicht das passende Verhalten zu sein. Richtet sich die Beurteilung von Verhalten nach festgelegten Normwerten, ist die Wahrscheinlichkeit von Abweichung vergleichsweise hoch, so dass man schnell entweder über zu viel oder zu wenig

Empathie verfügt, zu viel oder zu wenig Sex hat und ähnliches (vgl. Illouz 2009, 106). Das Problem, den Normwerten nie genügen zu können, hat dabei für Männer und Frauen aber unterschiedliche Konsequenzen, da von ihnen unterschiedliche soziale Performances erwartet und die an sie gestellten Erwartungen anders definiert werden. Die Einschätzung, was denn die ‚normale' Häufigkeit für sexuelle Kontakte oder der Empathiebereitschaft darstellt, differiert für Frauen und Männer enorm. Die Effizienzialisierung unserer Gehirne steht somit in direktem Zusammenhang mit traditionellen Anforderungen an den Menschen in einer kapitalistischen Gesellschaft, die sich ebenfalls in den Bildern der fMRT wiederfinden lassen.

„Dabei zeigt sich, dass unhinterfragte Subjekt-Kategorien aus der Tradition der Moderne in den Materie-Körper eingeschrieben werden. Unterstützt von einer intensiven medialvisuellen, populärwissenschaftlichen Vermarktung werden Sitz (im Sinne der Lokalisierbarkeit) und Ursprung (im Sinne eines materiellen Grundes) von bislang an das Subjekt bzw. die Psyche gebundenen Kategorien (etwa Wahl- und Entscheidungsmöglichkeiten und emotionales Erleben von Individuen) im Gehirn neu und endgültig verortet. Für die Psychologie formuliert Wilson: »Offering a seemingly unequivocal grounding for the psyche, the brain is figured as the final referent for a non- or antimetaphysical scientific psychology« (Wilson 1998, 78)." (Heel/Wendel 2002, 48)

Die Interpretation und Wertung der Daten findet somit letztlich in den Köpfen der Wissenschaftler_innen statt, die sich mittels der statistisch bereinigten Datenvisualisierungen einer ästhetisch gelenkten Auswertung hingeben können.

5.5.3 Visuelle Logik in der Koregistrierung

Die funktionelle Magnetresonanztomographie ist eine Methode, die sich auf Karten und Bilder des Gehirns stützt. Um die funktionellen Daten zum Sprechen zu bringen, müssen sie wie eine Folie über die anatomischen Atlanten des Gehirns gelegt (koregistriert) und somit verortet werden. So ist die scheinbar gemessene Aktivität im Gehirn nur sinnvoll im Bedeutungszusammenhang der Lokalisationstheorie. Denn die Bilder können ohne Zuschreibung, wo sie passieren und welche Funktion sie, weil sie gerade dort passieren, haben, nicht gelesen werden. Die Schichten der Gehirnscans stellen nicht die Individualität der einzelnen Personen dar, sie verweisen auf die lokalisierten Orte, auf Bereiche im Gehirn, denen eine bestimmte Bedeutung zugeschrieben wird. Dieses Wissen existiert ausschließlich über die visuelle Simulation, da die verschiedenen Bereiche im Gehirn nirgendwo so klar voneinander abgegrenzt unterschieden werden können, wie es die Bildgebung mit ihren farblich unterschiedlichen Kolorierungen simuliert. Jeder gemessene Datensatz bekommt durch die bildgebenden Verfahren also nicht nur einen bestimmten Ort zugeteilt, sondern immer auch schon eine Funktion. Die Bereiche im Gehirn werden nicht nur farblich voneinander unterschieden, die farbliche Markierung dient der Kennzeichnung ihrer hier beispielhaft aufgezeigten vermeintlich unterschiedlichen Eigenschaften: der visuelle Bereich des Kortex – sieht, der motorische – bewegt, der erinnernde Teil – erinnert. Mit dem Wunsch der Lokalisierung von Funktionen stellt sich die funktionelle Magnetresonanztomographie in die Tradition der Phrenologie, des Mindmaps, des Einteilens, Unterteilens, Zuteilens. Den Bezugsrahmen beziehungsweise die Referenz funktioneller Magnetresonanztomographie stellt die Logik der Lokalisation und der statischen Darstellung: Die Rasterung des Gehirns trägt zu seiner Zerstückelung und Separierung bei und öffnet damit stereotypisierenden und verdinglichenden Erklärungsmustern die Tür.

6. Der Apparatus des Bildes – Bilder im Labor

> //Der realistische Maler//
> „Treu die Natur und ganz! – Wie fängt er's an:
> Wann wäre je Natur im Bilde abgetan?
> Unendlich ist das kleinste Stück der Welt! –
> Er malt zuletzt davon, was ihm gefällt.
> Und was gefällt ihm? Was er malen kann!"
> FRIEDRICH NIETZSCHE 1995 [1882], BD. 2, 349

In den letzten vier Kapiteln der empirischen Auswertung wurden umfassend technische, physiologische wie physikalische und mathematische Grundlagen der Wissensgenerierungsapparaturen der fMRT-Bilder vorgestellt. Im folgenden Kapitel soll nun dezidiert auf den Status der Visualisierungen als Träger_in von Wissen im Labor eingegangen werden.

Im ersten Teil dieses Kapitels werde ich zunächst das mathematische Berechnungsverfahren, das den fMRT-Bildern zugrunde liegt, beschreiben. Mit der Beschreibung des Schwellenwerts, der darüber entscheidet, welche Daten im Bild signifikant werden, wende ich mich den *Ordnungen des Zeigens* (Hessler/Mersch 2009) im fMRT-Bild zu. Ebenfalls eine ordnende Funktion im Aufbau und Aussehen des Bildes haben ästhetische Entscheidungen, die bei der Produktion der Bilder getroffen werden müssen (vgl. Heßler et al. 2009, 12), darunter Fragen der Bildgestaltung, zum Beispiel Farbgebung und Kontrast. Im zweiten Abschnitt dieses Kapitels beschreibe ich die Bezugs- und Interaktionsformen, die die Forscher_innen mit den Bildern eingehen. Der Rekurs auf die Darstellungen der Daten in Bildform ist keine Praxis, die erst mit der Publikation beginnt. Die Bezugnahme auf die Visualisierungen stellt vielmehr schon einen wichtigen Referenzpunkt in der Auswertung und Interpretation der Daten dar. Die Datenvisualisierungen erhalten bereits im Labor den Status als Träger_innen von Wissen. Dieser spezifische Status des Bildes, der auf der Wechselwirkung zwischen *Experimentalsystem und Epistemischen Ding* (Rheinberger 2006) beruht, soll im zweiten Teil dieses Kapitels beleuchtet werden.

Um der Frage nach einer ***visuellen Logik*** in den Bildern nachzugehen, gilt es zwei Bedeutungen von Ästhetik zu unterscheiden. Zum einen, das von mir bereits im ersten Kapitel vorgestellte Verständnis der rancièreschen *politischen Ästhetik*. Mit ihr können wir den vollständigen Herstellungsprozess der Bilder sowie die diskursiven Verhandlungen der Bilder als ästhetisches Konzept verstehen, die vorgeben, was zu dieser Zeit an diesem Ort sichtbar gemacht werden kann. Eine zweite Bedeutung von Ästhetik, auf die ich weiter vorne bereits unter dem Begriff der Ästhetisierung von Wissenschaft eingegangen bin, betrifft den Zusammenschluss ästhetischer Beurteilung mit naturwissenschaftlicher Praxis. In diesem Zusammenschluss bekommen ästhetische Entscheidungen im Urteil über die Qualität der Bilder und der darin abgebildeten Gehirne einen wissenschaftlich verbrieften Status.

6.1 Subtraktive Berechnungen im Auswertungsprozess

Die Auswertungsberechnungen der Daten basiert immer auf der Kontrastierung zweier Bedingungen. Hierfür werden die unter den unterschiedlichen Bedingungen – mit unterschiedlichen Stimuli – aufgenommenen Daten miteinander subtrahiert. Mit Hilfe der Subtraktion versucht man typischerweise jene Daten zu identifizieren, die an der Verarbeitung der Aufgabenkomponenten beteiligt waren. Roskies beschreibt die Subtraktion der funktionellen Daten folgendermaßen:

„In subtraction, one typically tries to identify task components by subtracting from the data collected during performance of a task of interest the data from another task involving many of the same components, ideally save one.“ (Roskies 2008, 29)

Zur Veranschaulichung dieses Vorgangs ziehe ich den Artikel *Functional Mapping of the Human Visual Cortex by Magnetic Resonance Imaging* von John W. Belliveau et al. (1991) heran.[1] Hier finden sich drei Visualisierungen (siehe Ab-

1 Das in der Zeitschrift *Science* 1991 veröffentlichte Paper gilt als das erste, das die Methode des funktionellen Hirnmappings publik machte. In meiner historischen Abhandlung wird es nicht als dieses erwähnt, da im Gegensatz zu dem von Ogawa et al.

bildung 11), die den Berechnungsprozess sehr anschaulich darstellen: Bild A zeigt die gemessene Aktivität während die Testperson in einem dunklen Scanner liegt, ohne dass ihr etwas präsentiert wird (Gegenbedingung: Dunkelheit). Bild B zeigt die gemessene Aktivität, während des Durchgangs mit visuellem Stimulus (Stimulus ist 7.8-Hz helles Licht)[2]. Im Text werden die Leser_innen darüber informiert, dass die Bildhelligkeit proportional zum zerebralen Blutfluss dargestellt wird (damit soll der Zusammenhang zwischen den abgebildeten Grauwerten und den physiologischen Vorgängen im Gehirn unterstrichen werden) und dass alle Daten anhand der Spalte am Occipitallappen ‚normalisiert' wurden, die Gehirne also eine anatomische Standardisierung erfahren haben (vgl. Belliveau 1991, 717). Die beiden visuellen Datenwolken in Bild A und B werden miteinander subtrahiert und in Bild C angezeigt. Bild C zeigt also die Daten an, die nach der Subtraktion der Daten, die während der Stimuluspräsentation aufgenommen wurden, mit denen, die im Ruhezustand (Kontrollbedingung: Dunkelheit) aufgenommen wurden, übrig bleiben (B-A=C). Bild C bildet die übrig gebliebenen Daten farbig in einer statistischen Karte ab. Dabei gibt die Farbskala den in Grauwerten abgespeicherten Aktivitätswert der jeweiligen Voxel an.

Das Aufzeigen der funktionellen Ausgangsdaten in zwei gesonderten Bildern (A und B) wird in der Art heute nicht mehr vorgenommen. In aktuellen Darstellungen publizierter statistischer Karten der funktionellen Bildgebung wird zumeist nur noch das Ergebnis der Subtraktion mit Hilfe einer Farbskala in die ana-to-mischen Karten eingezeichnet und in einer einzigen Abbildung dargestellt. Die abgebildeten Aktivitätswerte sind also das Ergebnis einer Subtraktion.

(1992) veröffentlichten Paper nicht der gemessene BOLD-Wert beschrieben wurde, sondern das Imaging-Verfahren auf der Messung des zerebralen Blutvolumens (Cerebral Blood Volume - CBV) beruht. Die hier anhand der Messungen des zerebralen Blutvolumens beschriebene Kontrastierung der Daten und die daraus resultierende visuelle Darstellung ist mit den Messungen, die den BOLD-Wert ermitteln, allerdings vergleichbar.

2 Die beiden Bilder A und B zeigen nur die funktionellen Daten, die im jeweiligen Durchgang gescannt wurden, ohne diese auf die anatomischen Daten zu beziehen.

Abb. 11: Visualisierung des Berechnungsprozesses

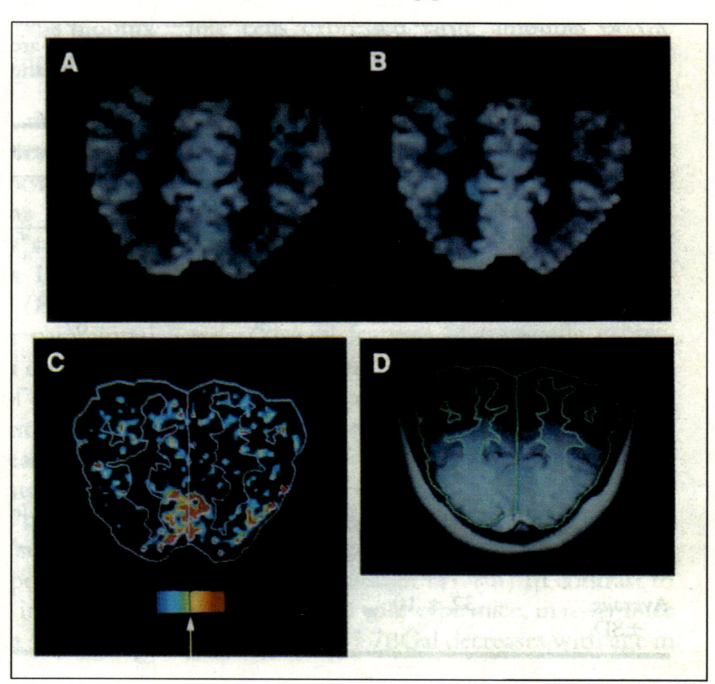

Abbildung 11 zeigt in Bild A und B den zerebralen Blutfluss des Gehirns, der im Kernspintomographen gemessen wurde, einmal während Dunkelheit (A) und während der Stimulation des Auges mit 7,8-Hz flackerndem Lichtreizen (B). Bild C bildet die Daten ab, die nach der Subtraktion von Bild A und B verbleiben (B–A=C). Um die Höhe der Aktivitätswerte in Bild C anzuzeigen, wurde eine lineare Farbskala verwendet, wobei rot die höchste Aktivität angibt.

Das Prinzip der Subtraktion beziehungsweise der Kontrastierung von Daten macht deutlich, dass für die Abbildung der Daten noch eine weitere Bedingung konstitutiv ist: Die Bilder der Aktivitätswerte, die sich aus der Kontrastierung zweier Bedingungen ergeben, sind nicht nur vom verwendeten Stimulus abhängig, sondern auch von den Bedingungen, mit denen der Stimulus kontrastiert wird:

„With subtractive designs, the data displayed in the image are contrastive, and it is impossible to read off the image itself what the tasks are that contribute to its content. In particular, the baseline or contrast task is effectively invisible, contributing to what isn't seen or what is seen as deactivation. The image that results from an experiment, therefore, is heavily dependent upon both the task of interest and upon what contrast task is chosen.“ (Roskies 2008, 29)

Für die Block-Design-Studien ist die oben skizzierte Auswertung bis heute nahezu identisch. Block-Design-Studien tragen die Subtraktion bereits in ihrem Aufbau in sich, in dem das Experimentdesign das Zeigen eines Stimulus in Kontrast mit einem ‚Normalzustand' setzt. Die Auswertung der Event-Related-Studien basiert ebenfalls auf der Subtraktion von Daten, allerdings wird das statistische Gegenrechnen der erhobenen Daten komplexer. So können die Daten, denen anhand von Modellierungen einen Aktivitätsverlauf beigemessen wurde, in unterschiedliche Wenn-Dann-Verhältnisse gesetzt werden.

6.2 Ordnungen des Zeigens und ästhetische Fragen der Gestaltung

„[U]nd man sich wieder stärker ins Bewusstsein ruft, wie kritisch einfach statistische Auswertung bei den fMRT-Daten ist.“
BLAU 2009, 25 MIN

Die Beschreibung der Subtraktionsberechnungen lässt erkennen, welche Daten in den statistischen Karten der funktionellen Bildgebung abgebildet werden. Zumeist werden nicht mehr nur zwei Bedingungen, wie im Beispiel von Belliveau et al. kontrastiert, sondern mehrere Bedingungen (etwa in den Event-Related-Designs) werden gegeneinander gerechnet. Der oben beschriebene Vorgang der Kontrastierung der Daten kann mit Hilfe rechenstarker Computer und entsprechender Auswertungsprogramme mittlerweile direkt für die unterschiedlichen Bedingungen auf den anatomischen Daten angezeigt werden. Sobald den Wissenschaftler_innen die anatomischen Daten einer Testperson vorliegen und die Vorverarbeitungsschritte mit den funktionellen Daten erledigt sind, ist es möglich, sich die Kontrastierungen der funktionellen Daten in Echtzeit in der Gehirnmorphologie anzeigen zu lassen. Kontrastieren die Forscher_innen am Computer zwei Bedingungen, ist es ihnen möglich, zum Beispiel den Regler, der den an die Daten angelegten Schwellenwert festlegt, frei zu verändern. Die farbig angezeigten Voxel verändern sich, je nach Schwellenwert und Bedingung, auf dem Bildschirm mit. Für die Analyse der Daten müssen jetzt weitere Auswertungsschritte folgen. Ich werde mich in diesem Kapitel auf die ersten, tastenden Schritte im Umgang mit den Daten beschränken und das Bild – die Visualisierungen der Daten – vor allem auf seine Funktion im Labor befragen. Die Strukturen der fMRT-Bilder sollen dabei vorrangig auf ihre „Ordnungen des Zeigens" (vgl. Hessler/Mersch 2009, 10) sowie auf die konstitutive Bedeutung von Ästhetik untersucht werden. Die Subtraktionsberechnung war ein erster Schritt, sich der Frage zu nähern, was in der funktionellen Bildgebung überhaupt zum Bild wird. Der nächste Schritt liegt darin, sich die Schwellenwerte, die an die Daten angelegt werden, anzuschauen. Die Schwellenwerte entscheiden darüber, ob und wie die Daten in den Bildern emergieren.

6.2.1 Was kommt ins Bild?

Schwellenwerte legen fest, ab welchem Aktivitätswert Daten in den statistischen Karten angezeigt werden. Das Gehirn ist bestimmt durch ein durchgängiges und überall auftretendes Dauerrauschen. Die Aufgabe, die sich für die Wissenschaftler_innen stellt, liegt darin, eine Schwelle zu finden, die nur noch die ‚gewünschte' beziehungsweise signifikante Aktivität anzeigt. Um die signifikanten Aktivitätswerte aus diesem Dauerrauschen herauszufiltern, müssen Schwellenwerte festgelegt werden, die angeben, ab welcher Höhe ein BOLD-Signal als signifikant am Prozess der Stimulusverarbeitung beteiligt, angesehen werden kann. Damit bestimmt der Schwellenwert die Aktivitätswerte, die die Wissenschaftler_innen als aussagekräftig und charakteristisch für die ausgehende Fragestellung anerkennen und leitet somit ebenfalls die Interpretation der Daten. Die Definition des Schwellenwerts kann zu unterschiedlichen Ergebnissen führen, wie Anelis Kaiser et al. anhand von Untersuchungen, die nach der bi-/lateralen Verarbeitung von Sprache von Männern und Frauen forschten, nachweist:

> „With respect to sex/gender analysis in language processing, the employed statistical threshold can affect the detection of bilateralisation and lateralisation. The chosen statistical threshold can modify lateralisation patterns when comparing the number of active voxels between both hemispheres." (Kaiser et al. 2009, 54)

Ich hatte an anderer Stelle bereits darauf hingewiesen, dass die Grauwerte der Voxel, die die Grundlage des Auswertungsprozesses darstellen, vor ihrer Zuweisung an die einzelnen Hirnvoxel einer individuellen Mittelung unterzogen werden, die einen Grauwert als Nullwert für jede Proband_in/jeden Probanden festlegt, von dem aus die anderen Grauwerte höhere BOLD-Signalwerte beziehungsweise niedrigere Werte zugeschrieben bekommen. Heutige Auswertungsprogramme (in meinem Beispiel BrainVoyager) legen die Schwellenwerte in ‚Echtzeit' an die Daten an. Das heißt, die Wissenschaftler_innen können sich die funktionellen Daten auf dem Hintergrund der anatomischen Daten anzeigen lassen und durch das Einstellen des Schwellenwertes die Höhe des Aktivitätswertes und somit das Aussehen der statistischen Karten variieren. Dass die Anzeige und das Spielen mit den Schwellenwerten ein Vorgang ist, der den Wissenschaftler_innen ein Gefühl für ihre Daten vermittelt, darüber gibt eine Beschreibung aus dem Feldtagebuch Aufschluss:

„Um einen allgemeinen Eindruck von der Stärke der Aktivität der generierten Daten zu erlangen, macht Orange in BV (BrainVoyager) eine Bonferoni-Korrektur, was „einen sehr strengen Schwellenwert an die Daten anlegt" (O-Ton: *Orange*) und nur noch die Voxel anzeigt, die wirklich sehr aktiv sind" (Teilnehmende Beobachtung 2009, 5)

Die Bonferoni-Korrektur ist ein automatisierter Algorithmus, der einen aus den Daten berechneten Schwellenwert vorgibt und damit ein objektives, statistisches Vorgehen an die Daten ermöglichen soll:

„[...] und da ist die strikteste Korrektur die Bonferoni-Korrektur, die den p-Wert durch die Anzahl der Voxel teilt. Die Bonferoni ist aber extrem strikt, also wenn wir alle Daten wirklich nur Bonferoni korrigieren würden, dann würden wir extrem wenig sehen oder publizieren können. Da etablieren sich verschiedene Methoden, die werden dann aber auch gegeneinander getestet – vernünftigerweise. Man gewinnt ein Gefühl über den Grad der Striktheit oder ob die Methode ein bisschen liberaler sein kann. Aber ich glaube, da etablieren sich auf jeden Fall Regeln, denen man folgen kann. Im Zweifelsfall immer strikter als man denkt, das ist eine einfache Regel. Und wenn man dann sagt: okay, ich habe bestimmte Argumente, weswegen ich jetzt meine Schwelle doch ein bisschen liberaler wähle und man kann das gut begründen, dann finde ich das absolut in Ordnung; aber man muss sich dessen bewusst sein." (Blau 2009, 26 min)

Blau insistiert im Zusammenhang mit den subjektiven Schritten der Auswertung darauf, im Gegenzug die objektiven Begründungen genau aufzuzählen und auszuweisen. Und deshalb, fährt *Blau* im Gespräch weiter fort, sind statistische Kriterien auch so wichtig. Es braucht statistisch korrekte Schwellen, und alle Regionen, die dann aktiv sind, müssen auch in Veröffentlichungen genannt werden.

Verallgemeinernd kann man sagen, dass die Schwelle umso niedriger angesetzt wird, je größer die aktivierten Bereiche sind, die angezeigt werden. Die an die Daten angelegten Schwellenwerte sind dabei aber nicht absolut. Zum Beispiel kann der gleiche Schwellenwert in unterschiedlichen Programmen unterschiedlich viele aktive Voxel anzeigen, wovon ein weiterer Eintrag ins Feldtagebuch zeugt:

„Der Schwellenwert legt fest, welche Aktivitätswerte in der statistischen Karte angezeigt werden. Man kann/muss sie manuell am Rechner festlegen. Das funktioniert nur durch ein gewisses Rumspielen mit den Werten und dem Echtzeit-Abgleichen der Visualisierung. Beispiel: Für die Auswertung einer Wissenschaftlerin liegt der Wert in BrainVoyager letztendlich zwischen 5-8. In FSL (einem anderem Auswertungsprogramm) wird der Wert dann zwischen 4-8 festgelegt, damit die Datenanzeige der von BV gleicht." (Teilnehmende Beobachtung 2009, 5)

Die Schwierigkeit der Wahl eines Schwellenwerts zeigt, dass es bei der Analyse der Daten nicht darum geht, sich unvoreingenommen die gefundene Aktivität im Gehirn anzeigen zu lassen. Die Festlegung des Schwellenwerts wird vom erwarteten Ergebnis geleitet. Auf die Frage, ob denn die Analyse nicht Thesen getrieben ist, da die Festsetzung eines Schwellenwertes sich ja an etwas orientieren muss, antwortet *Blau*:

„Ja, da finde ich sprichst du ein super wichtigen Punkt an. Weil wir eben statistische Karten haben, die Schwellen abhängig sind, ist diese Art der Datenanalyse sehr subjektiv und extrem intuitiv. Natürlich hast du bestimmte Vorideen: Du machst Gesichtsverarbeitung, dann gehst du davon aus, dass im ventralen Kortex irgendwas aktiv wird, weil da liegen die Gesichtsareale [...] und je mehr dieses Wissen sich aufbaut, desto mehr leitet es dein Sehen, also was du in den Bildern erkennen möchtest oder reininterpretierst." (Blau 2009, 24 min)

Das Phänomen des fMRT-Bildes tritt nun im Labor verstärkt in den Vordergrund. Die Interaktion mit den visualisierten Daten wird zum wichtigen Faktor ihrer Validierung sowie ihrer weiteren Auswertung. Das Phänomen fMRT-Bild wird zum Ausgangspunkt weiterer Intra-Aktionen mit den auf Visualität beruhenden Daten und ist somit Teil des Erkenntnisprozesses selbst. Ich werde zunächst die ästhetischen und ordnenden Kriterien der fMRT-Bilder beleuchten, bevor ich auf den Punkt der Subjektivität in den Auswertungsschritten umfassender eingehe.

6.2.2 Envisioning fMRT

> „For a new way of seeing and presenting your work."
> FELICE FRANKEL 2002, 8

> „A consequence of any scientific image or visualization is that the representational practice involves a new conceptual space. Whether these are the two dimensions of branching trees on a piece of paper or the complex simulated ‚world' of artificial life, the material basis of the representation invokes its own rules, which in turn bear upon the scientific object in creative and challenging ways."
> REGULA BURRI/JOSEPH DUMIT 2007, 303

An dieser Stelle möchte ich an die bereits am Anfang des zweiten Teils des Buches zitierte Frage von Hessler et al. anknüpfen, die nach den ästhetischen Entscheidungen im Prozess der Bildproduktion fragen. Auf welche ästhetisch ordnenden Strukturen wird in der funktionellen Bildgebung zurückgegriffen? Was sind ihre gestaltenden Bedingungen? In ihrem Buch *Envisioning Science* gibt Felice Frankel Anleitungen für die richtige Gestaltung wissenschaftlicher Bilder und bestimmt als Grundlage der Bildgestaltung, die eigenen Daten als Landschaft zu verstehen und diese Vorstellung in eine Visualisierung umzusetzen:

„Creating order is the first step in making a successful image. [...] Your material *is* a landscape, yet on a different scale, and you must learn to see it as such. As in any photograph, each component in the image is a form and when translated to two dimensions each form becomes just as significant as the text." (Frankel 2002, 26)

Das Verständnis des eigenen Materials als Landschaft ist für die funktionelle Bildgebung grundlegend, will sie doch statistische Karten/Atlanten vom Gehirn erstellen.

Edward Tufte hat in seinem umfassenden Buch *Envisioning Information* einige grundlegende Gestaltungsprinzipien zusammengestellt. Für Tufte sind die

Prinzipien des Informationsdesigns universal und nicht an kulturelle oder sprachliche Grenzen geknüpft; dafür braucht es aber eine interdisziplinäre Ausrichtung:

„To envision information is to work at the intersection of image, word, number, art. The instruments are those of writing and typography, of managing large data sets and statistical analysis, of line and layout and color. The principles of information design are universal – like mathematics – and are not tied to unique features of a particular language or culture." (Tufte 1990, 53)

Die Information, die man darstellen will, muss zunächst in Ebenen unterteilt und separiert werden. In der funktionellen Bildgebung wird die Anordnung der Information durch die schichtweise Aufnahme des Gehirns und die Verortung in einem Koordinatensystem vorgegeben. Durch die weiter oben beschriebene Koregistrierung der funktionellen Daten an die anatomischen Daten erhalten diese ihre Zuordnung an den Hirnraum und im Bild und können dadurch sinnvoll dargestellt werden. Als Hintergrund dient den anatomischen Daten (zumeist) ein schwarzer Raum, in dem das Gehirn mittig platziert wird. Für die funktionellen Daten wiederum werden die anatomischen Daten zum Hintergrund, in die sie eingebettet werden. Für die Wahrnehmung eines Bildes – und des darauf abgebildeten Objekts – stellt der Hintergrund eine wichtige Funktion dar. Denn der Hintergrund bringt das Dargestellte mit hervor:

„A single character gains clarity and meaning by an orderly relationship of the space background which surrounds it. The greater the variety and distinction among respective background units, the clearer becomes the comprehension of a character as an individual expression or sign." (Ebd., 65)

Die anatomischen Daten werden in den Visualisierungen der funktionellen Bildgebung schwarz-weiß beziehungsweise in ihren Mischtönen grau dargestellt. Die in Grautönen gehaltene Darstellung der anatomischen Daten hat ihren Ursprung in Röntgenbildern. Die Hell-Dunkel-Darstellung der Röntgenaufnahmen erklärt sich durch die unterschiedlich absorbierten Röntgenstrahlen der ‚durchleuchtet en' Gegenstände, die ein spezifisches Gewebe markieren. Obwohl die funktionelle Magnetresonanztomographie auf anderen bildgebenden Verfahren als Röntgenbilder beruht – der zu untersuchende Gegenstand wird bei fMRT nicht durchstrahlt, um auf der anderen Seite die durchgegangene Strahlung mit Hilfe einer Photoplatte zu bemessen –, wird die Farbgebung für die anatomischen Daten beibehalten.

„Trotz fast unendlich vielen Möglichkeiten, ein Bild einzufärben, haben sich im Laufe der Jahre wenige Muster etabliert. So werden anatomische MR-Bilder meistens im Röntgendbildformat und mit ähnlicher Schwarzweiß-Skala dargestellt, obwohl das Verfahren, wie es entstanden ist, nichts mit der Röntgentechnik gemein hat. Für viele Mediziner hat sich anscheinend diese Darstellungsform bewährt." (Crelier/Järmann 2001, 107)

Das Aufgreifen einer aus der Röntgendiagnostik bekannten Ästhetik schafft eine Konstante des wissenschaftlichen Sehens und legt damit eine spezifische Lesart der apparativen Bilder nahe. Die Bilder im Labor basieren auf Darstellungen, die immer schon eingebettet sind „in eine Kette von anderen Darstellungen, die im Prinzip niemals zu einem ‚natürlichen' Ende gelangen, sondern immer auf andere Darstellungen verweisen" (Heintz/Huber 2001, 12). Trotz eines weitaus aufwändigeren Konstruktionsprozesses, der ihre Herstellung bedingt, können die MRT-Bilder an die Ästhetik der Durchsehung, die mit den Röntgenbildern verbunden ist, anknüpfen. Damit liefern die in Grautönen gehaltenen anatomischen Bilder des Gehirns einen fast fotografisch anmutenden Hintergrund für die funktionellen Hirndaten. Die Koregistrierung der funktionellen Daten über die normierten anatomischen Daten der einzelnen Proband_innen führt dazu, dass die Grauwerte der funktionellen Daten für die Auswertung in eine Farbskala überführt werden müssen, damit diese sich auf dem ebenfalls aus Grauwerten bestehenden anatomischen Hintergrund absetzen. Crelier/Järmann beschreiben Aktivationsbilder als eine Schichtung der Daten:

„Aktivationsbilder in der fMRI werden farbig dargestellt, weil diese mehr Informationen beinhalten. Das Bild besteht aus zwei Schichten: ein anatomisches Schwarzweiß-Bild und darüber eine farbige Aktivationskarte. Die aktivierten Areale werden je nach Grad der Aktivation üblicherweise in einer Heißfarbenskala von Rot bis Gelb eingefärbt." (Crelier/Järmann 2001, 107)

Die Verwendung von Farben (und dabei spezieller Farbskalen) stellt eine grundlegende Technik in der Darstellung der funktionellen Bildgebung dar, um die Ergebnisse auf dem Bild zu ordnen und zu präsentieren. Dass die Farbgebung Auswirkungen auf die Wahrnehmung der Daten hat, betont Geoffrey Schott:

„Thus, one needs to be wary of the way in which colored illustrations can influence our ideas concerning the brain, particularly its functions. Our eye will naturally be drawn to a bright red spot on an fMRI brain scan, and we are likely to infer that this spot signals something important or significant. But this assumption, which derives from the viewer's contribution [...] may be misleading or incorrect, if the color causes us to infer more or other than justified by the data." (Schott 2010, 517)

Neben der ordnenden und darstellenden Funktion übernimmt die farbliche Kodierung in Visualisierungen noch weitere Funktionen. So beschreibt Benedikt Eisermann fünf Faktoren, die aufgrund ihrer farblichen Kodierung der Aktivationswerte eine große Rolle für die Lesart funktioneller Bilder spielen: *Schnelligkeit, Intuition, Signalwirkung, Realität, Emotionen* (vgl. Eisermann 2006, 118ff.), die ich im Folgenden erläutern möchte.

Die Darstellung der Aktivationswerte in Farben und nicht in Zahlen führt zu einer *schnelleren* Verarbeitung der Daten, da die Visualisierungen mit farblichen Kontrastierungen und auffälligen Farbreizen argumentieren. Die *intuitive* Erfassung der Daten wird durch die verwendeten Farbskalen ermöglicht. In der funktionellen Magnetresonztomographie haben sich, trotz einer Vielzahl möglicher Skalen, einige wenige etabliert. So wird in der funktionellen Bildgebung entweder auf die oben bereits genannte „Heißfarbenskala" (Crelier/Järmann 2001, 107), die „Regenbogenskala" oder auf die „Temperaturskala" (beide vgl. Eisermann 2006, 119) zurückgriffen: Die Regenbogenskala verweist auf die „Spektralfarbenfolge des Regenbogens von den kalten Farben Violett, Blau und Cyan über Grün zu den warmen Farben Gelb, Orange und Rot" (ebd., 119). Die Temperaturskala „reicht von Schwarz über Rot, Orange, Gelb bis Weiß; je heller die Farbe, desto größer ist die relative Aktivität" (Groß/Müller 2006, 110). Häufig wird die Temperaturskala noch um Blau erweitert. Die Heißfarbenskala und die Temperaturskala werden häufig angewendet, da sie den besten Kontrast der verwendeten Farben bieten. Die Farbkodierung der Daten verläuft dann folgendermaßen: „Die Aktivitätszunahme bei einer bestimmten Aufgabe [erfolgt, hf] in Farbtönen von Gelb, Orange bis Rot [...] und die Aktivitätsabnahme durch Farbtöne von Grün, Violett bis Blau" (ebd., 110).

Die Verwendung von Farben, die einen hohen Kontrast bieten und von Farben mit *Signalwirkung* – vor allem der Farben, die eine hohe Aktivität repräsentieren –, führt zu einem schnelleren Verständnis und einer gezielten Blickführung bei der Wahrnehmung des Bildes:

„Da bei der farblichen Kodierung von Daten im Rahmen der funktionellen Bildgebung bevorzugt Signalfarben wie Rot und Gelb verwendet werden, sind dementsprechende Aufmerksamkeitsreaktionen beim Betrachter von fMRT- und PET-Bildern festzustellen: „Attention is drawn to the yellow areas because they are the brightest, not because they are in any way the most important (Rogowitz/Treinish 1995)." (Eisermann 2006, 119)

Die farblichen Markierungen auf den Bildern lassen diese *realistischer* erscheinen. Im Zusammenhang mit den geglätteten anatomischen Darstellungen wirken diese als „real existierende Entitäten“ (ebd., 120), die durch ihre Betrachtung unmittelbar erscheinen und dadurch das Gefühl vermitteln, eine Fotographie des Gehirns zu sein. Der schwarze Hintergrund bringt das darauf platzierte Objekt Gehirn mit hervor: „Faktisch werden von uns Objekte umso eher als real existierend angenommen, je heller sie gegenüber ihrer Umgebung sind, je kontrastreicher sie sich abheben, je schärfer sie konturiert und je strukturell reichhaltiger sie sind.“ (Ebd., 120)

Die Farben wirken sich beim Betrachten der Bilder direkt auf die Gefühlswelt aus und rufen unvermittelt *Emotionen* hervor. Farben, so Eisermann, können nicht ‚neutral‘ zur Strukturierung von Informationen herangezogen werden, sie „transportieren und evozieren Gefühle“ (ebd., 120). Die fünf von Eisermann beschrieben Faktoren, die durch die spezielle Farbgebung im fMRT-Bild hervorgerufen werden, „tragen maßgeblich dazu bei, dass die Abbildungen in der funktionellen Bildgebung eine hohe Unmittelbarkeit bei der Betrachtung aufweisen“ (ebd., 120).

Die räumliche – dreidimensionale – Darstellung des Gehirns wird durch die stapelartige Abbildung der einzeln gescannten Hirnschichten erreicht, die in der virtuellen Darstellung wieder zu einem einheitlichen Volumen verschmelzen. Das cartesianische Koordinatensystem, in dem die gescannten Daten verortet werden, verschwindet in den fertigen fMRT-Bildern. Werden die fMRT-Bilder in Zeitschriften publiziert, verlieren sie ebenfalls ihre zeitliche Dimension, die sie in der Verwendung im Auswertungsprogramm durch die zeitlich unterschiedlichen aufgenommenen Hirnvolumen noch aufweisen.

Dabei kann man festhalten, dass die Bilder umso natürlicher erscheinen, je komplexer ihr Konstruktionsprozess ist. Die Verbesserung der Algorithmen im Herstellungsverfahren und in der Software im Auswertungsverfahren führen zu immer deutlicheren, besser aufgelösten Bildern. Dadurch erscheinen die Bilder immer mehr wie Fotographien des Gehirns, die das Gefühl eines Einblicks ins Gehirn vermitteln. Dass den vom Rauschen befreiten und geglätteten Bildern ein höherer Wahrheitsgehalt zugesprochen wird, habe ich bereits weiter oben angesprochen. Das führt zu einem bildlich vermittelten Reduktionismus:

„Denn es gehen immer schon und je komplizierter und abgeleiteter desto mehr Elemente ein, die für das ‚lebendige Original‘ nicht konstitutiv sind. Welche Konstrukte nun eingehen ist nicht nur ‚technisch‘ bedingt, sondern auch zufällig, kulturell, individuell, jedenfalls kontingent, beginnend mit der Anwendung und der Auswahl technischer Mittel, wie hier Bild verarbeitende Methoden und Visualisierungstechniken und endend mit dem not-

> wendigen Einsatz von Modellen, wie über das Rauschen des Gewebes, die Bildgüte, Artefakte, oder strukturelle Zusammenhänge. Dass diese Konstrukte Komplexität reduzieren, verstärkt die Gefahr von Reduktionismus, Einseitigkeiten und inadäquater Normierung, aber auch der durch Bilder leicht insinuierten Naturalisierung von in Wahrheit kontingenten körperlichen Gegebenheiten, die zu Verdinglichung und Essentialismus führen können." (Schinzel 2004, 8)

Die scheinbare Natürlichkeit der Abbildung, die sich durch die farbige Markierung auf einem nahezu fotographisch anmutenden dreidimensionalen Bild vom Gehirn herstellt, durch das die Wissenschaftler_innen frei navigieren können, verleitet die Wissenschaftler_innen zu einem unkritischeren Umgang mit den Daten.

Die von mir skizzierten *Ordnungen des Zeigens* (Mersch/Hessler 2009) in den Bildern der funktionellen Magnetresonanz erhalten nicht erst in den der Veröffentlichung dienenden statistischen Karten ihre strukturierende und ordnende Funktion. Sie sind immer schon Teil des Auswertungsprozesses und werden für die weitere Verarbeitung der Daten auch immer wieder für eine Interpretation herangezogen. Das im *Denkkollektiv* des MPIHs generierte Wissen wird anhand von Visualisierungen und in der Interaktion mit diesen erzeugt. Interaktion mit den Daten bedeutet im Kontext des MPIH-*Denkstils* vor allem der Rekurs auf die visualisierten Daten. Fragt man die Wissenschaftler_innen, warum sie ihre Daten visualisieren, antworten sie nicht ‚um sie zu publizieren', sondern ‚um sie zu verstehen'. Über die Visualisierungen bekommen die Forscher_innen erst einen Zugang zu ihren Daten und somit auch zu ihrem Untersuchungsgegenstand. Das gilt für die Einschätzung der Qualität der Daten (zum Beispiel die Suche nach Artefakten, das BOLD-Signal etc.) ebenso wie für die Interpretation der Daten. Das ‚Rumspielen' am Schwellenwert gibt ein Gefühl dafür, was die Daten für die Hypothese der Studie hergeben; oder ob eine – und wenn ja welche – andere Form der Interpretation gewählt werden muss. Vom Abzählen der Voxel am Bildschirm zur Definition einer bestimmten Region (of Interest) bis zur liebevollen Ausarbeitung der statistischen Karten, um das Ergebnis der Studie in einem Bild unterzubringen: Jeder dieser Vorgänge stellt eine Interaktion mit den Daten dar und bestimmt die Visualität des generierten Wissens.

6.3 DER STATUS DES BILDES IN DER AUSWERTUNG

Eine wichtige Voraussetzung, die BrainVoyager als Auswertungssoftware auszeichnet, sind die starken Algorithmen für die Visualisierung der Hirndaten. Es besteht ein direkter Zusammenhang zwischen den direkten Visualisierungsmöglichkeiten, welche die Software bereitstellt und dem Stellenwert, der den Visualisierungen im Auswertungsprozess des hier untersuchten *Denkkollektivs* zugewiesen wird. Denn die verwendete Auswertungssoftware wirkt sich auf den Umgang mit den Daten aus: „Laut *Grün* gibt es zwei verschiedene Communities hinter denen jeweils eine ganze Philosophie steckt und die mit Matlab oder aber mit Programmen arbeiten, in denen die Analyse über Visualisierungen läuft.“ (Teilnehmende Beobachtung 2009, 13)

Auf die Frage, womit sich die unterschiedliche Herangehensweise an die Verarbeitung der Daten begründen ließe, also ob die Auswertungspraktiken eher länderspezifisch oder universitätsspezifisch sind, antwortet *Rot* im Interview:

„Es hängt eher von den Paketen ab, die man verwendet, also von der Software. Es gibt Programme, am bekanntesten ist SPM – Statistical Parametric Mapping –, die sehr starke Algorithmen haben. Die sind alle sehr gut gemacht, aber erschweren die Interaktion mit den Daten. Unsere Software, BrainVoyager, ist darauf ausgerichtet, dass man jederzeit mit den Daten interagieren kann und zum Teil auch manuell eingreifen kann.“ (Rot 2009, 19 min)

Der Umgang mit den Daten ist je nach Software entweder „interaktiver“ (*Rot*), das heißt, dass die Daten früh visualisiert werden, um sie nach Artefakten zu untersuchen oder einfach nur, um ein Gefühl für sie zu bekommen. Oder die Daten sind „automatisierter“ (*Rot*), wenn die Auswertung sich auf die programmierten Skripte stützt, die über Programmiersprache an die Daten angelegt werden. Aber auch die Wissenschaftler_innen, die nicht für jeden Schritt „in die Daten reingehen“ – sich die Daten also als Bilder anzeigen lassen – können ihre Daten nicht ohne die Visualisierung am Ende plausibilisieren. *Rot* beschreibt im Interview die unterschiedliche Verarbeitungsweise von Daten und weist dabei auch darauf hin, zu welcher ‚Gruppe‘ das MPIH gehört:

„Was die Interaktion mit den Daten angeht, das ist hier vor Ort schon sehr wichtig. Das sind Zwischenschritte bei uns, wir schauen uns an, wie gut strukturelle und funktionelle Daten zusammenpassen. Da muss man ja eine Koregistrierung durchführen, dass man auch sagen kann: Das ist die anatomische Struktur, wo etwas aktiviert ist. Es gibt eine

Auswertetradition von anderen statistischen Paketen, da ist das sehr stark automatisiert. Das ändert aber nichts an dem letzten Schritt, der Visualisierung. Das mit den Tabellen, dass man wirklich alle Areale auflistet, das ist üblicher für diese geskriptete Form des Vorgehens, dass man sich das einfach ausspucken lässt und das dann so gewichtet. Es stimmt, dass wir dann doch eher dazu tendieren, in die Daten reinzugehen, um zu verstehen: Ist das überhaupt eine wirkliche BOLD-Antwort, die ich da sehe? Was für eine Art von Aktivierung seh' ich überhaupt?" (Rot 2009, 17 min)

Um die Hirndaten besser sichtbar zu machen, wird im BrainVoyager bei ihrer Darstellung auf besondere Algorithmen zurückgegriffen. Die Visualisierungen der funktionellen Daten werden durch die hoch aufgelösten anatomischen Datensätze ergänzt (das heißt auf höher aufgelöste Datensätze, die statt physiologischen Signalen, Informationen über das Gewebe des Gehirns gesammelt haben), um sie schärfer aussehen zu lassen. Die Voxelkanten werden in BrainVoyager geglättet, was zu weicheren Übergängen zwischen den als Kastenform abgebildeten Pixeln auf dem Bildschirm führt und für ein besseres Gesamtbild sorgt. Um die Hirndaten schöner, bunter und besser lesbar darstellen zu können, werden sie in BrainVoyager nicht nur von ihren potentiellen Fehlern und ihrem impliziten Rauschen befreit (siehe Preprocessing), sondern explizit für die Darstellung optimiert. Mit der schärferen Kontur erhalten die Bilder ein geradezu fotorealistisches Konterfei. Die ästhetische Einschätzung, dass scharfe Bilder einen höheren Wahrheitsgehalt transportieren, gibt es, seit die Fotographie um 1900 Eingang in die Naturwissenschaft gefunden hat. Dass Klarheit mit Wahrhaftigkeit geichgesetzt wird, ist dabei in erster Linie eine ästhetische Frage und kein wissenschaftlicher Fakt, so der Zellbiologe Don Fawcett, der 1964 über seine langjährige Arbeit mit dem Elektronenmikroskop konstatiert:

„Vielleicht ist es mehr eine Angelegenheit des Glaubens für den Morphologen als eine Sache gezeigter Fakten, dass ein Bild, das scharf, kohärent, gleichmäßig, feinauflösend und insgesamt ästhetisch ansprechend ist, eher als wahr angesehen wird als eines, das grobkörnig, ungleichmäßig und verschwommen ist. Wie andere Glaubensangelegenheiten mag dies logischer Analyse nicht standhalten, aber es hat sich als alltagstauglich bewiesen [...]." (Fawcett 1964; zitiert in Daston/Galison 2002, 80)

Die klaren Strukturen in den Bildern der funktionellen Magnetresonanztomographie, die im BrainVoyager durch starke Glättung der Daten erlangt wird, erhöhen ihren objektiven Status in der laborwissenschaftlichen Produktion von Natur. So werden in BrainVoyager die geringer aufgelösten funktionellen Daten (Voxelgröße: 3x3x3 mm) schon in der Anzeige zur Auswertung mit den höher aufgelösten anatomischen Daten (Voxelgröße: 1x1x1 mm) unterlegt, um diese schärfer aussehen zu lassen. Der epistemische Wert der Bilder wird durch ihre direkte Bezugnahme als Praxis im Labor noch potenziert.

6.3.1 Seeing intimates knowing

Nach der Bedeutung der mit Hilfe der fMRT-Technik hergestellten Bilder befragt, sind sich die von mir interviewten Wissenschaftler_innen einig: „Ich habe dann im Studium Kernspintomographie als Methode kennen gelernt und fand diese Idee, dass man sich ein Bild des Gehirns macht, während der Proband sich ein Bild von der Welt macht, total faszinierend." (Blau 2009, 1 min) Die Anschaulichkeit der Methode wird über die Visualisierungen der Daten hergestellt. Dass sich die Wissenschaftler_innen für die funktionelle Bildgebung als Methode, mit der sie arbeiten wollen, entschieden haben, wird von ihnen als subjektive Präferenz beschrieben:

> „Methodisch gesehen ist es halt einfach, es hat eine super räumliche Auflösung und eine nicht so gute zeitliche Auflösung. [...] Ich finde es, im Vergleich zu EEG, MEG und so weiter, die schönste Methode, weil es anschaulich ist und man relativ viel damit machen kann. Also, ich würde das jetzt auch einfach als ganz subjektive Präferenz beschreiben." (Türkis 2009, 3 min)

Die Faszination der Methode wird durch die Möglichkeit der dreidimensionalen Anzeige in der Auswertungssoftware evoziert:

> „Das Schöne für MICH dabei ist erstmal, das Gehirn zu visualisieren. Das ist das Schöne an der fMRT. Es gibt eigentlich kein anderes Instrument, bei dem man sich das, ohne das Gehirn zu verletzen, anschauen kann. Das Andere, was ich daran auch sehr mag: es ist 3D – und je nachdem was für eine Software du hast, kannst du dann durch das Gehirn navigieren und kannst dir wirklich anschauen, wie das gearbeitet hat in einer bestimmten Aufgabe." (Orange 2009, 8 min)

Die mit Hilfe der ‚starken' Visualisierungsalgorithmen in BrainVoyager hergestellten Bilder spielen für die Wissenschaftler_innen eine wichtige Rolle. Die geglätteten Bilder des Hirns, auf denen die statistischen Daten der funktionellen Messungen in Abhängigkeit mit dem angesetzten Schwellenwert und der verwendeten Farbskala angezeigt werden, sind Ausgangspunkt für die Interaktionen (oder Intra-Aktionen, mit Barad gesprochen) mit den Daten in der Auswertung:

„Im Prinzip ist eigentlich das Bild das Erste, was man von den Kernspindaten sieht. Man sieht ja wirklich das Bild des Gehirns, das man aufgenommen hat, als schwarz-weiß Bild sozusagen. Die Kurven kommen erst hinterher dazu, dass man die einzelnen Signalverläufe quasi extrahiert, wie sich die Gehirnaktivität in einem bestimmten Gehirnareal über die Zeit verhält. Und deswegen sind die Bilder eigentlich immer der Ausgangspunkt. Es sind immer die Bilder, zu denen man einen intuitiven Zugang hat, auch als Wissenschaftler. Man schaut sich die an, man sieht ja auch direkt, ob da zum Beispiel Artefakte drin sind oder nicht, ob die in einer hohen Auflösung sind oder nicht. Es sind ja viele Publikationen, wo man das Bild als Ausgangspunkt hat, wo auf dem Gehirnbild zum Beispiel Areale orange anmarkiert sind, so dass man eine erste Idee hat, was da aktiv ist." (Blau 2009, 3 min)

Erst die Visualisierungen ermöglichen den Wissenschaftler_innen, „die Daten zu verstehen" (Rot 2009, 15 min):

„Man braucht die Visualisierung, weil man kann sich leider nicht auf einmal hunderttausend Zahlen angucken. Also ich glaube schon, dass die Karten wichtig sind. Für mich ist es so, wenn ich die erste Analyse mache, schaue ich mir schon die Karten an, um zu gucken, ob das Sinn macht. Weil, wenn man Messungen macht und dann gibt es auf einmal ganz viel Aktivität außerhalb des Gehirns oder in den Ventrikel oder im Nacken von dem Probanden, da kann man sich schon Gedanken machen, ob das vielleicht nicht so eine erfolgreiche Messung war. Das könnte man nicht ableiten, wenn man sich nur die Zahlen anguckt, weil man da nicht so genau sehen kann, wo das herkommt. Die Karten sind schon wichtig, und am Ende auch, um zu gucken, wo das genau im Gehirn liegt und um das vergleichen zu können mit dem, was man im vorherigen Experiment gemessen hat. Am Ende sind das Zahlen, das muss man auf jeden Fall im Gedächtnis behalten, aber man braucht als Mensch die Visualisierung, um da bestimmte Ordnungen drin sehen zu können." (Grün 2009, 45ff. min)

Auch *Orange* beschreibt die Visualisierung der Daten als den besten Zugang zu der Vielzahl an erhobenen Datenpunkten. *Orange* weist ferner daraufhin, wie wichtig die in BrainVoyager vorgenommene Koregistrierung der funktionellen auf die anatomischen Daten ist, da die Daten dadurch ‚schöner' werden und sie der besseren Orientierung dienen:

„Man orientiert sich eigentlich immer stark an den Bildern. Weil sonst kann man das gar nicht verstehen. Weil, das sind so viele Datenpunkte. Also ein Bild, du siehst ja das Bild, aber was dahinter steckt, das sind Millionen von einzelnen Teilen, aus denen sich dieses Bild zusammensetzt. Und deswegen stimmt das schon, dass man sich sehr stark an den

Bildern orientiert. Es kommt aber drauf an, wie man die Bilder dann auswertet. Du hast ja auch gesehen, dass wir die funktionellen Daten immer auf die Anatomie drauflegen. Würden wir nur in dem funktionellen Raum arbeiten, dann würden die Bilder total hässlich sein, und dann könnte man sich gar nicht an den Bildern orientieren. Dann müsste man sich an bestimmten Koordinatensystemen orientieren. Da wir hier im Hause eine bestimmte Software benutzen, die diese Sachen immer direkt auf die Anatomie bringt und man dann leichter interagieren kann, ist es super, auch mit diesen Bildern zu arbeiten." (Orange 2009, 11 min)

Für *Türkis* liegt der Vorteil der Bilder darin, dass sie die aktivierten Areale im Gehirn ‚zu Sehen geben', mit der Anzeige des Ortes, an dem Aktivität für eine bestimmte Bedingung gemessen wurde: „Ich muss ja auch sehen, wo denn mein Areal ist. Wenn ich das nicht auswerten würde und ich es selber nicht sehen würde, dann würde mir das auch nichts bringen. Ich will ja grade wissen, wo es ist." (Türkis 2009, 16 min)

Wie im Kapitel über *Das Konzept Nicht-Invasivität* bereits erwähnt wird die Unmittelbarkeit der Visualisierung gerne mit der Einschätzung eines direkten Zugangs zum Gehirn missinterpretiert. Dieser als unmittelbar empfundene Zugriff zu den Hirndaten wird zum wiederkehrenden Motiv in der Auswertung derselbigen. Denn die in Grauwerte umgewandelten Datensätze werden immer wieder dazu herangezogen, Wahrheit zu sprechen. Sie entscheiden, ob die Daten ‚gut' sind – meint: artefaktfrei –, sie sind Bezugspunkt für die Festlegung der Regions of Interest, sie zeigen an, welcher Schwellenwert Sinn macht. Durch die Visualisierung auf dem Bildschirm wird eine Einschätzung der Daten erst möglich. Die Bilder sind Ausgangspunkt der Auswertung, auf sie wird während der Auswertung immer wieder zurückgegriffen – zum Beispiel beim Ausprobieren des Schwellenwerts – und sie fassen am Schluss des Auswertungsprozesses die Ergebnisse zusammen. Anhand der Karten können sich die Wissenschaftler_innen ihre Daten mit unterschiedlichen Einstellungen in Echtzeit anzeigen lassen. Das dient zum Beispiel für die Anfertigung von Masken (die anhand von Topographien des untersuchten Kortexareals vorgenommen werden), mit deren Hilfe die Wissenschaftler_innen eine bestimmte Region, die sie untersuchen, markieren können. Die Maske wird durch das Markieren der Voxel in der Hirnkarte erstellt und kann dann zum Vergleich über alle Hirnkarten der untersuchten Proband_innen gelegt werden.

„Also ich brauch die zum einen natürlich zur Veranschaulichung, weil das was im Text so steht, ist zwar genau, aber schwer vorzustellen – und ein Bild sagt manchmal mehr aus als tausend Worte [...]. Wofür arbeite ich meine Bilder sonst noch aus? Also ich muss zum Beispiel jetzt, damit ich von einer Region zur anderen tracken kann, Retinotopien[3] erstellen [...]. Dafür arbeite ich die Bilder aus. Und anhand der Bilder kann ich festlegen, von welchen Voxeln zu welchen Voxeln ich quasi tracke." (Gelb 2009, 7 min)

Im Auswertungsprozess der Hirndaten bekommen die Bilder nicht nur den Status einer statistischen Karte, die das Endprodukt eines Auswertungsvorgangs anzeigen soll, sondern sie werden als ‚Natur' angerufen, die den Wissenschaftler_innen den richtigen Umgang mit den Daten aufzeigen sollen. So empfiehlt zum Beispiel Hennig zur Überprüfung der Richtigkeit der Aktivierungssignale die, wie er es nennt, „visuelle Inspektion" (Hennig 2001, 80). „Ein blindes und naives Vertrauen in die Zahlenwerte der Statistik birgt daher die Gefahr der Fehlinterpretation" (ebd., 80). Auch Britta Schinzel weist auf die Notwendigkeit hin, dass für die Interpretation der visualisierten Daten immer auch das menschliche Auge befragt werden muss:

„Die automatische Elimination von Rauschen und ‚unpassenden' Bildpunkten läuft Gefahr, überlagerte Effekte nicht zu differenzieren, und somit wesentliche Bildinhalte zu eliminieren oder zu glätten oder umgekehrt unphysiologische Effekte als wesentlich herauszuholen. Es ist daher immer nötig, auch das kundige menschliche Auge mit zu bemühen." (Schinzel 2004, 5)

Was Schinzel als „kundiges Auge" beschreibt, verweist auf ein Sehen, das im Sinne des spezifischen Wissens eines *Denkstils* ausgebildet ist und somit die richtigen Muster und Effekte herausarbeiten kann. Fleck weist explizit darauf hin, dass dieses Sehen auf einem Aneignungsprozess des in einem *Denkkollektiv* vorherrschenden Wissens basiert:

„Man muss also erst lernen, zu schauen, um das wahrnehmen zu können, was die Grundlage der gegebenen Disziplin bildet. Man muss eine gewisse Erfahrung, eine gewisse Geschicklichkeit erwerben, die sich nicht durch Wortformeln ersetzen lassen." (Fleck 2011, 212)

Die Visualisierungen der Hirndaten stellen also die Grundlage für die Auswertung, zumindest für das von mir untersuchte *Denkkollektiv*. Um sich in die Inter- und Intraaktionen mit den Visualisierungen zu begeben, greifen die For-

---

3 Retinotopie meint die Topographie des visuellen Kortex und beschreibt die dortige räumliche Struktur der neuronalen Vernetzung.

scher_innen auf erlerntes Wissen zurück. Die Schritte der Auswertung, in denen die Wissenschaftler_innen auf die Visualisierungen zurückgreifen, um Bedeutung zu generieren, beruhen auf ‚subjektiven' Entscheidungen, die sich dadurch auszeichnen, dass sie nicht exakt beschrieben oder in Gänze objektiviert werden können.

6.4 SUBJEKTIVITÄT IM UMGANG MIT DEN VISUALISIERUNGEN

„Unterschiedliche Arten des Umgangs mit Bildern schaffen unterschiedliche Arten von Bildern."
MARTIN SEEL 2000, 267

Neben den unterschiedlichen Standardisierungs- und Objektivierungsprozessen, welche die Daten unterlaufen, besteht die Plausibilisierung des aufgenommenen Datenmaterials immer wieder darin, sie sich anzuschauen. Die Wissenschaftler_innen selbst beschreiben einige Schritte des Verfahrens immer wieder als sehr subjektiv:

„Und damit kann man ja dann zum Beispiel zuallererst gucken, wie groß der visuelle Kortex bei jemandem ist [...]. Du guckst, wo ist wann meine Aktivität, das zeigen ja diese Farben, dieses Orange-Gelb und Grün-Blau. Und dann kannst du sagen, okay, ich muss jetzt hier an der Linie schneiden. In BrainVoyager ist das wie ein Stift, wie bei Paint. Dann kannst du sagen okay das ist V1, das ist V2 das ist V3, das ist aber je nach Gehirn und je nach Individuum und je nachdem, was du gezeigt hast nicht unbedingt eindeutig. Deswegen sag ich: Der eine machts so, der andere machts so und der dritte machts dann wieder ganz anders, weil er die Linie woanders sieht. Es ist halt nicht so offensichtlich, also es ist schon sehr subjektiv, diese ganze Sache." (Türkis 2009, 20 min)

Auch *Orange* betont bei der Auswertung der erhobenen Daten immer wieder die subjektiven Entscheidungen, die er_sie anhand der statistischen Karten vornehmen muss, etwa um die funktionellen Daten mit den anatomischen zu koregistrieren oder die ROI-Masken anhand der Daten anzulegen:

„Es ist alles sehr subjektiv. Also man orientiert sich an objektiven Standards, aber der letztendliche Mausklick, den ich am Computer tätige, ist sehr subjektiv geprägt. Immer wenn ich *Rot* nach den Arealen frage, dann lacht er/sie, weil man das nur sehr schwer karthographisieren kann. Man braucht schon sehr viel Erfahrung mit fMRT, um Areale zu finden und auswerten zu können." (Teilnehmende Beobachtung 2009, 20)

Um diese Entscheidungen am Rechner treffen zu können, sind Erfahrungen mit den Bildern vom Gehirn notwendig. Aber auch wenn sich derartiges Fachwissen des *Denkkollektivs* angeeignet wurde, sind alle Entscheidungen immer noch abhängig von der individuellen Tagesform, den Assoziationen, die man zu den entsprechenden Proband_innen hat und vielem mehr. Als hilfreich bei der subjektiven und komplexen Entscheidungsfindung wird von den Wissenschaftler_innen insbesondere die Intuitivität der Methode genannt, die sich vor allem aus ihren Visualisierungsmöglichkeiten ergibt:

„Im EEG hat man da irgendwelche Frequenzen, wo man das dann abliest, aber bei der fMRT ist das halt viel intuitiver, woran man sich orientiert, wie man [...] die Aktivitätsmuster mit irgendwelchen Sachen in Verbindung setzen kann." (Orange 2009, 1 min)

Die Visualisierungen der funktionellen Bildgebung stellen also den Ausgangspunkt der Auswertung dar. Anhand der Bilder werden die Interpretationen der Daten vorgenommen. Sie sind der ‚Raum', an dem alle von mir zuvor beschriebenen *apparatuses* zusammen kommen. Das Phänomen ‚fMRT-Bild' und die damit einhergehenden Praktiken, die das Bild als Ausgangspunkt nehmen, bestimmen sich durch ihre intra-aktive Herstellung. Die Auswertung, die anhand der Daten vorgenommen wird, bringt ein Wechselspiel zwischen apparativen und subjektiven Objektivierungsweisen hervor, die das Phänomen ‚fMRT-Bild' unter Kontrolle zu bringen und zu plausibilisieren suchen. Sie sind Ausgangspunkt ästhetischer Entscheidungen, von Gestaltungsfragen, die vom Schwellenwert bis zur Farbgebung reichen. Donna Haraway macht deutlich, wie stark ästhetische Einschätzungen, wie zum Beispiel, dass etwas ‚eine gute Form hat', immer schon auf ethischen und technischen Bedingungen beruhen und sie ihre Bedeutung erst in der Praxis erlangen:

„Form, like nature, is one of the most complicated words in the English language. Form is about shape, number, figure, beauty, making, ritual, image, order, cause relationship, kind, conduct, and character. ‚To have good form' describes a way of doing something that is at once about ethics, technics, and practice." (Haraway 2004, XVII)

Die auf subjektiven Entscheidungen beruhende visuelle Wissensgenerierung wird dann als nächster Schritt von den Wissenschaftler_innen als besonders intuitiv beschrieben. Welchen Zweck folgt hier der Begriff der Intuition? Was ist damit gemeint und welche Implikationen bringt er mit sich? Um mich der sehr expliziten *visuellen Logik*, die in der Interaktion mit den Daten steckt, weiter nähern zu können, werde ich zunächst den Begriff der *Intuitiven Intention* in meine Analyse einführen. Was beschreibt nun die *Intuitive Intention*?

6.5 IMPLIZITES WISSEN, ERFAHRENHEIT UND INTUITIVE INTENTION

Ludwik Fleck führt in seinem Buch *Entstehung und Entwicklung einer wissenschaftlichen Tatsache* (1980 [1935]) den Begriff der *Erfahrenheit* ein, um explizit darauf hinzuweisen, dass wissenschaftliches Wissen, *Denkstile*, ein erlerntes Wissen ist. *Erfahrenheit* wird von Fleck als Produkt denkstilgemäßer Voraussetzungen, gedanklicher und manueller Übung, explizitem und ‚unklarem' Wissen beschrieben (vgl. Fleck 1980 [1935], 126). So beschreibt Fleck ‚Sehen' und ‚Denken' als Handlungsweisen, die sich Wissenschaftler_innen aneignen müssen und die durch bestimmte, in einem speziellen *Denkstil* verwendete Instrumentarien und Konzepte geleitet werden. Rheinberger versteht den fleckschen Begriff der *Erfahrenheit* als „erworbene Intuition" (Rheinberger 2006, 93), die hilft, „mit den Händen zu denken" (ebd., 93).

Michael Polanyi knüpft an Flecks Begriff der *Erfahrenheit* an und entwickelt daraus seinen Begriff des *Impliziten Wissens* (1985). Mit *Implizitem Wissen* meint Polanyi das Wissen, das Menschen nicht explizit in Worte fassen können, aber dennoch darüber verfügen und das in ihre Handlungen einfliesst. Die Bestimmung des impliziten Wissens definiert sich bei Polanyi zunächst über die Einschätzung, dass „wir mehr wissen, als wir zu sagen wissen" (Polanyi 1985, 14).

Mit den Begriffen von Polanyi (*Implizites* oder auch *stummes Wissen*) und Fleck (*Erfahrenheit*) können spezifische Überlegungen über die Eigenschaften von Wissen im wissenschaftlichen Prozess angestellt werden, aber nicht, und darauf möchte ich im Folgenden hinaus, über die expliziten und impliziten Funktionen von Bildern im Prozess der Wissensgenerierung im Labor. Nicht das Wissen der Forscher_innen im Umgang mit den Bildern interessiert mich dabei, sondern das Wissen, das bedingt durch die visuelle Logik des „epistemischen Ding" (Rheinberger 2006) überhaupt möglich werden kann. Der Status des Bildes im Prozess der Wissensgenerierung interessiert hier.

Polanyis Ausgangspunkt seiner Forschung zum *Impliziten Wissen* geht wesenhaft von der Vielfältigkeit visuell vermittelbaren Wissens, im Gegensatz zu dem Wissen, das wir in Worte fassen können, aus. Seine Definition des *Impliziten Wissens* leitet er aus den deskriptiven (Lebens-)Wissenschaften ab. Grundlage des *Impliziten Wissens* nach Polanyi sei demnach der ‚visuelle Überschuss' des Bildes, der nicht umfassend mit Worten eingefangen werden könne. Denn die deskriptiven Wissenschaften – so Polanyi – „untersuchen ja Physiognomien, die nicht in Worten, nicht einmal in Bildern vollständig beschreibbar sind" (Polanyi 1985, 15). Um die Bedeutungen in den deskriptiven Wissenschaften zu vermitteln, muss auf die „intelligente Mitwirkung" (ebd., 15) der Lernenden gesetzt werden, denn:

> „In der Tat beruht letztlich jede Definition eines Wortes, mit dem ein äußeres Ding benannt werden soll, zwangsläufig darauf, ein solches Ding vorzuzeigen. Ein solches Benennen-durch-Zeigen heißt ‚deiktische Definition', und dieser philosophische Terminus verdeckt eine Lücke, die von einer Intelligenzleistung derjenigen Person überbrückt werden muss, der wir sagen wollen, was das Wort bedeutet. In unserer Botschaft lag etwas, das wir nicht in Worte zu fassen wussten." (Ebd., 15)

Die auf *Erfahrenheit* oder *Implizitem Wissen* gestützten Praktiken in der Interpretation der Visualisierungen leiten die Wissenschaftler_innen bei ihren Entscheidungen im Labor. Dieses Wissen wird bei Polanyi und Fleck noch als angeeignetes Wissen verstanden, in der funktionellen Bildgebung wird dieses Wissen über den Verweis auf die Bilder essentialisiert, da es auf biologische Erklärungsmuster rekurriert und damit objektiviert. Der Begriff der *Intuitiven Intention* kommt aus meiner Beobachtung der einzelnen Forscher_innen während der am Bildschirm vorgenommenen Auswertung. Um die Auswertungssoftware nutzen zu können, müssen ständig Entscheidungen getroffen werden, die das Ergebnis für jedes einzelne Gehirn oder für die gesamte Studie maßgeblich beeinträchtigen. Mit dem Begriff der *Intuitiven Intention* gilt es, der Re-Ästhetisierung der funktionellen Bildgebung zwischen ‚subjektiver' Intuition und ‚objektiver' Intention nachzugehen. Der Wunsch nach schönen Bildern, die einem intuitiv den Zugang zum Gehirn vermitteln, braucht als Konsequenz das ästhetische Urteil.

Versteht man Bilder als Agent_innen im Labor, mit einem eigenen ‚Begehren' (Mitchell 2008a), dann lässt sich die polanyische Lücke als *apparatus* verstehen, der sich in den diskursiven ästhetischen und *visuellen Logiken* finden lässt.

Intuitive Intention stellt den Widerspruch dar, in dem sich die Wissenschaftler_innen befinden, die mit zu Bildern (Materie) geronnenem Wissen hantieren. Sie müssen dabei zwischen selbst befundener Intuition (weil Bilder den ‚einfachsten' und besten Zugang für den Menschen – als visuelles Wesen – auf Wissen ermöglichen) und der Unmöglichkeit des Zugangs zu unsichtbaren Vorgängen, die sie auf abstrahierte und standardisierte Praktiken des *Denkstils* (also gewissen Intentionen) zurückgreifen lässt, wechseln.

Als besonders intuitiv beschreiben die Wissenschaftler_innen die Vermittlung von Wissen über Bilder und Diagramme, wie sie durch BrainVoyager und anderen Auswertungsprogrammen hergestellt werden. ‚Intuitiv' ist dabei anerkennend gemeint, nicht im Sinne eines Bauchgefühls, sondern im Sinne von am ‚natürlichsten', der menschlichen Wahrnehmung am besten verständlichen Form der Wissensdarstellung. Im Wort ‚intuitiv' vermischt sich die objektive Technik der Bildgebung mit der auf subjektiven Entscheidungen basierenden Auswertung, die aber durch den Rekurs auf die Bilder – die der natürlichste Weg sind, um die Natur zum Sprechen zu bringen – einen objektivierten Status einnehmen kann. Hier kommt zusammen, was spätestens seit der Entwicklung der Fotographie den Status des Bildes im Labor ausmacht: Das Bild birgt das Versprechen einer wissenschaftlichen Tatsache, die es nur noch richtig zu interpretieren gilt. Oder wie der Fotograf Étienne-Jules Marey es zu Anfang der Hochgeschwindigkeitsfotographie 1878 ausdrückte: dass sich Wissenschaft in Bildern ausdrücken solle, „um in der Sprache des Phänomens selbst formuliert" (zitiert nach Daston/Galiston 2002, 29) zu sein. In dieser Logik ermächtigen nicht nur die Bilder selbst das ‚Naturphänomen' zum Sprechen, auch die Interpretation der Bilder, basierend auf den Bilddaten, entstammt der ‚natürlichen', auf biologischen Bedingungen aufbauenden Fähigkeit des Menschen, diese Visualisierungen zu lesen.

‚Intention' ist begrifflich gesehen der ‚Intuition' gegensätzlich. Somit steht *Intuitive Intention* in der harwayschen und baradschen Tradition, gegensätzliche Begrifflichkeiten zusammen zu denken, um damit die Ambivalenz menschlicher Praktiken und laborativer Materialisierungen greifbar werden zu lassen. *Intuitive Intention* verweist als Begriff auf das, was Sigrid Schmitz als die „doppelte-Objekt-Subjekt-Trennung" (Schmitz 2004, 119) beschreibt. Die Verwissenschaftlichung des subjektiven, visuell vermittelten Wissens – das ja immer schon in einem bestimmten Kanon eines *Denkstils* ausgerichtet wurde – kann über die Bilder direkt, scheinbar naturalistisch, belegt und im menschlichen Körper verortet werden. Die Bilder bestimmen, was der Körper scheinbar begründet: „[D]ie Existenzsetzung der biologischen Materie als Ursache für weitreichende Phänomene des Denkens und des Verhaltens, der Abgrenzung von Krankheit und Gesundheit, bis zur Verortung gesellschaftlicher Rollenmuster in die Körperlichkeit" (ebd., 119). *Intuitive Intention* als Praxis trägt gesellschaftlich bestehende Vorstellungen über den Menschen ins Labor hinein und naturalisiert dieses Wissen durch dessen Verortung im Bild.

,Geschlecht' ist dabei ein Teil des gesellschaftlich Erlernten, das sich, weil man es zu wissen glaubt, stets wieder über den Erfahrungswert bestätigt, und das immer als Begründung herangezogen wird, wenn es ,scheinbar' passt. „Geschlechterkonstruktionen sind im wissenschaftlichen Wissen eingeschrieben und können im naturalistischen Paradigma ungefiltert in den philosophischen Diskurs eingehen" (Lettow 2011, 175). Dieter Mersch weist dabei explizit auf die Besonderheit der Argumentationsweisen hin, die über Bilder oder Wahrnehmungsevidenzen hergestellt werden. Bilder bieten Existenzbeweise an:

> „Unerlässlich wird dagegen ein Rekurs auf Bildlichkeit – oder genauer auf Wahrnehmungsevidenzen, die auch anders als bildlich erzeugt sein können – für Existenzbeweise. Denn diese können nicht das Ergebnis einer logischen Ableitung sein, sondern an entscheidender Stelle treten Visualisierungen in ihre Begründungslücken und machen vorstellbar, was durch begriffliche Konstruktion alleine weder demonstrierbar noch zu sichern ist. Bleibt daher die logische Kette überall im Fiktionalen, weil ihr als Konstruktionen der Existenzindex fehlt, vermag sie das Bild oder irgendein anderer Nachweis durch die Wahrnehmung an die Erfahrung von Wirklichkeit anzuschließen. Gerade in diagnostischer Hinsicht besitzen hier Bilder ihre außerordentliche Relevanz." (Mersch 2005, 7)

In diesen von mir vorgenommen Erschließungsprozessen der Hirnforschung ist es von besonderem Interesse, die generierten Daten als aus einem objektiv abgesteckten Rahmen resultierende zu begreifen und gleichzeitig deren subjektive und *intuitive Intention* in der Anwendung herauszuarbeiten.

Daston/Galison halten in ihrer Abhandlung über Objektivität in den Erkenntnistheorien des Auges fest, dass der Anspruch dessen, was als ,objektiv' verstanden wird, in den *Denkkollektiven* verortet ist: „Ihre Besonderheit – und ihre Sonderbarkeit – zeigt sich am deutlichsten in der alltäglichen Arbeit derer, die sie praktizieren: buchstäblich in der entscheidenden Praxis der wissenschaftlichen Bildgebung" (Daston/Galison 2007, 17).

6.6 DIE ROLLE DER INTUITIVEN INTENTION IN DER AUSWERTUNG

Wie stark ein erster Zugang zu den erhobenen Daten über die Visualisierungen stattfindet, zeigt ein Auszug aus meinem Forschungstagebuch, in dem ich die ersten Annäherungen eines Wissenschaftlers/einer Wissenschaftlerin an die Daten einer Probandin beschreibe:

„Auch sie/er benennt als erstes die Daten um, damit diese das Kürzel der Probandin tragen. Dann schaut er/sie sich die funktionellen Daten erst mal an, die mit dem Protokoll des jeweiligen Durchgangs verlinkt werden und visualsiert diese mit einer Software, das eine etwaige Wenn-Dann-Vorhersage simuliert und einen ersten Einblick gibt ob schon allgemeine Hauptareale ausgemachen werden können. Mit den visualisierten Daten ist er/sie aber sehr unzufrieden und in der Tat ist das gesamte Gehirn ziemlich bunt (was natürlich ein sehr schlechtes Zeichen ist, um ein signifikantes Signal ausmachen zu können). [...] Um ein erstes GLM-Modell von den Daten anzufertigen, geht er/sie davon aus (eher als Erfahrungswert, den sie/er an die Daten anlegt), dass es eine Response ca. sechs Sekunden nach der Präsentation der Stimuli gibt. Diese Zahl wird er/sie später verringern beziehungsweise die Spanne erweitern: auf vier bis zehn Sekunden." (Teilnehmende Beobachtung 2009, 13)

Die Visualisierungen müssen lesbar gemacht werden, dafür braucht es immer wieder subjektive Entscheidungen, die durch *Intuitive Intention* geleitet sind. Das kann etwa am Beispiel der Farbgebung mit Hilfe der Farbskalen gezeigt werden: Für die Wahl der Farbskala, so die Meinung von Crelièr und Järmann, seien nicht ästhetische Argumente ausschlaggebend, sondern „vielmehr die Überlegung, wie man viel Information am übersichtlichsten darstellen kann" (Crelier/Järmann 2001, 107). Entscheidungen für die Gestaltung von Bildern sind sicherlich nicht allein an ästhetische Kriterien gebunden, insbesondere dann nicht, wenn *Ästhetik* allein als Bewertungsspielraum von ‚geschmackvoller' oder ‚formschöner' Gestaltung verstanden wird. Dennoch ist die Entscheidung, eine bestimmte Farbskala zu verwenden, die „viel Information am übersichtlichsten darstellen kann" (ebd., 107), bereits Ausdruck kultureller und gewohnheitsbedingter Darstellungspraktiken. Diese Darstellungspraktiken entscheiden auch über die Wirkung, die sie bei den Rezipient_innen hervorrufen. Die emotionale Bedeutung, die etwa mit Hilfe der Heißfarbenskala erzeugt wird, zeigt sich in der Beurteilung der stark aktiven Bereiche – die rot und gelb angezeigt werden – mit der Einschätzung „da ‚brennt es im Gehirn'. Und an den hellsten (gelbsten) Stellen brenne es am meisten." (Teilnehmende Beobachtung 2009, 5)

6.6.1 Der ‚schöne' Verlauf des BOLD-Signals Ästhetisches Empfinden im Auswertungsprozess

Die diagrammatische Anzeige der BOLD-Kurve ist neben einer statistischen Karte der aktivierten Areale eine weitere Visualisierung, die zur Validierung der Daten herangezogen wird. In einem anderen Kapitel wurde auf die Rhetorik der höheren Auflösung der Bilder eingegangen. Dabei stellte sich heraus, dass Auflösung nicht unbedingt heißt, mehr Bildpunkte im Raster des k-Raumes zu erfassen, sondern dass die höheren Teslastärken der Scanner mehr Scans pro Sekunde erlauben. Erst durch die höhere Anzahl an Scandurchgängen, die vom Gehirn gemacht werden, lassen sich die BOLD-Signale als Kurve darstellen. Dabei ist es notwendig, die verschiedenen Scandurchgänge zu mitteln und daraus eine Signalkurve zu dekonvulvieren. Das folgende Interview-Zitat beschreibt den Vorgang der Signalmittelung, dessen Ziel die Anzeige der BOLD-Signal-Kurve ist:

„Was ich mit BOLD-Signal meine, ist – zu deinem Event den du hast, also zu der Stimulation zum Beispiel – die gemittelte BOLD-Antwort von diesem Voxel, die typische BOLD-Kurve, gemittelt über verschiedene Trials. Weil wenn du dir nur einen einzigen Trial angucken würdest, dann wäre das Signal extrem verrauscht. Deswegen macht man hundert Scandurchgänge und mittelt genau und schaut die Aktivität in einer bestimmten Region an, die zeitliche Aktivität, an acht verschiedenen Zeitpunkten, zum Beispiel nach den Trials onset. Um das vernünftig machen zu können, muss das Signal dekonvulviert werden, also du musst aus dem komplexen Signalverlauf das gemittelte Signal rauskriegen, und das hängt davon ab wie schnell du gemessen hast. Je schneller du misst, also je mehr Zeitpunkte du von dieser Kurve abgreifst, desto präziser kannst du die auch nachmodellieren. Die schnellen Messungen sind erst in den letzten Jahren gekommen, ursprünglich waren das Messungen von fünf bis sechs Sekunden, da kann man so was natürlich nicht so fein aufdröseln, wie diese Kurve aussieht, und es erfordert eben auch ein bestimmtes mathematisches Verfahren. BrainVoyager kann das mit der Dekonvolutionanalyse zum Beispiel, andere Programme können das nicht so leicht. Die geben dann einfach nur den Peak aus, also sagen fünf Sekunden nach dem Trial onset, diesen Wert geb ich dir, und dann hast du einen Wert, weißt aber gar nicht, wie sieht das Signal wirklich aus." (Blau 2009, 45ff. min)

Im Interviewausschnitt geht *Blau* auf die zeitliche Entwicklung der BOLD-Signalkurvenanzeige ein und beschreibt die technischen Bedingungen, die es für die Darstellung benötigte. Die statistischen Karten stellten zunächst ausreichend ‚Neues' dar, das Aufzeigen der einzelnen Areale reichte aus, um die eigenen

Studien publizieren zu können. Die Darstellung der Karten an sich war damals noch ein „Erkenntnisgewinn", heute hat man neben der alleinigen Lokalisierung der Areale auch ein Interesse daran, die Areale zu charakterisieren:

„Das war in dem Fall noch ein Erkenntnisgewinn, man musste ja erstmal überzeugt davon sein, dass man die Areale so gut definieren kann und auch richtig definieren kann. Deswegen war die Darstellung an sich erstmal noch ein Erkenntnisgewinn zu einer bestimmten Zeit. Und jetzt geht es natürlich darum, zu definieren, wie sind die funktionalen Charakteristika dieser Areale." (Rot 2009, 11 min)

Die Darstellung einer Dekonvulvierungskurve eines BOLD-Signals wurde erst mit der Etablierung neuerer Auswertungsprogramme möglich und ist bis heute vom verwendeten Programm abhängig:

„Das hat aber auch damit zu tun, dass viele Leute am Anfang diese bestimmte Software benutzt haben, bei der es relativ kompliziert war, diese Kurven zu zeigen. Diese Leute haben dann diese Kurven selber programmiert. Die haben dann die Daten rausgezogen und haben das dann selber geplottet. Aber jetzt, mit dieser anderen Software, ist das sehr einfach und deswegen sieht man auch viel mehr diese Kurven." (Orange 2009, 6 min)

Mit der Etablierung der Anzeige von BOLD-Signalen in ihrer gemittelten Aktivierungsform werden die visualisierten BOLD-Verlaufskurven in der Ausdifferenzierung der Methode zum Garant, dass die Aktivität nicht nur im richtigen Areal stattfindet, sondern auch wirklich ein ‚sauberes' Signal ist. Ein sauberes Signal, das eine signifikante Aktivierung garantieren soll, wiederum richtet sich nach ästhetischen Gesichtspunkten: ‚Schön' meint hier ein Zusammentreffen von Erfahrungswerten und der Vorstellung, dass sich Natur in gleichförmigen Signalen ausdrückt[4].

Anhand der ästhetischen Einschätzung der Verlaufskurven – durch das Anschauen – wird die Überprüfung eines signifikanten Aktivitätsverlaufs leichter und gewährleistet die objektive Einschätzung ‚guter' oder artefaktischer Daten:

„Aber letztendlich ist es dann wirklich kritisch, wenn man das Signal anschaut. Das ist einfach aufschlussreicher, dass man die Kurve und den Aktivitätsverlauf dazu hat. Das Signal könnte zum Beispiel auch in die negative Richtung gehen, nicht nur in die positive, das würde man auf dem einfachen Bild nicht sehen, dazu braucht man wirklich den Zeitverlauf." (Blau 2009, 4 min)

---

4 Diesen Gedanken verdanke ich Anelis Kaiser.

Zur nahezu gleichen Einschätzung, dass der Mensch – beziehungsweise in *Rots* Beschreibung das Gehirn – ein besserer Mustererkenner ist, als jede statistische Analyse, kommt auch *Rot* im Interview:

„Eine Statistik bekommt man für jeden Verlauf; ein Gefühl dafür, ob es eine echte BOLD-Response ist, also die eigentliche physiologische Antwort, das bekommt man nur, wenn man es sich anschaut. Es kann schnell passieren, dass man bei so vielen statistischen Tests, Falsch-Positive drin hat. [...] Sich die Daten anzuschauen und zu entscheiden als Mensch – ist das eine BOLD-Antwort, macht die Antwort Sinn oder ist das nur Rauschen, das jetzt zufällig signifikant wurde – ist schon wichtig. Das kann man zwar statistisch schwer fassen, aber ich kann entscheiden, als Mensch, ob ich das für sinnvoll halte oder nicht. Das Gehirn als Mustererkenner ist immer noch viel besser als jede statistische Analyse. Da müsste man schon viel, viel Arbeit reinstecken, um einen guten Algorithmus zu machen, der das reproduziert, was Menschen einfach sehen können; ob das ein sinnvolles Signal ist oder nicht.“ (Rot 2009, 9 min)

In der Auswertung später ist vor allem die Form des BOLD-Signals, ihr kanonischer Verlauf, wichtig. Die Versicherung darüber, ob das gemessene BOLD-Signal eine ‚Antwort‘ auf die gezeigten Stimuli darstellt oder ein Artefakt ist, bekommen die Wissenschaftler_innen über die Bestimmung einer genauen Form, die ein BOLD-Signal aufweisen muss. Die ordnungsgemäße Form der Kurve macht sie zu einer ‚schönen‘ Kurve:

„Also man kennt den kanonischen Verlauf: das hat eine Latenz, es geht erst nach zwei bis vier Sekunden los, braucht sechs bis neun Sekunden, bis es den Höhepunkt erreicht und fällt dann wieder ab. Das sind die Kriterien, wie der Verlauf ist. Und das ist das Entscheidende.“ (Rot 2009, 10 min)

Grün beschreibt eine ‚schöne‘ BOLD-Kurve als eine, deren Amplitude erst mit dem Einsetzen des Stimulus bei Null anfängt, so dass man sicher sagen kann, dass der Stimulus den Effekt hervorbringt. Die Kurve sollte wie eine hemodynamische Antwort aussehen: also mit sechs Sekunden Verspätung und einem gleichmäßigen An- und Abstieg der Kurve. Ansonsten muss das Signal als Artefakt gewertet werden und nicht als eine Antwort des Gehirns:

„Eine schöne Kurve fängt bei Null an. [...] Die zwei Bedingungen müssen am Anfang, wo noch kein Effekt ist, gleich sein. Erst nach dem Zeigen der verschiedenen Stimuli sollte sich das dann in der Amplitude unterscheiden, so dass man sich sicher ist, dass es die Stimuli sind, die den Effekt hervorbringen und nicht irgendwas Anderes, ein Artefakt sozusagen. Und die Kurven müssen so aussehen wie eine hemodynamische Response, also so mit sechs Sekunden Verspätung. Es gibt so ein bestimmtes Profil, das man dann erwartet, weil wenn man neuronale Aktivität hat, dann hat man auch eine bestimmte Art von Response, und das muss dann auch ungefähr so aussehen; also nicht, dass das irgendwie gleich hoch geht nach Sekunde eins und dann nicht wieder runter geht; wenn das so aussieht, kann man annehmen, dass es eher ein Artefakt ist als ein tatsächlicher Response des Gehirns." (Grün 2009, 5 min)

Die Möglichkeit, sich die Aktivierungskurve darstellen zu lassen, ersetzt nicht die statistische Karte, die den Wissenschaftler_innen anzeigt, wo die Aktivität stattfindet. Das Zusammenspiel von statistischer Karte und BOLD-Aktivierungskurve ist für die Forscher_innen ernorm wichtig, da sie zum Vergleich ihrer Daten auf die statistischen Darstellungen zurückgreifen. Denn auch die Analyse der funktionalen Charakteristika benötigt den Hirnatlanten als Folie, um den eigenen Daten Sinn zuzuschreiben. Die Anzeige der Kurven dient in vielen Studien vor allem der Überprüfung statistischer Signifikanz:

„Ich glaube, die müssen immer zusammen gehen. Die Kurven und die Karten. Die Karten sind wichtig, weil man sehen kann, wo die interessanten Effekte im Gehirn Platz finden. Es ist aber auch gut, die Kurven sehen zu können, um nachzuverfolgen, ob der Effekt, den die zeigen, wirklich psychologisch plausibel ist – nicht dass es irgendwie so ein Baseline Artefakt ist." (Grün 2009, 3 min)

Die Anzeige des BOLD-Signals, obwohl über viele Trials gemittelt, gibt den Forscher_innen das Gefühl noch detailierter und gründlicher an das originäre physiologische Signal heranzukommen und mit Hilfe des wohlgeformten Signalverlaufs ihr vermeintliches Wissen über das Gehirn zu stabilisieren.

6.6.2 Intuitive Intention in der ROI-Definition

Wie weiter oben beschrieben, wird die Definition von ROIs anhand der als statistische Karten angezeigten Hirndaten vorgenommen. Die statistischen Karten sind Dreh- und Angelpunkt für die Definition und damit auch für die Interpretation der Hirndaten. So beschreibt zum Beispiel *Blau* den Vorgang der anatomischen Bestimmung von ROIs als ein Einzeichnen in die Hirnkarte:

„Ich interessiere mich für einen bestimmten Sulcus im Gehirn, und den definiere ich anatomisch. Ich schau mir den anatomisch an, ich male den in meinem Programm rein – kartiere den quasi – und dann schau ich mir im nächsten Schritt an, wie der Signalverlauf in diesem Sulcus ist.“ (Blau 2009, 21 min)

Das abzugrenzende Areal ist ein visuelles – aus der Histologie und der Literatur, also anderen statistischen Karten entnommen – und bleibt ein visuelles, da es allein im Bild („ich male den in meinem Programm rein“) beziehungsweise als Kartierung existiert. Für die funktionelle Bestimmung der ROIs gilt, dass die Regionen zwar in der Fragestellung angelegt sein sollten – erwartete Aktivität in V1 –, genau definiert aber werden sie erst anhand der Daten. Und mit Daten ist hier gemeint, dass diese als Bilder vorliegen und als solche auch ausgewertet werden. Die akkurate funktionelle Bestimmung einer ROI findet ebenfalls über das manuelle Einzeichnen von Arealen am Computerbildschirm statt, da diese Aktivierung von Arealen bei den Proband_innen oft sehr unterschiedlich ausfallen und die Mittelung dieser Region, als Basisareal für die Auswertung der weiteren Daten, schon ein hoch voraussetzungsvoller Vorgang ist.

6.7 Das Bild als Akteur_in

Das Bild im Labor ist zur Akteur_in im Wissensprozess geworden. Die Visualisierungen werden bezüglich des ihnen immanenten Wissens befragt, sie sind integrativer Teil der Forschung selbst und dienen nicht allein der Illustration von Forschungsergebnissen. Mit dem Einsatz bildgebender Verfahren wurde eine neue Reihenfolge im Wissensgenerierungsprozess etabliert: Erst mit Vorlage der Daten als Bilder kann Wissen über das repräsentierte Objekt hergestellt werden:

„Visualization and data analysis are so insolubly intertwined in today's scientific practices that the temporal order of imaging and knowledge acquisition is turned upside down. In many cases, visualization comes first and becomes a prerequisite for the generation of knowledge. Visualization participates at the research process itself in many ways, and is more involved in the production than the mere illustration of knowledge.“ (Borck 2008, 86)

Dass es sich bei dem von Cornelius Borck beschriebenen Phänomen der Anfertigung von Visualisierungen zur Wissensgenerierung nicht um eine originär neue Ordnung handelt, beschreibt Julia Voss in ihrem Buch über *Darwins Bilder* (2007). Dennoch, der Computer als „universaler Bild-Generator“ (Borck 2008, 85) hat diese Ordnung zugespitzt. Hatten die Bilder vor Einführung des Computers im Wissensgenerierungsprozess vor allem eine Modellfunktion – zur Vergegenwärtigung der eigenen Gedanken –, basieren die digitalen Visualisierungen schon auf Modellen dessen, was sie abstrahieren sollen, nur dass diese nicht mehr als solche verstanden werden.

> „Der Mensch interpretiert das [digitale, hf] Bild nun nicht pixelweise, sondern als Ganzes und abstrahiert von den einzelnen Bildpunkten. Dabei werden Gruppierungen vorgenommen, Linien und Schattierungen erkannt, Helligkeitsunterschiede wahrgenommen. Alle diese Eindrücke werden sofort und teilweise unbewusst verarbeitet und in Bedeutung umgesetzt. Weil die Objekte in Bildern im medizinischen Bereich nicht normiert sind, können sie aber nicht auf einfache Weise automatisch erkannt werden. Die Unschärfe in den Begriffsbildungen hat als Konsequenz, dass die Extension eines Begriffes nicht mehr scharf abgegrenzt werden kann, sondern durch die Vorstellung von mehr oder weniger, typischer oder untypischer etc., gekennzeichnet ist.“ (Richter 2001, 16)

Bettina Heintz und Jörg Huber haben die digitale Wissensgenerierung über Datenbilder als einen Prozess beschrieben, in dem man *Mit dem Auge denken* (2001) muss. *Mit dem Auge denken* beschreibt dabei, ebenso wie die *Intuitive Intention* auch, die Praktiken des Labors, die an der Schnittstelle von angeeigneten Seherfahrungen, den Ordnungen des Zeigens, den ästhetischen Erfahrungen und den subjektiven Interaktionen mit dem visuellen Datenmaterial liegen.

7. Schlussbemerkungen

Diese Arbeit ist der Frage nach den Herstellungsmechanismen von fMRT-Bildern nachgegangen. Schrittweise wurden die verschiedenen *apparatuses* der Standardisierung, Objektivierung und statistischen Auswertung, die es braucht um das menschliche Denkorgan der Vermessung zuzuführen, aufgezeigt. Der lange und komplexe Weg der Sichtbarmachung eines vormals unsichtbaren Phänomens hin zum fMRT-Bild und sein spezifischer Status im Labor wurden dabei kritisch untersucht. Die Vermessung des Gehirns führt zu einer Verankerung statistischer Zahlenwerte im Hirnraum und ermöglicht damit eine biopolitische Diskursivierung und Normierung.

Durch den methodischen Fokus auf die Untersuchung des Bildes und dessen Akteur_innen innerhalb des Labors konnte in dieser Arbeit nicht den Spuren des Bildes außerhalb des Labors nachgegangen werden. Beim Wechsel aus dem esoterischen in den exoterischen Wissenskontext verliert das wissenschaftliche Bild seinen innerdisziplinären Zeichencharakter und wird vom Laienpublikum eher betrachtet als szientifisch ‚gelesen' (vgl. Reichert 2007, 181). Diesen Perspektivwechsel und die damit zusammenhängenden Untersuchungen konnte ich in der vorliegenden Arbeit nicht leisten, da sich daran zahlreiche weitere Fragen anknüpfen. Beispielsweise spricht *Blau* im Interview den Zusammenhang von fMRT-Bildern und den Ökonomien der Publikationspraktiken und Fördermittelvergabe an:

„Den Schritt nachzuvollziehen, dass es sich dabei um eine statistische Karte handelt, dass man versteht, was da für eine Messung hinter steckt und dass es ein indirektes Messverfahren ist und so, das vollzieht doch niemand von den Leuten, die jetzt ‚*Gehirn und Geist*' oder so lesen. Und das ist ja auch genau der Punkt, der, denk ich, die Popularität der Methode so vorangetrieben hat, worüber ich mich natürlich freue. Denn dadurch gibt es Geld für die Forschung, dadurch dass die Leute denken: ah, das ist spannend, das müssen wir vorantreiben so eine Art von Forschung, wir haben einen direkten Blick in das Gehirn, ja, das füttert diese Faszination und das macht sie halt auch aus.“ (Blau 2009, 12 min)

Mit diesen methodisch bedingten Grenzen der Forschungsperspektive im Blick, werde ich in diesem Kapitel meine Untersuchungen in zwei Schritten abschließen. Zunächst werde ich die Untersuchungsergebnisse, die ich in Kapitel 4 anhand meines empirischen Materials aufgezeigt habe, im Abschnitt über *Sicht- und Sagbarkeiten der fMRT* zusammenführen. In einem zweiten Schritt möchte ich einen *Ausblick auf die praktische Umsetzung* meiner theoretischen Auseinandersetzung geben, die im Anschluss an die Verschriftlichung stattfinden wird. Dieser praktische Teil der Arbeit soll im Format einer Video-Installation erfolgen und strebt eine vertiefte Auseinandersetzung mit den visuellen Argumentationsweisen der funktionellen Magnetresonanztomographie auf der Ebene der Bilder an.

7.1 SICHT- UND SAGBARKEITEN IN DER FMRT

Ausgehend von der Frage, was in den fMRT-Bildern sichtbar und somit sagbar gemacht wird, wurde in dieser Arbeit den *visuellen Logiken* in den *apparatuses* der funktionellen Bildgebung nachgegangen. Hierbei beziehe ich mich zentral auf Karen Barads Konzept des *apparatus*. Dieser Begriff verweist darauf, dass Laborphänomene als idiosynkratisches Ergebnis einer spezifischen Versuchsanordnung zu untersuchen und nur in dieser Kontextualisierung zu verstehen sind. Unter dem Begriff des *apparatus* werden nicht allein Laborinstrumentarien subsumiert, sondern alle Bedingungen im Labor, die ein Phänomen hervorbringen. FMRT-Bilder können somit als spezifische Materialisierungen eines bestimmten Möglichkeitsraumes verstanden werden, die durch die *Agential Cuts* der verschiedenen *apparatuses* zu einem kongruenten Objekt gemacht werden.

Die *apparatuses* der funktionellen Magnetresonanztomographie transformieren – so das erkenntnistheoretische Argument meiner Arbeit – den Körper in ein visuelles Phänomen. Der Transformationsprozess basiert dabei auf verschiedenen Standardisierungsvorgängen, denen das menschliche Gehirn zum Zweck der Vermessung unterzogen wird. Ein grundlegender Standardisierungsprozess, der die Messungen und Visualisierenung der fMRT erst ermöglichte, ist die Verräumlichung des Hirns. So zeigt die historische Analyse, dass das Gehirn, bevor es zum Raum wurde, der vermessen und abgebildet werden konnte, zunächst als ein zusammenhängendes, eigenständiges Organ gedacht werden musste. Erst nachdem sich die Imagination des Gehirns als dem ‚Organ des Denkens‘ herausbildete, ließ es sich sukzessive der Vermessung zuführen. Anfangspunkt der Verknüpfung von Denk- und Funktionsweise und anatomischer Forschung, wie sie auch der fMRT immanent ist, ist die Phrenologie. Hier wurde erstmals der Schädel als Projektionsfläche einer landkartenähnlichen Lokalisierung verwendet. Erst die Anlegung des cartesianischen Koordinatensystems, zunächst an den Schädel und später an das gesamte Gehirn, ließ jedoch die Vermessung des dreidimensionalen Hirnraums zu. Das cartesianische Koordinatensystem, das mit Hilfe eines Rasters das Gehirn in voxelgroße Einheiten einteilt – die Voxelgröße ist von der jeweils verwendeten Technik abhängig – und ihnen einen genauen Ort im Projektionsraum zuweist, findet sein Pendant in der Fourier-Transformation. Die auf Fourier-Reihen basierenden Algorithmen übersetzen die entlang des cartesianischen Drei-Achsen-Rasters abgescannten Voxel in den digitalen Raum. Mit der Verräumlichung und Darstellbarkeit des Hirns in Form statistischer Karten werden zwei Dinge zentral: zum einen kann das apparativ hergestellte Wissen um die Orte der Aktivität – in Rekurs auf die produzierten Karten – nur noch visuell argumentieren. Zum anderen ist das ausschließlich in Bildern statistischer Karten darstellbare Wissen maßgeblich auf die Verwendung visueller Zeichen angewiesen. Das in der fMRT generierte Wissen vermittelt sich nicht sprachlich, sondern bildhaft. So empfinden die für diese Arbeit interviewten Wissenschaftler_innen die visuellen Darstellungen als epistemologische Notwendigkeit. Es sind die Bilder, die das zu Erkennende Preis geben und einen direkten Zugang zum Gegenstand versprechen.

Die funktionelle Magnetresonanztomographie, das wurde anhand des empirischen Materials deutlich, basiert also existenziell auf der Produktion von Bildern. Die Visualität der fMRT wurde in dieser Arbeit insbesondere unter zwei Gesichtspunkten betrachtet. Zum einen im Prozess ihrer Herstellung, durch die Untersuchung der am Visualisierungsprozess beteiligten *apparatuses* und der ihnen immanenten *visuellen Logiken*. Zum anderen wurden die so produzierten Visualisierungen auf ihren Status im Prozess der Wissensgenerierung hin untersucht. Auf welche Art, so meine Frage, konstituieren die fMRT-Bilder als *epistemische Dinge* (vgl. Rheinberger 2006) die Formen der Erkenntnis, die über sie erlangt werden, mit?

Konkret wurde anhand der Unterteilung des Visualisierungsprozesses in fünf Schritten den einzelnen *apparatuses* und ihren *visuellen Logiken* nachgespürt. So zeigt meine empirische Analyse, dass der Experimentalanordnung eine spezifische Fragestellung vorausgeht, die das Ergebnis ausrichtet und begrenzt. Die Forscher_innen, die mit funktioneller Magnetresonanztomographie arbeiten, sind an der Kartographisierung des Gehirns interessiert. Nicht *wie* das Gehirn arbeitet, soll mit dem *apparatus* fMRT untersucht werden, sondern *wo* ein bestimmter

Reiz verarbeitet wird, interessiert die Wissenschaftler_innen. Keine Furchen und Gräben – Sylci und Gyri –, keine Windungen der grauen Hirnmasse sollen unentdeckt, unmarkiert, gar ‚weiß' bleiben. Und auch im Umkehrschluss gilt: Keine Funktion, kein Gedanke, keine Charaktereigenschaft soll ohne ein zugeteiltes Hirnsubstrat bleiben. Ursache (Hirnsubstrat) und Wirkung (Funktion) sind in der lokalisierenden Forschung klar umgrenzt.

Das Bindeglied, das zwischen Wirkung und Ursache – denn allein diese Reihenfolge kann die fMRT abbilden – vermitteln soll, sind die im Scanner eingesetzten Stimuli. Stimuli fungieren als gezielte und eindeutige Repräsentationen – „eine unmittelbare Abbildung ‚von etwas' da draußen" (Rheinberger 2006, 112) –, die es erlauben, den außer-experimentellen Reiz im Labor nachzustellen. Dabei treten mannigfaltige Übertragungsschwierigkeiten von der zu untersuchenden Funktion in die Stimulusrepräsentation im Labor auf. Ein Weg, mit den Übertragungsschwierigkeiten im Labor umzugehen, ist der Rückgriff auf Bilder, die einen direkten und einvernehmlichen Zugang zum Effekt des Stimulus versprechen. Im *apparatus* des Kernspintomographen werden dann die Effekte, die der Stimulus auf das menschliche Gehirn hat, anhand des BOLD-Signals gemessen. Um die Daten später dreidimensional auf dem Bildschirm anzeigen zu können, müssen sie mit Hilfe der Magnetfeldgradienten anhand der drei cartesianischen Achsen im Hirnraum verortet werden. Die Fourier-Transformation ermöglicht nicht nur die Umrechnung der gemessenen Phasen- und Frequenzwerte in einen digitalen Referenzraum, sie bestimmt ebenfalls den Grauwert jedes Voxels. Die Transformation der Signale in Grauwerte ermöglicht ihre Darstellung auf dem Bildschirm. Um die im Scanner generierten funktionellen Daten der weiteren Auswertung zuführen zu können, müssen sie über die anatomischen Daten gelegt werden. Die intra-individuelle Koregistrierung von funktionellen und anatomischen Daten verortet die physiologischen Signale im Deutungsraum des Hirns und führt diese ihrer Auswertung zu. Mittels der Talairach-Anpassung werden die gemessenen Gehirne an ein Standardgehirn angepasst. Die interindividuelle Anpassung soll einen standardisierten Raum gewähren und für die Vergleichbarkeit der gefundenen Lokalisierungen garantieren.

Mit Hilfe des sukzessiven Aufzeigens *visueller Logiken* im komplexen Visualisierungsprozess der fMRT-Bilder konnte ich insbesondere die Verknüpfung von Visualität mit der Ästhetisierung von Wissenspraktiken aufzeigen. In letzter Konsequenz führen die Visualisierungen zu einer Ästhetisierung des Wissens über das Gehirn und zu einer naturalisierten Lesart der Bilder.

Die Analyse der Interviews zeigt, dass im Labor aus zweierlei Gründen auf die Visualisierungen im Auswertungsprozess zurückgegriffen wird. Einerseits können allein die Bilder die Vielzahl an im Scanner generierten Daten in eine

‚lesbare' Ordnung bringen und anschaulich darstellen, so dass die Wissenschaftler_innen den Blick auf die Visualisierungen benötigen, um die von ihnen produzierten Daten zu verstehen. Andererseits bieten die Visualisierungen mittels einer entsprechenden Software einen interaktiven Zugang zu den Daten, der von den Wissenschaftler_innen als ‚besonders intuitiv' empfunden wird.

Die Daten in Bildform zu sehen, wird dabei in der Logik des fMRT-Labors mit Wissen und Verstehen gleichgesetzt. Der Kurzschluss von ‚Sehen und Verstehen' verweist auf den epistemischen Status der Bilder im Labor. Damit die Bilder diesen schnellen Zugriff auf ‚Wissen' ermöglichen können, greifen sie auf *Ordnungen des Zeigens* (vgl. Heßler/Mersch 2009) zurück, die sich einerseits durch ihre spezifische Anordnung der Datendarstellung (schichtweise Darstellung des Gehirns, Anzeige der Daten, die nach einer Subtraktion zweier Bedingungen übrig bleiben etc.) bestimmen, andererseits durch Fragen der Gestaltung (schwarzer Hintergrund, Darstellung der anatomischen Daten in Grauwerten, was an Röntgentechnik erinnert, Verwendung von besonders kontrastreichen Farbskalen etc.). Das Bild vom Gehirn vereint somit eine Vielzahl an ästhetischen Vorstellungen, die es umso ‚natürlicher' erscheinen lassen, je stärker es konstruiert ist.

Anhand meiner Interviews konnte ich zeigen, dass die Bilder den Ausgangspunkt der fMRT-Analyse darstellen. Die von den Forscher_innen genutzten rechenstarken Computer erlauben die Darstellung und gleichzeitige Bearbeitung der Daten am Bildschirm. Durch die Festlegung der äußeren Landmarken – im Talairach-System etwa – bestimmt sich der Referenzraum des angepassten Gehirns. Das Anlegen der Schwellenwerte entscheidet darüber, welche Daten Eingang in die Bilder finden und damit plausibilisiert werden. Die Wissenschaftler_innen können diese Einstellungen direkt am Bildschirm vornehmen, wodurch die Bilder in Echtzeit ihr Aussehen sowie die Aussagen, die sie treffen, ändern, sobald eine Funktion verändert wird. Sie entstehen intra-aktiv und immer wieder aufs Neue auf dem Bildschirm, changierend zwischen den Daten aus dem Scanner und den Entscheidungen der Wissenschaftler_innen. Der intra-aktive Charakter der Visualisierungen lässt in der Interaktion mit den Daten immer wieder neue Bedeutungen entstehen. Die Materialisierung (Ontologie) der Bilder entscheidet gleichzeitig darüber, welche Daten Eingang in die Bilder finden und somit über das Wissen und die Bedeutungen (Epistemologie), die sich in die Visualisierungen einschreiben.

Wenn ich von der Praxis der *Intuitiven Intention* spreche, dann verstehe ich den Auswertungsvorgang als Zusammentreffen von objektivierten – durch Preprocessing, Talairach-Anpassung etc. standardisierten – Daten mit subjektiven, sich aus einem *Denkstil* heraus erklärenden, aber auch ästhetisch bestimmten

Entscheidungen. Nach Einschätzung der von mir untersuchten Wissenschaftler_innen leiten sich die subjektiven Entscheidungen direkt aus den Visualisierungen der Daten ab. Damit werden diese subjektiven Entscheidungen nicht mehr als Produkt einer *Erfahrenheit* (Fleck 1980 [1935]) oder eines erlernten *Impliziten Wissens* (Polanyi 1985) verstanden, sondern als logische Konsequenz eines direkt vermittelten Wissens, das den Hirnbildern implizit ist. Die subjektiven Entscheidungen werden über die Naturalisierung des visuellen Wissens als die scheinbar ‚intuitivste' und dem visuellen Wesen Mensch am Nächsten stehende Wissensform objektiviert. *Intuitive Intention* ist somit Teil eines bildlich argumentierenden Objektivismus (Dastson/Galison), der in der unkritischen Naturalisierung seines hervorgebrachten Phänomens mündet. Die Projektion der Erkenntnisse in Bilder selbst führt dazu, dass auf ästhetische und ‚subjektive' Einschätzungen zurückgegriffen werden muss, um die *visuellen Logiken* des Bildes lesen zu können. Damit öffnet sich der Auswertungsprozess dem ästhetischen Abgleichen, dem normierenden Vergleich und der Differenzierung von sozialen Kategorien wie Geschlecht, Sexualität und Klasse.

In den Bildern sind jegliche Hinweise auf ihre konstituierenden *apparatuses* verschwunden. Ohne Kontextualisierung und Rückbindung seiner Herstellungsbedingungen wird das Bild zur Träger_in eines verheißungsvollen Technikversprechens: dem direkten Blick ins denkende Gehirn. Michael Hagner geht dabei so weit, die naturalistische Darstellungsweise der fMRT in die Tradition der Phrenologie zu stellen (vgl. Hagner 2006, 202). Zur Verdeutlichung stellt er der fMRT die funktionalistisch argumentierende Kybernetik gegenüber, deren Modelle des Geistes bewusst anti-anthropologisch und anti-physiognomisch waren und durch ihren Verzicht auf individuelle physiognomische Vergleiche dem rassistischen und antisemitischen Erbe des Faschismus ein anderes Modell vom Menschen gegenüberstellen wollte. Der positivistische und als neu stilisierte Realismusanspruch der Sichtbarmachungen vom Gehirn, führt zu einer organizistischen und naturalisierenden Lesart dieser Bilder. „Die Verkörperung des geistvollen Gehirns in einem identifizierbaren Kopf" stellt, so Hagner, „das visuelle Kernstück einer Cyberphrenologie dar" (ebd., 204). Die neurologischen Funktionsweisen werden nicht mehr als abstrakte Schaltkreise dargestellt, sondern in organisch wirkenden Bildern eines individualisierten Gehirns:

> „Entsprechend haben sich neue semantische Felder, Metaphern und Assoziationen gebildet, die zu einer Anthropomorphisierung des Gehirns geführt haben, die darin besteht, dass menschliche Attribute wie Fühlen, Einschätzen oder Entscheiden bedenkenlos auf das Gehirn selbst appliziert werden." (Ebd., 221)

Die funktionelle Bildgebung ist demnach Ausdruck eines neuen alten Hirnmodells, das für das Verständnis des Gehirns unmittelbare Konsequenzen hat. Die visuelle Rückbindung von physiologischen Funktionen – mittels der funktionellen Daten – an organisch wirkende Bilder vom Gehirn ist folgenreich für eine essentialistische Auslegung der statistischen Karten des Gehirns. Ihr ikonologischer Rekurs auf biologisches Hirnsubstrat in den Bildern vom denkenden Gehirn ist ein Weg, um den argumentativen Reduktionismus zu verschleiern – wodurch die Bilder mittels ihrer ‚natürlichen' Darstellung objektiver und ‚wahrer' erscheinen.

Generell ist eine Kritik an der fMRT nicht neu. Sowohl im akademischen Kontext wie in der außeruniversitären Rezeption findet sich eine Auseinandersetzung mit der funktionellen Bildgebung, die an der ‚Populärwissenschaft' fMRT ‚oberflächliche und unwissenschaftliche Fragestellungen' sowie ‚fragwürdige Methoden' kritisiert. So richtig diese Kritik auch sein mag, so wenig erfasst sie doch die Problematik der fMRT, die ich in der vorliegenden Arbeit aufgezeigt habe, in Gänze. Denn es sind nicht erst einzelne Fragestellungen, die einen normierenden Effekt ausmachen, sondern schon die Basiskategorien der fMRT – die *Denkstile* und *apparatuses* –, in die eine normativ wirkende, *visuelle Logik* eingeschrieben ist. Diese *visuelle Logik* im Labor prädestiniert die objektivierten und organizistischen Bilder für die normierte und normierende Nutzung außerhalb des Labors.

Ein wichtiges Ziel dieser Arbeit ist es daher, einen kritischen Umgang mit den Bildern der fMRT einzufordern. Dieser reflexive Umgang darf sich nicht nur im schriftlichen Raum der Sozial-, Kultur- und Medienwissenschaften abspielen, er muss sich ins Labor und in den Raum der Bilder selbst begeben, sich der Bildsprache bedienen und dort kritisch dekonstruierend wirken. Mit dem filmischen Teil meiner Arbeit, auf den ich im Folgenden einen Ausblick gebe, möchte ich dem hegemonialen Umgang eine alternative Sichtweise auf das visuelle Phänomen fMRT entgegensetzen.

7.2 HOW WOULD YOU ILLUSTRATE THE BRAIN?

> „First we shape the things we build,
> thereafter they shape us."
> ABGEWANDELT NACH WINSTON CHURCHILL

> „Die beste Waffe gegen den Mythos ist in Wirklichkeit vielleicht, ihn selbst zu mythifizieren, das heißt, einen künstlichen Mythos zu schaffen."
> ROLAND BARTHES 1964, 121

Mit Hilfe einer theoretischen Auseinandersetzung mit den Bildern der fMRT konnten strukturelle Bedingungen der Technik und der Gestaltung funktioneller Brain Scans aufgezeigt werden. Die Faszination und Wirkkraft, die die Bilder auf ihre Rezipient_innen entfalten, kann mit einer rein theoretischen Auseinandersetzung, aber nicht in all ihren Dimensionen eingefangen, aufgezeigt und hinterfragt werden. So stellt sich für mich die von Lythgoe in seiner Sendung über Brain Scans ursprünglich rhetorisch formulierte Frage als ein Anfangspunkt weiterer Untersuchungen dar:

> „Why have they become so iconic, I mean, you see advertising campaigns using them now, they started to stand for something more than just the working, thinking, wonderful brain that we have?" (Lythgoe BBC 2010, 11:15 – 11:30 min)

Nach der Niederschrift meiner empirischen und epistemologischen Ergebnisse bestand der nächste Schritt darin, die im Bild immanenten visuellen Argumentationsweisen auf der Ebene der Bilder selbst zu hinterfragen. Ziel war es, durch die Produktion eigener Bilder eine Auseinandersetzung auf der Ebene des Visuellen zu führen. Die produzierten Bilder sollen nicht allein die Bildproduktion in der Hirnforschung in Frage stellen und konterkarieren, sondern auch die Dimension der sozialen Bildpraxis wiedergeben, reflektieren und kritisieren. Allein das Herausholen der Forschungsbilder aus ihrem scheinbar objektiven Kontext – dem Labor – birgt die Möglichkeit, die Bilder einer anderen Lesart zuzuführen. Um der Objektivierung der Hirnbilder etwas entgegenzusetzen, müssen ihre konstituierenden Bedingungen sichtbar gemacht werden, um einen anderen Zugang und eine nicht essentialisierende Lesart der Bilder zu ermöglichen.

Den zusätzlichen Erkenntnisgewinn einer ‚künstlerisch' geprägten Auseinandersetzung mit dem Gehirn als ‚Ort' sieht Didi-Huberman darin, dass die Kunst keine Bestimmung des Ortes vornehmen muss, sondern sie mit Hilfe von Neukontextualisierungen Fragen aufwerfen kann:

„Nichts wissen von diesem Ort: meinetwegen. Aber wie hat er Zugriff auf uns, wie erreichen wir ihn, wie berührt er uns? Natürlich lösen Künstler (sic!) keine solche Frage. Aber zumindest können sie, durch Verschiebung der Blickpunkte, durch Umkehrung der Räume, durch Erfindung neuer Beziehungen, neuer Kontakte, die wesentlichsten Fragen verkörpern, und das ist viel besser, als zu glauben, man könne sie beantworten." (Didi-Huberman 2008, 29)

Fragen, die sich an die praktische Arbeit anlegen lassen, sind: Wie sieht wissenschaftliches Arbeiten aus, wenn es sich nicht in Texten ausdrückt? Welches Wissen kann der schriftlichen Auseinandersetzung durch die Verortung der Bilder auf ihrer medialen Ebene und der Konfrontation der visuellen Argumentationsformen mit eigenen Visualisierungen beigefügt werden? Eine praktische Auseinandersetzung hieße, den viel diskutierten ‚Mehrwert' von Bildern – ‚ein Bild sagt mehr als tausend Worte' – ernst zu nehmen, ohne ihn zu mystifizieren. Damit kann eben jener Mehrwert ‚aufgezeigt' und kontextualisiert werden, etwa über die Infragestellung der naturwissenschaftlichen Verobjektivierung von Sichtbarmachungen oder über die konkrete Kontextualisierung von ästhetisierten Wissenspraktiken anhand der Hirnbilder

Die praktische Arbeit **Just to give you a picture** kann unter https://vimeo.com/77970157 angeschaut werden.

Abbildung 12: Just to give you a picture.

Das Video ***Just to give you a picture*** *kann unter https://vimeo.com/77970157 angeschaut werden.*

Abkürzungsglossar

ALM = Allgemeines Lineares Modell
BIC = Brain Imaging Center
BOLD = Blood Oxygenation Level Dependent
CT = Computertomographie
EEG = Elektroenzephalographie
fMRI = functional Magnetic Resonance Imaging
fMRT = funktionelle Magnetresonanztomographie
FOV = Field of View
FT = Fourier-Transformation
GLM = General Linear Model
NMR = Nuclear Magnetic Resonance
MEG = Magnetenzephalographie
MNI = Koordinatenraum des Montreal Neurological Institute
MPIH = Max-Planck-Institut für Hirnforschung
MRT/MRI = Magnetresonanztomographie/Imaging
MTRA = Medizinisch-technische Radiologieassistenten
PET = Positronen-Emissions-Tomographie
ROI = Region of Interest
TMS = Transkranielle Magnet Stimulation
Trial = Durchlauf in einem Experiment
SPM = Statistical Parametric Mapping

Abbildungsverzeichnis

Literatur

Adelmann, Ralf; Frercks, Jan; Hessler, Martina; Hennig, Jochen (Hg.) (2009): Datenbilder. Zur digitalen Bildpraxis in den Naturwissenschaften. Bielefeld: Transcript.

AK ANNA - Texte und Infos: Alternative Naturwissenschaften Naturwissenschaftliche Alternativen: www.ak-anna.org. 27.01.2012.

Alink, Arjen; Schwiedrzik, Caspar; Kohler, Axel; Singer, Wolf; Muckli, Lars (2010): Stimulus Predictability Reduces Responses in Primary Visual Cortex. In: The Journal of Neuroscience 8: 2960-2966.

Alink, Arjen; Singer, Wolf; Muckli, Lars (2008): Capture Of Auditory Motion By Vision is Represented By An Activation Shift From Auditory To Visual Motion Cortex. In: The Journal of Neuroscience 11: 2690-2697.

Balsamo, Anne (1999): On The Cutting Edge: Cosmetic Surgery And The Technological Production of the Gendered Body. In: Mirzoeff, Nicholas (Hg.): The Visual Culture Reader. London: Routledge, 223-236.

Barad, Karen (2001): Re(con)figuring Space, Time, and Matter. In: De Koven, Marianne (Hg.): Feminist Locations. Global and Local, Theory and Practice. Toronto: Rutgers University Press, 75-109.

Barad, Karen (2003): Posthumanist Performativity: Toward an Understanding of How Matter Comes to Matter. In: Signs.Vol. 28, No. 3, Gender and Science. 801-831

Barad, Karen (2007): Meeting the Universe Halfway. Quantum Physics and the Entanglement of Matter and Meaning. Durham&London: Duke University Press Books.

Barthes, Roland (1964): Mythen des Alltags. Frankfurt/Main: Suhrkamp.

Bath, Corinna; Bauer, Yvonne; Bock von Wülfingen, Bettina; Saupe, Angelika; Weber, Jutta (Hg.) (2005): Materialität denken. Studien zur technologischen Verkörperung. Bielefeld: Transcript.

Beauregarda, Mario; Paquettea, Vincent (2006): Neural correlates of a mystical experience in Carmelite nuns. In: Neuroscience Letters 3: 186-190.

Belliveau, John; Kennedy, D.; McKinstry, R.; Buchbinder, B.; Weisskopf, R.; Cohen, M.; Vevea, J.; Brady, T.; Rosen, B. (1991): Functional Mapping of the Human Visual Cortex by Magnetic Resonance Imaging. In: Science 5032: 716-719.

Belting, Hans (2006): Das echte Bild. Bildfragen als Glaubensfragen. München: C.H. Beck.

Benjamin, Walter (1966): Das Kunstwerk im Zeitalter seiner technischen Reproduzierbarkeit. Frankfurt/Main: Suhrkamp.

Berger, Hans (2010): Über die Lokalisation im Großhirn (Rede aus dem Jahr 1927). Frankfurt/Main: Verlag Harri Deutsch.

Bleier, Ruth (1984): Science and Gender. A critique of Biology and its Theories on Women. New York: Pergamon Press

Bluhm, Robyn; Jacobson, Anne Jaap; Maibom, Heidi Lene (2012): Neurofeminism. Issues at the intersection of feminist theory and cognitive science. New York: Palgrave Macmillan

Bogner, Alexander; Littig, Beate; Menz, Wolfgang (Hg.) (2009): Experteninterviews. Theorien, Methoden, Anwendungsfelder. Wiesbaden: VS Verlag für Sozialwissenschaften.

Bohr, Niels (1985) [1964]: Atomphysik und menschliche Erkenntnis – Aufsätze und Vorträge aus den Jahren 1930 bis 1961. Braunschweig: Vieweg.

Borck, Cornelius (2001): Die Unhintergehbarkeit des Bildschirms: Beobachtungen zur Rolle von Bildtechniken in den präsentierten Wissenschaften. In: Heintz, Bettina; Huber, Jörg (Hg.): Mit dem Auge denken. Strategien der Sichtbarmachung in wissenschaftlichen und virtuellen Welten. Zürich: Edition Voldemeer, 383-396.

Borck, Cornelius; Hess, Volker; Schmidgen, Henning (Hg.) (2005): Maß und Eigensinn. München: Wilhelm Fink Verlag.

Borck, Cornelius (2005a): Das Ich in der Kurve. In: Ders., Hess, Volker, Schmidgen, Henning (Hg.): Maß und Eigensinn, München: Wilhelm Fink Verlag, 45-69.

Borck, Cornelius (2005b): Hirnströme. Eine Kulturgeschichte der Elektroenzephalographie. Göttingen: Wallstein.

Borck, Cornelius (2007): Scheiternde Versuche. In: FOCUS MUL 4: 206-212.

Borck, Cornelius (2008): Seeing with the Screen. In: Intelligent Decision Technologies 2: 83-88.

Brain Imaging Center Frankfurt: www.bic.uni-frankfurt.de. 05.09.2011.

BrainVoyager Download Seite: www.brainvoyager.com/downloads/.html. 21.12.2011.

BrainVoyager Preisliste (2011): www.brainvoyager.com/pricelist_overview.htm. 21.12.2011.

BrainVoyager. Getting Started Guide v2.6 (2002-2007): www.brainvoyager.com /downloads/downloads.html. 15.09.2008.

BrainVoyager Brain Tutor. Version 2.0. (2007): www.brainvoyager.com /downloads/downloads.html. 25.09.2008.

Braun-Thürmann, Holger (2006): Ethnographische Perspektiven: Technische Artefakte in ihrer symbolisch-kommunikativen und praktisch-materiellen Dimension. In: Rammert, Werner; Schubert, Cornelius (Hg.): Technografie. Zur Mikrosoziologie der Technik, Frankfurt/Main: Campus, 199-221.

Bredekamp, Horst; Bruhn, Matthias; Werner, Gabriele (Hg.) (2008): Bildwelten des Wissens. Ikonografie des Gehirns. Berlin: Akademie Verlag, Bd. 61.

Breidbach, Olaf (1997): Die Materialisierung des Ichs. Zur Geschichte der Hirnforschung im 19. und 20. Jahrhundert. Frankfurt/Main: Suhrkamp.

Breidbach, Olaf (2001): Hirn und Bewusstsein - Überlegungen zu einer Geschichte der Neurowissenschaften. In: Pauen, Michael; Roth, Gerhard (Hg.): Neurowissenschaften und Philosophie. München: Wilhelm Fink Verlag, 11-58.

Burke, James (1985): The Day the Universe Changed. London: BBC Books.

Burri, Regula Valérie; Dumit, Joseph (2007): Social Studies of Scientific Imaging and Visualization. In: Hackett, Edward J.; Amsterdamska, Olga; Lynch, Michael; Wajcman Judy (Hg.): The Handbook of Science and Technology Studies. Cambridge: MIT Press, 297-317.

Burri, Regula Valérie (2008): Doing Images. Zur Praxis medizinischer Bilder. Bielefeld: Transcript.

Butler, Judith (1995): Körper von Gewicht. Die diskursiven Grenzen des Geschlechts. Berlin: Berlin Verlag.

Canguilhem, George (1989): Grenzen medizinischer Rationalität: historisch-epistemologische Untersuchungen. Tübingen: Edition Diskord.

Cartwright, Lisa; Sturken, Marita (2001): Practices of Looking. An introduction to visual culture. Oxford: Oxford University Press.

Cartwright, Lisa; Sturken, Marita (2008): Practices of Looking. An introduction to visual culture. Oxford: Oxford University Press.

Cheng, Jia-Luo (2011): Myokardiale MRT-Perfusionsbildgebung bei 3 Tesla im Vergleich zu 1,5 Tesla. Dissertation: http://hss.ulb.uni-bonn.de/2011/ 2529/ 2529.htm. 25.07.2011.

Crelier, Gérard; Järmann, Thomas (2001): Abbildung von Wahrnehmung und Denken: Die funktionelle Magnetresonanz-Bildgebung in der Hirnforschung. In: Heintz, Bettina; Huber, Jörg (Hg.): Mit dem Auge denken. Strategien der Sichtbarmachung in wissenschaftlichen und virtuellen Welten, Zürich: Edition Voldemeer, 95-108.

Daston, Lorraine; Galison, Peter (2002): Das Bild der Objektivität. In: Geimer, Peter (Hg.): Ordnungen der Sichtbarkeit. Fotografie in Wissenschaft, Kunst und Technologie. Frankfurt/Main: Suhrkamp, 29-99.

Daston, Lorraine; Galison, Peter (2007): Objektivität. Frankfurt/Main: Suhrkamp.

De Lauretis, Teresa (1987): Technologies of Gender. Essays on Theory, Film and Fiction. Bloomington: Indiana University Press.

Devor, Anna; Hillman, Elizabeth M.C.; Tian, Peifang; Waeber, Christian; Teng, Ivan C.; Ruvinskaya, Lana; Shalinsky, Mark H.; Zhu, Haihao; Haslinger, Robert H.; Narayanan, Suresh N.; Ulbert, Istvan; Dunn, Andrew K.; Lo, Eng H.; Rosen, Bruce R.; Dale, Anders M.; Kleinfeld, David; Boas, David (2008): Stimulus-Induced Changes in Blood Flow and 2-Deoxyglucose Uptake Dissociate in Ipsilateral Somatosensory Cortex. In: The Journal of Neuroscience 53, 14347-14357.

Didi-Huberman, Georges (2008): Schädel Sein. Zürich/Berlin: Diaphanes.

Döring, Daniela (2011): Zeugende Zahlen. Mittelmaß und Durchschnittstypen in Proportion, Statistik und Konfektion des 19. Jahrhunderts. Berlin: Kadmos.

Duncker, Tobias; Groß, Dominik (2006): Farbe - Erkenntnis - Wissenschaft. Berlin: LIT Verlag.

Dussauge, Isabelle; Kaiser, Anelis (Hg.) (2012): Neuroscience and Sex/Gender. Neuroethics 5(3)

Dussauge, Isabelle (2008): Technomedical Visions. Magnetic Resonance Imaging in 1980s Sweden. Dissertation: kth.diva-portal.org/smash/record.jsf?pid=diva2:13355. 15.11.2010.

Editorial (2009): Connecting the dots. In: Nature Neuroscience 2: 99.

Eid, Michael; Gollwitzer, Mario; Schmitt, Manfred (2010): Statistik und Forschungsmethoden. Weinheim: Julius Beltz.

Eisermann, Benedikt (2006): Die Macht der bunten Gedanken. Über die Verführungen durch Farbe im Neuroimaging. In: Duncker, Tobias; Groß, Dominik: Farbe - Erkenntnis – Wissenschaft. Berlin: LIT Verlag, 117-124.

Engel, Andreas K.; Gold, Peter (Hg.) (1998): Der Mensch in der Perspektive der Kognitionswissenschaft. Frankfurt/Main: Suhrkamp.

Engel, Andreas K.; König, Peter (1998): Das neurobiologische Wahrnehmungsparadigma: eine kritische Bestandsaufnahme. In: Ders.; Gold, Peter (Hg.):

Der Mensch in der Perspektive der Kognitionswissenschaft. Frankfurt/Main: Suhrkamp, 156-194.

Esders, Karin; Dornhof, Dorothea (Hg.) (2002): Transformationen. Wissen - Mensch - Geschlecht. In: Potsdamer Studien zur Frauen- und Geschlechterforschung.

Fausto-Sterling, Anne (2000): Sexing the Body. Gender Politics and the Construction of Sexuality. New York: Basic Books.

Fiedler, Klaus; Kliegl, Reinhold; Lindenberger, Ulman; Mausfeld, Rainer; Mummendey, Amélie; Prinz, Wolfgang (2005): Psychologie im 21. Jahrhundert - eine Standortbestimmung. In: Gehirn&Geist 7-8, 56-60.

Fine, Cordelia (2010): Delusions of Gender: How our minds, society and neurosexism create difference. New York: WW Norton

Fine, Cordelia (2006): A Mind of Its Own: How your brain distorts and deceives. New York: WW Norton.

Fleck, Ludwik (1980 [1935]): Entstehung und Entwicklung einer wissenschaftlichen Tatsache. Frankfurt/Main: Suhrkamp.

Fleck, Ludwik (1983): Erfahrung und Tatsache. Frankfurt/Main: Suhrkamp.

Fleck, Ludwik (2011): Denkstile und Tatsachen. Berlin: Suhrkamp.

Flick, Uwe; Kardorff, Ernst v.; Keupp, Heiner; Rosenstiel, Lutz v.; Wolff, Stephan (Hg.) (1995): Handbuch Qualitativer Sozialforschung. Weinheim: Beltz.

Foucault, Michel (1973): Die Geburt der Klinik. Eine Archäologie des ärztlichen Blicks. München: Carl Hanser Verlag.

Fourier, Joseph (1955): The analytical theory of heat. Dover: Dover Publications.

Fourier, Joseph (1968): Die Auflösung der Bestimmten Gleichungen. In: Ostwalds Klassiker der exakten Wissenschaft 127. Frankfurt/Main: Verlag Harri Deutsch.

Frankel, Felice (2002): Envisioning Science. The design and craft of the science image. Cambridge: MIT Press.

Frost, Julie A.; Binder, Jeffrey R.; Springer, Jane A.; Hammeke, Thomas A.; Bellgowan, Patrick S.F.; Rao, Stephen M.; Cox, Robert W. (1999): Language processing is strongly left lateralized in both sexes. Evidence from functional MRI. In: Brain 122, 199-2008.

Gallagher, Thomas (2008): An Introduction to the Fourier Transform: Relationship to MRI. In: American Journal of Roentgenology 190, 1396-1405.

Gassen, Hans Günther (2008): Das Gehirn. Darmstadt: Wissenschaftliche Buchgesellschaft.

Gombrich, Ernst (März 1995): O welch süss' Ding ist die Perspektive. Ein Gespräch mit Ernst Gombrich. In: Folio: Mit den Augen. Neue Züricher Zeitung.

Gould, Stephen Jay (1996): Mismeasure of Man. New York: W.W. Norton and Company.

Grau, Alexander (2003a): Momentaufnahmen des Geistes?. In: Gehirn&Geist 4, 76-80.

Grau, Alexander (2003b): Gott, die Liebe und die Mohrrübe. In: Frankfurter Allgemeine Zeitung 41, 71.

Groß, Dominik; Müller, Sabine (2006): Mit bunten Bildern zur Erkenntnis? Neuroimaging und Wissenspopularisierung am Beispiel des Magazins „Gehirn&Geist". In: Duncker, Tobias; Groß, Dominik (Hg.): Farbe - Erkenntnis - Wissenschaft. Berlin: LIT Verlag.

Gugerli, David (1998): Die Automatisierung des ärztlichen Blicks. (Post)moderne Visualisierungstechniken am menschlichen Körper. In: Preprints zur Kulturgeschichte der Technik 4.

Hagner, Michael; Rheinberger, Hans-Jörg; Wahrig-Schmidt, Bettina (Hg.) (1994): Objekte, Differenzen und Konjunkturen. Experimentalsysteme im historischen Kontext. Berlin: Akademie Verlag.

Hagner, Michael (1997): Homo Cerebralis. Der Wandel vom Seelenorgan zum Gehirn. Berlin: Berlin Verlag.

Hagner, Michael (2002): Cyber-Phrenologie. Die neue Physiognomik des Geistes und ihre Ursprünge. In: Dencker, Klaus Peter (Hg.): INTERFACE 5: Die Politik der Maschine. Hamburg: Verlag Hans-Bredow-Institut, 182-198.

Hagner, Michael (2006): Der Geist bei der Arbeit. Historische Untersuchungen zur Hirnforschung. Göttingen: Wallstein.

Haraway, Donna (1995): Primatologie ist Politik mit anderen Mitteln. In: Orland, Barbara; Scheich, Elvira (Hg.): Das Geschlecht der Natur. Feministische Beiträge zur Geschichte und Theorie der Naturwissenschaften. Frankfurt/Main: Suhrkamp, 163-198.

Haraway, Donna (2004): Crystals, Fabrics and Fields. Metaphors That Shape Embryos. Berkeley: North Atlantic Book.

Hark, Sabine (2001): Dis/Kontinuitäten: Feministische Theorie. Opladen: Leske und Budrich.

Hark, Sabine (2011): Das ethische Regime der Bilder oder ‚Wie leben Bilder?' Kommentar zu Nicholas Mirzoeff. In: Bartl, Angelika; Hoenes, Josch; Mühr, Patricia; Wienand, Kea (Hg.): Sehen - Macht - Wissen: ReSaVoir. Bilder im Spannungsfeld von Kultur, Politik und Erinnerung. Bielefeld: Transcript, 53-62.

Heel, Sabine; Wendel, Claudia (Hg.) (2002): Die Transformation des Subjekts im neurowissenschaftlichen Diskurs. In: Potsdamer Studien zur Frauen- und Geschlechterforschung, 41-53.

Heintz, Bettina, Huber, Jörg (Hg.) (2001): Mit dem Auge denken. Strategien der Sichtbarmachung in wissenschaftlichen und virtuellen Welten. Zürich: Edition Voldemeer.

Hennig, Jürgen (2001): Chancen und Probleme bildgebender Verfahren für die Neurologie. In: Schinzel, Britta (Hg.). Freiburger Universitätsblätter 153. Freiburg: Rombach Verlag, 65-84.

Heßler, Martina; Mersch, Dieter (2009): Bildlogik oder ‚Was heißt visuelles Denken?' In: Dies. (Hg.), Logik des Bildlichen. Zur Kritik der ikonischen Vernunft. Bielefeld: Transcript, 8-62.

Hitzig, Eduard, Fritsch, Gustav (1870): Ueber die elektrische Erregbarkeit des Grosshirns. In: Archiv für Anatomie, Physiologie und wissenschaftliche Medicin, 300-332.

Hitzler, Ronald; Honer, Anne; Maeder, Cristoph (Hg.) (1994): Expertenwissen. Die instiutionalisierte Kompetenz zur Konstruktion von Wirklichkeit. Opladen: Westdeutscher Verlag.

Hubel, David H. (1990): Auge und Gehirn. Neurobiologie des Sehens. Heidelberg: Spektrum der Wissenschaft Verlagsgesellschaft.

Human Brain Project: www.humanbrainproject.eu. 15.11.2011.

Illouz, Eva (2009): Die Errettung der modernen Seele. Frankfurt/Main: Suhrkamp.

Institut für Telematik in der Medizin: www.iftm.de/elearning/vmri/mr_ einfuehrung/technik.htm. 14.07.2011.

Jäncke, Lutz (2005): Methoden der Bildgebung in der Psychologie und den kognitiven Neurowissenschaften. Stuttgart: Kohlhammer.

Joyce, Kelly A. (2006): From numbers to pictures: The development of magnetic resonance imaging and the visual turn in medicine. In: Science as Culture 1, 1-22.

Kaiser, Anelis (2010): Sex/Gender and neuroscience: focusing on current research. In: Blomqvist, Martha; Ehnsmyr, Ester (Hg.): Never mind the gap! Gendering science in transgressive encounters. Crossroads of Knowledge 14; Uppsala Sweden: Skrifter från Centrum för genusvetenskap. University Printers, 189-210

Kaiser, Anelis, Haller, Sven; Schmitz, Sigrid; Nitsch, Cordula (2009): On sex/gender related similarities and differences in fMRI language research. In: Brain Research Reviews 61, 49-59.

Kay, Lily E. (2005): Das Buch des Lebens. Wer schrieb den genetischen Code? Frankfurt/Main: Suhrkamp.

Kieß, Stefan (2005): Im Fokus der Frankfurter Hirnforschung: Das Brain Imaging Center. In: Universität Frankfurt (Hg.), Forschung Frankfurt 4, 76-77.

Kittler, Friedrich (1985): Aufschreibesysteme 1800/1900. München: Wilhelm Fink

Kittler, Friedrich (2002): Optische Medien. Berliner Vorlesungen 1999. Berlin: Merve.

Knorr-Cetina, Karin (1984): Die Fabrikation von Erkenntnis. Zur Anthropologie der Naturwissenschaft. Frankfurt/Main: Suhrkamp.

Knorr-Cetina, Karin (1988): Das naturwissenschaftliche Labor als Ort der „Verdichtung" von Gesellschaft. Zeitschrift für Soziologie, Jg. 17, Heft 2, April 1988, 85-101

Knorr-Cetina, Karin (2001): ‚Viskurse' der Physik. Konsensbildung und visuelle Darstellung. In: Heintz, Bettina, Huber, Jörg (Hg.): Mit dem Auge denken. Strategien der Sichtbarmachung in wissenschaftlichen und virtuellen Welten. Zürich: Edition Voldemeer, 305-320.

Krause, Eva (2007): Geschlechtsspezifische Differenzen der Hirnaktivität in der fMRT bei Normalprobanden im Vergleich mit transsexuellen Probanden. Dissertation: duepublico.uni-duisburg-essen.de/servlets/Document Servlet?id =17037. 22.12.2011

Kuhn, Thomas S. (1976): Die Struktur wissenschaftlicher Revolutionen. Frankfurt/Main: Suhrkamp.

Kwong, Kenneth; Belliveau, John; Chesler, David; Goldberg, Inna; Weisskopf, Robert; Poncelet, Brigitte; Kennedy, David; Hoppel, Bernice; Cohen, Mark; Turner, Robert; Cheng, Hong-Ming; Brady, Thomas; Rosen, Bruce (1992): Dynamic magnetic resonance imaging of humannnnn brain activity during primary sensory stimulation. In: Proc. Natl. Acad. Sci. USA, 5675-5679.

Latour, Bruno (1990): Drawing things together. In: Lynch, Michael; Woolgar, Steve (Hg.): Representation in scientific practice, Cambridge: MIT Press, 19-68.

Lee, Joseph; Sagel, Stuart; Stanley, Robert; Heiken, Jay (Hg.) (2006): Computed body tomography with MRI correlation. Philadelphia: Lippincott Williams and Wilkins.

Legewie, Heiner (1995): Feldforschung und teilnehmende Beobachtung. In: Flick, Uwe; Kardorff, Ernst v.; Keupp, Heiner; Rosenstiel, Lutz v.; Wolff Stephan (Hg.): Handbuch Qualitativer Sozialforschung. Weinheim: Beltz, 189-192.

Lettow, Susanne (2004): Neobiologismen. Normalisierung und Geschlecht am Beginn des 21. Jahrhundert. In: Dölling, Irene; Dornhof, Dorothea; Esders, Karin; Genschel, Corinna; Hark, Sabine (Hg.): Transformationen von Wissen, Mensch und Geschlecht. Königstein/Taunus: Ulrike Helmer Verlag.

Lettow, Susanne (2011): Biophilosophien. Wissenschaft, Technologie und Geschlecht im philosophischen Diskurs der Gegenwart. Frankfurt/Main: Campus.

Logothetis, Nikos K. (2008): What we can do and what we cannot do with fMRI. In: Nature 12, 869-878.

Lorig, Tyler S. (2009): What was the question? fMRI and inference in psychophysiologie. In: International Journal of Psychophysiology 1, 17-21.

Lynch, Michael, Woolgar, Steve (Hg.) (1990): Representation in scientific practice. Cambridge: MIT Press.

Lythgoe, Mark (2010): Images That Changed The World. In: BBC Discovery, Tuesday, 26 Jan.

Mason, Stephen F. (1997): Geschichte der Naturwissenschaften. Diepholz: GNT-Verlag.

Massaneck, Carmen (2001): Das Human Brain Project – Hirnforschung im 21. Jahrhundert. In: Schinzel, Britta (Hg.): Freiburger Universitätsblätter 153, Freiburg: Rombach Verlag, 90-102.

Mayring, Philipp (2002): Einführung in die Qualitative Sozialforschung. Weinheim: Beltz.

Mersch, Dieter (2005): Das Bild als Argument. Visualisierungsstrategien in der Naturwissenschaft: www.dieter-mersch.de/files/downloads01.html. 28.09.2011.

Mirzoeff, Nicholas (Hg.) (1999): The Visual Culture Reader. London: Routledge.

Mitchell, William J.T. (1986): Iconology: Image, Text, Ideology. Chicago: University of Chicago Press.

Mitchell, William J.T. (2008a): Das Leben der Bilder: Eine Theorie der visuellen Kultur. München: C.H.Beck

Mitchell, William J.T. (2008b): Bildtheorie. Frankfurt/Main: Suhrkamp.

Mosse, George L. (2000): Die Geschichte des Rassismus in Europa. Frankfurt/Main: Fischer.

Muckli, Lars; Kohler, Axel; Kriegeskorte, Nikolaus; Singer, Wolf (2005): Primary Visual Cortex Activity along the Apparent-Motion Trace reflects Illusory Perception. In: PLoS BIOLOGY 8, 1501-1510.

Müller, Sabine; Groß, Dominik (2006): Farben als Werkzeug der Erkenntnis. Falschfarbendarstellungen in der Gehirnforschung und in der Astronomie. In:

Duncker, Tobias; Groß, Dominik (Hg.): Farbe - Erkenntnis – Wissenschaft. Berlin: LIT Verlag, 93-116.

Müller-Jung, Joachim (2008): Die Grenzen der Deutungsmacht. In: Frankfurter Allgemeine Zeitung 146: N 1.

Musil, Robert (1994): Der Mann ohne Eigenschaften I. Reinbek: Rowohlt.

Myers, Natasha (2005): Vision for Embodiment in Technoscience. In: Tripp, Peggy; Muzzin, Linda (Hg.): Teaching as Activism. Equity Meets Environmentalism. Montreal: McGill-Queens University Press, 255-268.

Neuroskeptic Blog: neuroskeptic.blogspot.com/2010/01/brain-scanning-software-showdown.html. 12.09.2011.

Nietzsche, Friedrich (1995): Das Hauptwerk. Band 1-4. Hrsg. v. Jost Perfahl. München: Nymphenburger Verlag.

Ogawa, Seji; Tank, David W.; Menon, Ravi; Ellermann, Jutta M.; Kim, Seong-Gi; Merkle, Hellmut; Ugurbil, Kamil (1992): Intrinsic signal changes accompanying sensory stimulation: Functional brain mapping with magnetic resonance imaging. In: Proc. Natl. Acad. Sci. USA, 5951-5955.

Panofsky, Erwin (1998): Die Perspektive als symbolische Form. In: ders.: Aufsätze zu Grundfragen der Kunstwissenschaft. Berlin: Wissenschaftsverlag Spiess, 99-167.

Pörksen, Uwe (1997): Weltmarkt der Bilder. Eine Philosophie der Visiotype. Stuttgart: Klett-Cotta.

Polanyi, Michael (1985): Implizites Wissen. Frankfurt/Main: Suhrkamp.

Rademacher, Jörg (2001): Die Kartierung des menschlichen Gehirns am Beispiel des praecentralen primär motorischen Systems. Dissertation: docserv.uni-duesseldorf.de/ servlets/DerivateServlet/Derivate-2940. 22.05.2011.

Raichle, Marcus E. (2000): A Brief History of Human Brain Mapping. In: Toga, Arthur W.; Mazziotta, John C. (Hg.): Brain mapping. The Systems. San Diego: Academic Press, 33-75.

Raichle, Marcus E. (2008): Functional Neuroimaging: A Historical and Physiological Perspective. In: Cabeza, Roberto; Kingstone, Alan: Handbook Of Functional Neuroimaging Of Cognition. Cambridge: MIT Press.

Rammert, Werner, Schubert, Cornelius (Hg.) (2006): Technografie. Zur Mikrosoziologie der Technik. Frankfurt/Main: Campus.

Rancière, Jaques (2007): Das Unbehagen in der Ästhetik. Wien: Passagen Verlag.

Rancière, Jaques (2008): Die Aufteilung des Sinnlichen. Die Politik der Kunst und ihre Paradoxien. Berlin: b_books.

Reichert, Ramón (2007): Im Kino der Humanwissenschaften. Studien zur Medialisierung wissenschaftlichen Wissens. Bielefeld: Transcript.

Rheinberger, Hans-Jörg (2005): Iterationen. Berlin: Merve.

Rheinberger, Hans-Jörg (2006): Experimentalsysteme und epistemische Dinge. Frankfurt/Main: Suhrkamp

Rheinberger, Stefanie (2005): ‚So sieht also mein Gehirn aus...'. Eine Expedition ins eigene Oberstübchen. In: Universität Frankfurt (Hg.), Forschung Frankfurt, 81-84.

Richard, Birgit; Zaremba, Jutta (Hg.) (2007): Hülle und Container. Medizinische Weiblichkeitsbilder im Internet. München: Wilhelm Fink.

Richter, Michael M. (2001): Bilddeutung am Beispiel der Medizin: Informelle und formale Beschreibungen. In: Schinzel, Britta (Hg.): Freiburger Universitätsblätter 153, Freiburg: Rombach Verlag, 11-19.

Roskies, Adina L. (März 2008): Neuroimaging and Inferential Distance. In: Neuroethics 1: 19-30.

Rouse, Joseph (2004): Barad's Feminist Naturalism. In: Hypatia 1, 142-161.

Roy, Charles S.; Sherrington, Charles S. (1890): On the Regulation of the Blood-supply of the Brain. In: The Journal of Physiology 1-2: 85-108.

Schinzel, Britta (2004): Digitale Bilder: Körpervisualisierungen durch Bild gebende Verfahren in der Medizin. In: Coy, Wolfgang (Hg.): Bilder als technisch-wissenschaftliche Medien. Workshop der Alcatel-Stiftung und des Helmholtzzentrums der HU Berlin: http://mod.iig.uni-freiburg.de/cms /fileadmin/publikationen/online-publikationen/koerpervisualisierungen.pdf. 22.09.2011

Schinzel, Britta (2010): Visualisierungstrends in der Informationstechnologie. In: Koreuber, Mechthild (Hg.): Zur Geschlechterforschung in Mathematik und Informatik: Eine (inter)disziplinäre Herausforderung. Baden-Baden: Nomos, 171-185.

Schmitz, Sigrid (2002): Hirnforschung und Geschlecht: Eine kritische Analyse im Rahmen der Genderforschung in den Naturwissenschaften. In: Bauer, Ingrid; Neissl, Julia (Hg.): Gender Studies - Denkachsen und Perspektiven der Geschlechterforschung, Innsbruck: Studien Verlag, 109-126.

Schmitz, Sigrid (2003): Informationstechnische Darstellung, kritische Reflexion und Dekonstruktion von Gender in der Hirnforschung. In: Paravicini, Maren; Zempel-Gino, Ursula (Hg.): Dokumentation. Wissenschaftliche Kolloquien 1999-2002, Hannover, 133-151.

Schmitz, Sigrid; Schinzel, Britta (Hg.) (2004): Grenzgänge. Genderforschung in Informatik und Naturwissenschaft. Königstein/Taunus: Ulrike Helmer Verlag.

Schmitz, Sigrid (2006): Hirnbilder im Wandel. Kritische Gedanken zum 'sexed brain'. In: Mauss, Bärbel; Peterson, Barbara (Hg.): Das Geschlecht der Biologie. Mössingen-Talheim: Talheimer Verlag, 61-92.

Schnettler, Bernt; Pötzsch, Frederik S. (2007): Visuelles Wissen. In: Schützeichel, Rainer (Hg.): Handbuch Wissenssoziologie und Wissensforschung. Konstanz: UVK, 472-484.

Scholz, Sebastian (2006): Vision revisited. Foucault und das Sichtbare. In: Onlinejournal kultur&geschlecht. www.ruhr-uni-bochum.de/genderstudies/kulturundgeschlecht. 15.4.2010

Schott, Geoffrey (2010): Colored Illustrations of the Brain: Some Conceptual and Contextual Issues. In: The Neuroscientist 5: 508-518.

Seel, Martin (2000): Ästhetik des Erscheinens. München: Hanser.

Shaywitz, Bennett A.; Shaywitz, Sally; Pugh, Kenneth; Constable, Todd; Skudlarski, Pawel; Fulbright, Robert; Bronen, Richard; Fletcher, Jack; Shankweiler, Donald; Katz, Leonard; Gore, John (1995): Sex differences in the functional organization of the brain for language. In: Nature: 607-609.

Siemens AG (2003): Magnete, Spins und Resonanzen. Eine Einführung in die Grundlagen der Magnetresonanztomografie. www.medical.siemens.com/siemens/it_IT/gg_mr _FBAs /files/MAGNETOM_World/MR_Basics/ Magnete_Spins_und_Resonanzen.pdf. 3.10.2011.

Sirotin, Yevgeniy S., Das, Aniruddha (2009): Anticipatory haemodynamic signals in sensory cortex not predicted by local neuronal activity. In: Nature 457, 475-479.

Specht, Karsten (2003): Reproduzierbarkeit von funktionellen kernspintomographischen Untersuchungen zur Kartierung von Hirnfunktionen. Dissertation: diglib.uni-magdeburg.de/Dissertationen/2003/karspecht.pdf. 19.10.2011.

Spiegel, Ernest A.; Wycis, Henry T.: Stereotaxic apparatus for operations on the human brain. In: Science 1947, 349-350.

Star, Susan Leigh (1989): Regions of the mind. Brain Research and the Quest for Scientific Certainty. Stanford: Stanford University Press

Sturma, Dieter (Hg.) (2006): Philosophie und Neurowissenschaft. Frankfurt/Main: Suhrkamp.

Talairach, Jean; Tournoux, Pierre (1988): Co-planar Stereotaxic Atlas of the Human Brain: 3-Dimensional Proportional System - an Approach to Cerebral Imaging. Stuttgart: Thieme.

Toga, Arthur W.; Mazziotta, John C. (Hg.) (2000): Brain mapping. The Systems. San Diego: Academic Press.

Tufte, Edward (1990): Envisioning Information. Connecticut: Graphics Press.

Universität Frankfurt (Hg.): Forschung Frankfurt, 4/2005

Van Fraassen, Bas C. (2008): Scientific Representation, Paradoxes of Perspective. Oxford: Oxford University Press.

Voss, Julia (2007): Darwins Bilder. Ansichten der Evolutionstheorie 1837-1874. Frankfurt/Main: Fischer.

Weigelt, Sarah (2008): Neurovision. Neuroimaging studies of illusory perception. Frankfurt/Main.

Welberg, Leonie (2009): Neuroimaging: Interpreting the Signal. In: Nature Reviews Neuroscience 3: 166.

Wiesner, Heike (2002): Die Inszenierung der Geschlechter in den Naturwissenschaften: Wissenschafts- und Genderforschung im Dialog. Frankfurt/Main: Campus.

Wilson, Elizabeth (1998): Neural Geographies. Feminism and the mircostructure of Cognition. London: Routledge.

Yoshor, Daniel (2007): Spatial Attention Does Not Strongly Modulate Neuronal Responses in Early Human Visual Cortex. In: The Journal of Neuroscience 48, 13205–13209.

Zunke, Christine (2008): Kritik der Hirnforschung. Neurophysiologie und Willensfreiheit. Berlin: Akademie Verlag.

Danksagung

„All scientific work is collective“ (1989, 1), schreibt Susan Leigh Star in ihrem Buch *Regions of the Mind.* Diese fünf Worte stellen nicht nur die einleitenden Worte ihrer Publikation dar, sondern umreißen gleichzeitig einen wesentlichen feministischen und wissenschaftskritischen Gedanken. Dieser besagt, dass geniale Gehirne nicht vom Himmel fallen, erstens weil Wissenschaft vom Austausch und dem Aufgreifen von Ideen und Erfahrungen lebt und zweitens, weil es alleine auch einfach keinen Spaß macht.

Ein großer Dank geht in diesem Sinne an meine beiden Gutachterinnen Prof. Dr. Sabine Hark (TU Berlin, ZIFG) und Prof. Dr. Birgit Richard (Johann Wolfgang Goethe-Universität Frankfurt) für ihre stets sehr emphatische und unterstützende Betreuung. Die freundschaftliche und produktive Diskussionskultur in den Kolloquien meiner Betreuerinnen habe ich als besonders hilfreich empfunden. Ich möchte allen Teilnehmer_innen dieser Kolloquien für die Unterstützung bei der Suche nach den richtigen und wichtigen Fragen danken und für ihr kritisches Nachhaken, das mir dabei half, meine Fragestellungen niemals aus den Augen zu verlieren. Karen Barad möchte ich für die freundliche Aufnahme am Feminist Studies Department an der University of California in Santa Cruz danken und dafür, dass sie mir mit ihrer Neuinterpretation der Quantenphysik einen wichtigen Zugang zu meinem Untersuchungsgegenstand ermöglichte.

Der neurophysiologischen Abteilung am Max-Planck-Institut für Hirnforschung (MPIH) gilt mein besonderer Dank, ohne die herzliche Aufnahme in das MPIH-Team und die Bereitschaft, meine Fragen offen zu beantworten, wäre diese Arbeit nicht möglich gewesen. Nadine Teuber verdanke ich die erste zarte Kontaktaufnahme ans MPIH. Der Hans-Böckler-Stiftung danke ich für die finanzielle Unterstützung bei der Realisierung meiner Dissertation.

Für die Bereitschaft, immer wieder Kapitel zu lesen und mit mir zu diskutieren, danke ich Judith Coffey, Daniela Döring, Anelis Kaiser, Julia König, Carla Müller-Schulzke, Alek Ommert, Tino Plümecke, Pia Volk, Stefan Weigand sowie dem Notfallteam Isaak und dem einzig wahren Sebastian Schneider. Ohne eure Unterstützung wäre es nicht gegangen! Ebenfalls bedanken möchte ich mich bei Annebritt Arps und Katharina Göpner, der tollsten Wohngemeinschaft nördlich des Äquators, ohne deren Nachsicht in Bezug auf reproduktive Arbeiten diese Arbeit niemals entstanden wäre. Nahezu alle Kommata in dieser Arbeit habe ich captain nangerer zu verdanken, dessen Unterstützung in den letzten Jahren jegliche Worte vermissen lässt.

Ganz besonders danken möchte ich meiner Schwester, Hellen Fitsch, für ihre unglaublich produktiven Strukturierungshilfen und meist nächtlichen Beratungen, ohne die ich heillos untergegangen wäre. Meinen Eltern, Brigitte Mergner und Dieter Fitsch, danke ich, dass sie mir nicht nur finanziell das Beschreiten des akademischen Wegs ermöglicht haben, sondern mir vor allem mit ihrer bedingungslosen Unterstützung das Selbstvertrauen schenkten, mein Projekt über alle Höhen und Tiefen hinweg umzusetzen und die Sache bis zum Ende durchzuziehen.

Technik – Körper – Gesellschaft

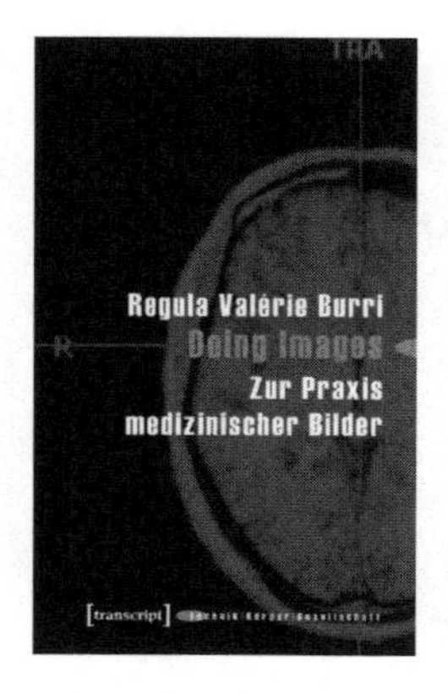

Regula Valérie Burri
Doing Images
Zur Praxis medizinischer Bilder

2008, 344 Seiten, kart., 23,80 €,
ISBN 978-3-89942-887-2

Daniela Manger
Innovation und Kooperation
Zur Organisierung eines regionalen Netzwerks

2009, 258 Seiten, kart., 28,80 €,
ISBN 978-3-8376-1078-9

Ingo Rollwagen
Zeit und Innovation
Zur Synchronisation von Wirtschaft, Wissenschaft und Politik bei der Genese der Virtual-Reality-Technologien

2008, 248 Seiten, kart., 26,80 €,
ISBN 978-3-89942-899-5

Leseproben, weitere Informationen und Bestellmöglichkeiten finden Sie unter www.transcript-verlag.de